传统村落与建筑系列

东江流域传统村落建筑形态演变及其动因

杨　鑫　汤朝晖　杨晓川　著

U0288238

中国建筑工业出版社

审图号：粤S（2024）057号

图书在版编目（CIP）数据

东江流域传统村落建筑形态演变及其动因 / 杨鑫，汤朝晖，杨晓川著. —北京：中国建筑工业出版社，2024.4

（传统村落与建筑系列）

ISBN 978-7-112-29633-0

Ⅰ.①东… Ⅱ.①杨… ②汤… ③杨… Ⅲ.①东江—流域—村落—古建筑—保护 Ⅳ.①TU-87

中国国家版本馆CIP数据核字（2024）第040635号

责任编辑：刘　静
书籍设计：锋尚设计
责任校对：王　烨

传统村落与建筑系列

东江流域传统村落建筑形态演变及其动因

杨　鑫　汤朝晖　杨晓川　著

*

中国建筑工业出版社出版、发行（北京海淀三里河路9号）

各地新华书店、建筑书店经销

北京锋尚制版有限公司制版

建工社（河北）印刷有限公司印刷

*

开本：787毫米×1092毫米　1/16　印张：18　字数：317千字

2024年4月第一版　　2024年4月第一次印刷

定价：**78.00**元

ISBN 978-7-112-29633-0

（42358）

前言

  东江是发育于粤东地区的最大河流，是历史上中原族群南迁的重要路径之一。东江流域内地理环境的差异以及多民系文化的融合使得其传统村落建筑类型极其丰富多样。而其移民属性带来的文化渗透和扩散也促成了该流域部分村落建筑空间形态的非典型性，使其具有较高的研究价值。

  本书旨在通过建构文化视角引领的传统村落建筑形态研究体系，揭示东江流域传统村落建筑的形态特征、演化规律和动力机制，以尝试对处在多民系文化共存地区的传统村落建筑保护发展提出相应策略。为此，研究采取多学科、多方法、多维度、多路径的架构，以文化融合为出发点，将形态学、类型学、文化地理学、社会学、统计学等多学科进行整合，确立"调查—取样—分类"和"描述—分析—解释"的基础研究途径；对东江流域传统村落建筑形态演变的研究，构建了"多区系形态表征描述—多维度形态比较分析—多动力形态机制解释"的核心研究体系。

  研究首先通过对东江流域传统村落建筑145个甄选案例的实地调研，以传统村落建筑形态在不同维度的特征为依据，辅以统计学分析方法，探讨了东江流域传统村落建筑形态的基本特征。再依据其发展背景与文化特征，结合文化地理学，对东江流域传统村落建筑进行了区系划分。其主要分为龙川古邑客家文化区、惠府腹地客家文化区、深港复界客家文化亚区、东莞水乡广府文化区、粤东潮客文化交汇区。

  在东江流域传统村落建筑的区系研究基础上，从文化基因的视角出发，以内在唯一性、外在唯一性、局部唯一性，以及总体优势性的原则，对龙川古邑客家文化区、惠府腹地客家文化区、深港复界客家文化亚区、东莞水乡广府文化区和粤东潮客文化交汇区的村落建筑各形态要素的表征进行了描述，建立东江流域传统村落建筑的多区系形态表征描述体系，以作为传统村落建筑形态演变及动力机制研究的论据支撑。

受多线进化论的启发，将东江流域传统村落建筑的演化置于时间、地理和文化的三维坐标之中，建立东江流域传统村落建筑的多维度形态比较分析体系，从不同文化区、相同文化区和文化交汇区这三个角度归纳东江流域传统村落建筑的适应性演化规律。对东江流域传统村落建筑形态在多维度分析体系下的延续、转变和适应作出了总结。

在此基础上，本书将传统村落建筑置于自组织系统中，探析其演化过程中的多动力结构，将协同、竞争、涨落、巨涨落等不同阶段进行共构，识别出东江流域传统村落建筑形态发展具有协同—竞争—循环、竞争—涨落—重组、竞争—巨涨落—突变这三条路径，由此推演出东江流域传统村落建筑形态的多动力演化机制：基于客家文化向心性的对内协同机制、基于民系文化融合的动态交互机制、基于社会组织变迁的临界突变机制。最后，本书对多民系文化共存地区的传统村落建筑发展的长效机制进行了展望。

本书在理论和方法层面上对处在多民系文化共存的东江流域传统村落建筑形态演变及其动力机制进行了深入探讨，尝试建构了一个结合多背景调查、多区系描述、多维度比较、多动力解释的研究框架。该研究框架不仅为东江流域传统村落建筑保护和发展提供了研究基础，也可为国内其他处在复杂多样外部环境的传统村落建筑研究和保护提供参考依据。

目录

第4章

东江流域传统村落建筑的区系研究

第5章

东江流域传统村落建筑的多区系形态表征

第6章

东江流域传统村落建筑的多维度形态演变

第7章
东江流域传统村落建筑的多动力演化机制

第 1 章

绪论

1.1
研究的缘起

1.1.1 引言

中国作为一个文明古国，承载着从未中断的几千年文明，优秀的传统和深远的文化一直在这片辽阔土地上延续和传承。几十年来，我国社会经济快速发展，城镇化进程成果斐然。在这一过程中，人口和资源发生大量转移，乡村地区不仅面临着人口的重组、土地资源的重新分配，其历史文化的传承也面临着诸多挑战。广东古属百越之地，是实现中央王朝统一的关键，也是中央板块的重要组成部分。对内有对中原文化的吸纳，对外又受外来文化的影响，在这当中，岭南区域的链接作用不言而喻。岭南在不断接受南迁至此的中原文化影响的过程中，也持续不断地融合着当地文化与中原文化，逐步确立了其多元民族、民系文化共存的格局。东江流域涵盖了客家、广府、潮汕三大民系，以及瑶族、畲族等多民族的生活范围。东江流域传统村落承载了东江文化，蕴藏了各民系、民族的文化内涵。在全球化背景下，文化之间的融合愈加紧密，随着越来越多的传统村落进入学者研究视野，传统村落及建筑的保护与发展也面临着新的需求。一方面需要应对快速发展带来的多文化冲击与影响，对其进行科学分类、评估与保护；另一方面也需要更广泛、深层次的追溯传统村落历史根源，厘清其传统文化脉络，为传统村落保护、可持续发展提供更为科学的理论依托。东江流域千百年来持续进行着多民系、民族文化的交融，这也使得东江流域作为研究范畴的选择具有代表性和必要性。

1.1.2 东江流域的代表性

东江上游又称寻乌水，流至广东龙川县合河坝后形成了较大流量的水势，始称为东江。东江流域面积约3.53万平方公里，广东省内包含其总面积约90%❶。东江流域幅

❶ 惠州市地方志编纂委员会. 惠州市志［M］. 北京：中华书局，2008：393.

员辽阔、纵横千里，包含山地、丘陵、平原和海岸线等多元化的自然地理环境。历史上东江是中原族群南迁的重要路径之一，到了近现代，东江地区也是革命文化、侨乡文化等盛行的重要基地。东江流域的内部地理环境具有较大的差异，伴随着中原移民的迁徙也产生了一定的文化融合与扩散，共同造就了东江文化的多层次内涵。在东江总长达562公里的流程中，孕育着相互紧密联系却又各有特色的三大文化景观：上游的客家文化、中游的惠府文化以及下游的广府文化，同时部分区域也受到了福佬文化的影响。东江流域内多种文化的共生与融合，使得该地区的传统村落建筑呈现出复杂多样的形态。东江流域内多元的地理、历史、社会和文化因素对该流域内的传统村落建筑形态演变造成了多维度的影响。对东江流域传统村落建筑在多元因素影响下的形态演变和动力机制的研究，将有助于乡村振兴战略下的地域性村落的适应性建设和发展，尤其是对地处民族、民系交汇地区的非典型村落，也具有一定的可借鉴意义。

1.1.3 乡村研究的重要性

1978年，家庭联产承包责任制开始，乡村改革席卷中华大地，使乡村发生了天翻地覆的变化，国家也实施了改革开放政策❶。"三农"问题始终是关系国计民生的重要议题，更是根本问题。要振兴乡村，就要不断加大城乡统筹力度，加快构建城乡一体化新格局，全面推进美丽乡村、特色小镇建设，实施乡村振兴战略，使农村工业化、城镇化、现代化建设得到长足进展。我国乡村建设在进入新时代的同时，乡村建筑开始面临着发展与保护的两难境地，如何做到既能实现城乡统筹、改善人居环境，又能保留其传统文化的优质基因，是在乡村发展进程中，我们必须要面对和尽快解决的难题❷。2021年2月24日，国家乡村振兴局正式挂牌。"十四五"规划和2035年远景目标纲要中，对走中国特色社会主义乡村振兴道路进行了部署。传统村落建筑研究将从建筑与多学科交叉视角下对我国乡村的形成、现状和发展进行解读和探析，因地制宜、循序渐进。在自然、历史和文化多重维度对建筑形态的演变及其驱动机制的归纳和总

---

❶ 郭艳华. 乡村振兴的广州实践 [M]. 广州：广州出版社，2019.
❷ 何峰. 湘南汉族传统村落空间形态演变机制与适应性研究 [D]. 长沙：湖南大学，2012.

结，将为实现乡村可持续发展提供必不可少的理论基础，对乡村振兴战略的施行也有着深远的作用和意义。

1.1.4 广东建筑文化的多元性

广东省位于我国国土的南部，在地理上具有一定的独立性，北有五岭，南临大海。在这种既有封闭性，同时又具有开放性的区位中，发展出了极具地域特色的岭南文化体系。广东文化是岭南文化的主体，在南越文化的基础上，与各种外来文化（中原文化、楚文化、吴越文化、巴蜀文化等）长期、持续碰撞、交融，逐步定型成为一种具有多元性特征的区域文化。广东文化历史悠久，根源深厚，具有复杂的结构，更有丰富的内涵。历史上，中原人向南迁徙，与当地土著族群从冲突到联姻，从排斥到交融，经历了一系列分化后，最终孕育出极具地域特色的汉民族与少数民族相互交融的文化景观。广东以客家、广府和潮汕三大民系为主，此外还与畲族、瑶族和壮族等少数民族共存。广东省内的多元民族、民系文化造就了广东建筑文化的百花齐放。文化历史发展的产物，是人类世世代代辛勤劳动产生的结果，文化具有历史的持续性、阶段性和继承性。对广东建筑文化的研究，不仅要在纵向上研究它的起源、变异、演进和扩散，对不同阶段的特点、规律进行归纳、总结，也要在横向上探求不同文化或亚文化在各个阶段和地理维度上的联系和差异。这将为当代不同民族、民系文化村落的适应性发展提供有效的指导思路。

1.1.5 文化视角的必要性

在城乡建设过程中，应当更系统、更完善地利用、保护、传承好历史文化遗产。文化线路（其英文翻译为Cultural Routes或者Cultural Itinerary）这一理论是从1990年以来在国际上被广泛应用的世界文化遗产保护相关理论。文化线路被定义为："有明确的地理界线，是陆路、水路或其他类型的交流路线，为实现既定目标而拥有特定的、动态的历史功能。由于人类的迁徙，文化线路伴随着国家、地区或民族间在商品、知识和价值观等多个层面的不间断交流。文化线路是历史上具有紧密联系的文化遗产系统的整合和统一，文化线路在特定的时空范围内，促进了这些文化的交融，最

终以物质和非物质文化遗产共同呈现。❶""丝绸之路""茶马古道""大运河""北京
中轴线"等就是我国较为常提的一些文化线路，这也说明了，文化遗产保护开始从
"点"向"线"和"面"进行拓展。文化线路强调与其所依存的自然环境达到最大限
度的融合，这当中包含了历史城镇和文化景观、历史遗址和文化街区、历史建筑和纪
念物，等等。文化线路，是一种跨区域的历史文化地理现象，是历史在地理空间内不
断积累和叠加、不断延伸的结果❷。文化线路的宏观视野对传统村落建筑的保护是其
可持续发展的新基础，这也印证了在对村落建筑的研究当中文化线路视角的必要性。
在目前提出的文化线路中，绝大多数都与河流、水道有着密切联系。东江段古驿道线
路作为南粤古驿道东向的重要分支，覆盖了"客家迁徙之路""潮客贸易之路""粤闽
赣盐运之路"等多重文化线路，这将为东江流域传统村落建筑形态变迁的梳理提供了
更为清晰的指导思路，也为研究增添了更为充分的现实意义。

南粤古驿道具有悠久的历史、深厚的文化、丰富的资源。在历史上，它曾是岭南
地区在经济、文化上对外交流的重要通道，是岭南历史发展和文化传承的见证，更是
广东历史文化的重要组成❸。为贯彻《"健康中国2030"规划纲要》，响应国家"一带
一路"倡议，广东省南粤古驿道线路保护与利用总体规划中指出，南粤古驿道东路的
东江段古驿道线路，是唐代之后广州在商贸和文化交流上沟通粤、闽、赣三省的主要
通道。东江段古驿道线路以水系为脉络，将东江沿线文化及自然资源串联起来，宦游
文化、红色文化、客家文化、广府文化等多文化在这里汇集、融合，共同整合构成一
条族群迁徙线路❹。《威尼斯宪章》（1964）提及："历史古迹不仅包括单个的建筑物，
它还应该能够涵盖一个历史事件见证、一种有意义的发展或者是一种独特的文明的城
市或乡村环境。❺"本书在乡村振兴战略的指引下，受南粤古驿道文化线路保护的启
发，结合广东建筑文化的多样性，选取连通了广府文化区和河源客家文化区的东江流

❶ 摘自《2008文化线路宪章》（ *The ICOMOS Charter on Culture Route* ）。

❷ 王丽萍. 文化线路：理论演进、内容体系与研究意义 [J]. 人文地理，2011，26（5）：43-48.

❸ 唐曦，梅欣，叶青. 探寻南粤文明复兴之路——《广东省南粤古驿道线路保护与利用总体规划》简介
[J]. 南方建筑，2017（6）：5-12.

❹ 吴福文. 唐末至北宋的客家迁徙 [J]. 东南学术，2000（4）：65-70.

❺ 赵中枢. 从文物保护到历史文化名城保护——概念的扩大与保护方法的多样化 [J]. 城市规划，2001
（10）：33-36.

域为研究范畴，以文化线路的视角，串联起流域内的村庄，使之整合成为一个链条，从而以更客观的角度展现东江流域历史上人类的活动轨迹与文化的交流互动。这将有助于拓宽和提升东江流域村落的保护和文化遗产的活化利用价值，也能为南粤古驿道的"古为今用、活化利用、文化传承"添砖加瓦。

1.2
研究对象和范畴

本书研究的时间范畴主要包含了明、清和民国时期，研究对象的变迁及影响则会追溯至明代以前，其适应性发展则会延续到当代。东江流域为地理范畴，在地理条件多元化的同时，该地域也将以相对独立的面貌展现在整个岭南地理单元之中。

1.2.1 时间范畴——明清至民国时期

本书研究的时间范畴主要为明清至民国时期。在经历了历史上三次大规模的移民浪潮之后，作为汉人南迁的重要路径之一，东江流域内汉族族群与其他族群不断地碰撞、沟通和融合，直至明清时期，逐步达成了总体稳定性，其人文社会结构的地域性也越来越明显。海纳百川、博采众长，东江特殊的人文社会结构也逐步造就了东江流域极具包容性、开放性和创新性的文化特征。现区域内大量留存有建于明清时期的村落建筑，这便是在移民的历史进程中逐步定型的东江文化（岭南文化的一部分）的重要物质载体之一。

传统村落建筑是在前进、变化的历史进程中，不断地自适应、动态发展的。为了以更连贯、更严谨的逻辑对东江流域村落建筑形态变迁进行研究，本书在背景研究中会追溯至明代以前的更早时期，亦会下延至现当代，以此探求研究对象在自然环境、历史沿革、社会组织和文化内涵不同维度上的变迁路径，也能作为现当代的东江流域村落建筑适应性发展的可靠依据。

1.2.2　地理范畴——东江流域

东江发源于江西寻乌，是珠江三大水系之一，干流流经龙川、和平、东源、惠阳、东莞等地区，终入珠江三角洲。以石龙为界，其以上的河道全长约520公里，集水面积27040平方公里。❶本书研究的地理范畴实质是以东江干流为纽带的广东省内区域，涉及河源、惠州、东莞、深圳、香港等13个城市或地区。

1.2.3　研究对象

传统村落建筑作为满足人类生存的最基本场所，会受到来自生态环境、社会组织、经济技术、族群文化等多方面的影响。传统村落建筑的材料简单、建造技艺相对单一，再加上社会动乱、自然灾害的侵占与破坏，很多传统村落建筑都较难得到长期的保存。广东现存的传统村落建筑遗存实例大多建于明清之后，本书研究时间范畴就在此区间之内。

本书研究的传统村落建筑以居住建筑为主，并兼顾了带有公共功能的建筑类型，如祠堂、炮楼、牌楼、书塾等。因客家传统村落建筑多以"宅祠合一"这种居住功能与公共功能合并的形式来呈现，其中包含了住屋、祠堂、炮楼甚至牌楼等多种功能空间；而广府地区的和潮汕地区的部分传统村落则以居住建筑与公共建筑分化的形式来呈现，其中包含了祠堂、书塾、牌楼、炮楼等多种类型的建筑。故本书以传统村落建筑为研究对象进行综合考量。传统村落建筑是人类生活生产的直接载体，居住建筑必然会受到社会、文化和习俗的影响。我国幅员辽阔，自然环境因地域会有纷繁复杂的呈现，结合不同地区各民族、族群的风俗习惯、生活方式和审美需求，我国的传统村落建筑首先

---

❶　广东省计划委员会. 广东省东江流域环境保护和经济发展规划研究 [M]. 广州：广东人民出版社，1999：214.

具有极其个性鲜明的地方特色，其次也展现出多元丰富的民族特点。作为人类赖以生存与发展的基本物质空间，传统村落建筑形态的演变是自然环境、社会组织变化的直接反映❶。在当代，想要赋予建筑以民族特色和地方风格，就需要我们对该地区传统村落建筑进行深入研究，传统村落建筑的建造经验、构造技术、营造手法以及蕴含其中的一些形态规律会对我们在新时代背景下的新农村建筑设计提供非常有力的依据。

1.3
研究目的及意义

1.3.1 研究目的

不同于现有的民系文化影响下村落建筑的静态分析，本书着眼于东江流域传统村落建筑形态在地理环境、历史进程、社会变迁和文化融合过程中的动态演变。通过将地理、经济、社会和文化与村落的整合，从人文地理学、社会学、哲学等多学科视角出发，对东江流域的传统村落建筑形态区别于典型村落传统村落建筑形态的特征进行梳理和分析，从地理、历史、社会和文化多个维度对东江流域传统村落建筑形态的演变进行总结，归纳出影响东江流域传统村落建筑形态演变的动力机制。在乡村建筑保护进程中，多样化的民系文化及其相互影响使得非典型性的村落才是常态。本书对东江流域具有多民系文化融合背景的传统村落建筑的动态研究，在顺应当代传统村落建筑适应性发展的需求下，对传统村落的可持续保护以及村落建筑的文化传承提出一定的策略意见。

---

❶ 陆元鼎. 中国民居研究的回顾与展望 [J]. 华南理工大学学报（自然科学版），1997（1）: 133-139.

1.3.2 研究意义

传统村落建筑客观反映了其所处的外部环境,更是社会生产力发展的物质载体,其形态特征因自然生态环境、社会文化环境和特定节点的不同而呈现出纷繁复杂的结果。在历史轨迹中,传统村落建筑也会因社会生产力的发展、文化的融合而产生形态结构的演变。东江流域地理环境的差异、移民所带来的文化融合和扩散,都导致了该流域传统村落建筑类型的多样性和非典型性。本书将从文化融合的角度出发,结合历史线索、社会组织变迁和地理环境的变化,探析客家文化、广府文化、惠府文化、潮汕文化、畲族瑶族少数民族文化等多民系文化在该流域的相互影响,对依托不同民系文化的传统村落建筑在地形、材料、结构、布局的异同展开研究,进而深层次地研究东江流域传统村落建筑的动态演变。把握传统村落建筑形态表征,明确推动其变迁的动力机制,这对非典型的、处于多民居文化共存的传统村落可持续发展和文化传承有着重要的启示性以及实践意义,也对延续历史文脉、推动城乡建设高质量发展具有重要意义。

1.4
研究内容

东江流域作为历史上中原人民逐步南迁的重要路径之一,其涵盖的民系文化多样,地理环境多变。本书将依托岭南地区各民系建筑的既有研究,从文化融合的角度出发,对东江文化及其建筑文化进行系统的阐述,对传统村落建筑的遗存概况、分布规律及形态表征作出概述,尤其注重对民系文化交汇地区的非典型传统村落建筑形态的分析。

（1）构建东江流域传统村落建筑的多区系形态表征体系

在东江流域传统村落建筑类型的研究过程中全面兼顾自然生态、社会组织、经济技术及族群文化对其的影响力，尤其是其族群文化的融合和演变与传统村落建筑形态演变的关联，提取东江流域传统村落建筑形态的关键要素，运用文化地理学、统计学等相关分析方法，对选取的东江流域传统村落建筑样本进行分类，构建东江流域传统村落建筑的多区系形态表征体系。

（2）拓展东江流域传统村落建筑的多维度演化体系

在地理空间、历史进程、文化区划等多维度上分别对东江流域传统村落建筑形态的形成与发展规律进行比较分析，再将东江流域传统村落建筑形态与自然生态、经济技术、社会组织和文化观念进行整合，基于多维度形态比较分析体系，全面地、动态地认识东江流域村落建筑形态的演变和发展。

（3）归纳东江流域传统村落建筑的多动力演变机制

结合东江流域传统村落在地理、历史、社会和文化的同步演变过程中的动态发展，通过系统论等多学科方法的交叉应用，明确动力主体、动力类型和动力结构，构建东江流域传统村落建筑的多动力形态机制体系，总结东江流域村落建筑形态演变的动力机制。

第 2 章

传统村落建筑形态研究基础

2.1
理论与方法

　　传统村落及建筑的形成和演化是经历了自然、社会、经济和文化多方因素共同影响的，对于传统村落建筑的形态研究需要系统的理论体系来支撑。本书通过对村落建筑形态表征、形态表征的多样性以及其所受到外部环境的影响因素之间关联的梳理，确立了研究理论与方法介入框架（见图2-1）。本书以形态学和类型学为基础依托，通过对研究样本的田野调查和定性分析，梳理东江流域传统村落建筑的形态表征；以文化地理学相关理论和文化基因理论为基础，通过文化区划方法、聚类分析、类型分析等方法，对东江流域传统村落建筑进行区划研究，并阐释各个区划的形态要素表征，以呈现东江流域传统村落建筑形态的表征多样性；再结合文化变迁理论和自组织理论，通过比较分析、因子分析、动力分析等，研究东江流域传统村落建筑演化的影响因素，进而归纳其形态演变和动力机制。

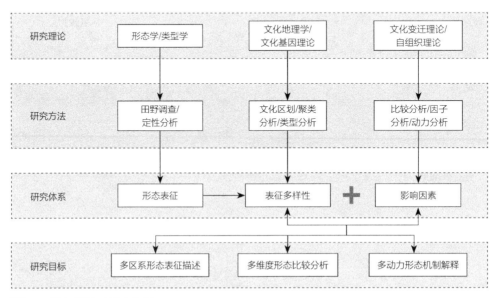

图2-1　研究理论与方法介入框架

2.1.1 理论基础

传统村落建筑形态研究在理论层面上需要结合形态学、类型学、文化地理学、文化基因理论、文化变迁理论、自组织理论等多学科理论作为基础。

（1）形态学

形态学最初是生物学中的一个专业词汇，形态具有三层意义，首先是一种形式（form），其次指"形"（morpho），是一种态势或者说是动势，是形的演变或发展的过程，最后它还包含着"逻辑"（logos）的意思，是在人及多因素影响下的形体或空间的变化。形态学（Morphology）就是这几层意义的整合体。在建筑学理论研究中，建筑形态学（Architectural Morphology）在于研究建筑的特征、性质及其变化。

形态学涉及其外在表现和内在依据两个方面的内容，建筑形态学同样包含建筑形态的外在表征和其内在规律。本书对于传统村落建筑形态的研究，以村落建筑本体作为认识的切入点，从社会范畴、经济范畴和使用者的行为范畴等不同方面来研究村落建筑的形态构成；研究村落建筑形态的多元化类型和多样性风格；研究村落建筑形态演化过程中同步的社会历史的演进、发展；研究其与什么样自然生态环境和人造环境相生相融。总的来说，对于传统村落建筑形态的研究，是对其"形"和"态势"的双重研究，要正确把握过程、地区、层次、时间、空间和整体的观念，将其置于"融合—封闭—再融合—开放"的整体过程中来进行❶。

（2）类型学

类型是最早引申于生物学中分类学的一个概念。昆西（Qantremere Quincy）定义，并由罗西（Aldo Rossi）引述为："类型意味着某种因素的观念，即形成模型的法则。相较于模型，类型是有些模糊不清的，其所模拟的，是精神上和情感上认可的事物。❷"卡尼吉亚（Giangrance Caniggia）指出，各类的建造活动都是由两种意识共同作用，即自发意识（spontaneous consciousness）和批判意识（critical consciousness）。类型是一种自发意识，具有历史性和先验性的特征，当建造活动所处的外部条件类似时，比如其社会、经济、文化背景和地理环境相似时，房屋就会建造成相似的形

---

❶ 齐康. 建筑·空间·形态——建筑形态研究提要 [J]. 东南大学学报（自然科学版），2000（1）：1-9.

❷ 罗西. 城市建筑学 [M]. 黄士钧，译. 北京：中国建筑工业出版社，2006.

式。当建造者再面对类似的条件时，就会"复制"这种形式来建造房屋。这种形式就是类型的概念化和抽象化。而由于每次建造活动的外部条件并非是维持不变的，建造者在设计和建造过程中也会产生一定的批判意识，并影响着最终的建造形式，从而产生类型的特例，这也是类型投影出实体的演进过程。房屋的各种类型都存在某种被称为"主导类型"（leading type）的源头❶，而在历史和地域视野的研究中，房屋的基本类型具有共时性（synchronic variations）和历时性（diachronic variations）两种特性：共时性是类型在地域维度的演变，即不同区域在同一时期出现同种类型；历时性是类型在历史维度的演变，即不同时期在同一区域出现同种类型。这种主导类型的观念，以及共时性和历时性特性的认知方法，对本书有着重要的理论引导作用。

（3）文化地理学

我国的文化地理学研究起步较早，在20世纪80年代后更是显著发展。1989年王恩涌第一个构建了现代文化地理学系统的理论框架❷；1983年陈正祥结合中国实际，专题讨论了现代文化地理的概念❸；1992年王会昌系统、全面、综合地探讨了中国文化并进行了分区❹；1993年司徒尚纪首次从区域层面对广东文化进行了探讨，做出了广东文化景观区划等内容❺。文化地理学研究逐步从宏观走向微观，从核心走向边缘，涉及层面不断扩充，研究方法也逐渐多元，许多不同学科交叉研究方法被相继引入，GIS、数理模型等先进手段也得到了广泛应用。文化地理学还广泛应用于传统村落及建筑的研究中，尤其是区域层面。曾艳运用地理信息技术，对广东进行了区划并作出了具体阐释❻。肖大威团队持续开展多地的文化地理研究工作，对广东、广西、江西、福建、海南、湖南等多地进行了传统村落及民居的文化地理研究，取得了颇丰的研究成果。这为本书的传统村落建筑区划研究提供了良好的学术引导及参考。

---

❶ CANIGIA G. Dialettica tra tipo e tessuto [A]. Rome：Paper Given at the Academie de France，1979.

❷ 王恩涌. 文化地理学导论（人·地·文化）[M]. 北京：高等教育出版社，1989.

❸ 陈正祥. 中国文化地理 [M]. 北京：生活·读书·新知三联书店，1983.

❹ 王会昌. 中国文化地理 [M]. 武汉：华中师范大学出版社，1992.

❺ 司徒尚纪. 广东文化地理 [M]. 广州：广东人民出版社，1993.

❻ 曾艳. 广东传统聚落及其民居类型文化地理研究 [D]. 广州：华南理工大学，2016.

（4）文化基因理论

文化基因理论，最初来源于"文化基因"概念的提出❶。在20世纪70年代，英国学者道金斯（Richard Dawins）在《自私的基因》中因受生物学词汇"基因"（gene）的启发，创造了一个文化相关的词汇"meme"，这也是"文化基因"最初的来源。随后，布莱克（Susan Blackmere）结合生物基因的特性，对文化基因的特征进行了解释，即文化基因是一种复制因子，其与生物基因具有在功能和作用上的相似性。文化基因的研究目前在中西方文化研究中已取得了一定的经验，许多学者认为，必须通过一定的物质载体，文化基因才可以得到表现，继而被看作是人类文化系统的遗传密码。文化基因活跃游离于意识形态和物质形态之间，思维方式和价值观念是它的核心内容❷。

文化基因在历史文化聚落景观研究中，被应用于不同地区的聚落景观基因图谱建立，以推动文化景观、文化区划的相关研究。通过基因分析方法，对比不同区域的聚落空间结构，归纳聚落空间布局规律，寻求核心因子，以总结提炼其文化基因。聚落文化基因具有四个原则：内在唯一性、外在唯一性、局部唯一性及总体优势性。从表现形态的角度，划分为代表物质文化的显式基因和代表非物质文化的隐式基因。对传统村落建筑的研究，文化基因的视角对其多样性表征体系的建立也有着不可或缺的重要作用。

（5）文化变迁理论

文化变迁是人类学学科长久以来被持续关注的主题。拉德克利夫-布朗（Alfred Reginald Radcliffe-Brown）在其遗作《社会人类学方法》中，提出了文化整体观（cultural holism），将文化看作一个整合的统一体，在这个系统中，每个元素都具有一种特定功能，即与整体关联❸。文化变迁的研究，应与共时性与历时性的研究相结合。社会文化变迁是不同文化相互接触的结果，如弱势文化遭遇强势文化的传播与渗透。美国人类学家斯图尔德（J. H. Steward）梳理了文化进化研究的三种观点：古典进化论倡导的单线进化、新进化论倡导的普遍进化，以及斯图尔德本人坚持的多线进化。多线进化论不只追求时间进程中文化的发展，而且会在横向上关注不同文化之间

❶ 由美国人类学家克洛伊伯（Alfred Kroeber）、克拉克洪（Clyde Kluckhohn）提出。

❷ 赵鹤龄，王军，袁中金，等. 文化基因的谱系图构建与传承路径研究——以古滇国文化基因为例[J]. 现代城市研究，2014（5）：90-97.

❸ 拉德克利夫-布朗. 社会人类学方法[M]. 夏建中，译. 北京：华夏出版社，2002.

的联系，也就是文化变迁的内容。多线进化论思想建立在两个重要基础上：一是"形态与功能的相似可以发生在并没有历史关联的多个不同的文化传统或阶段里"；二是"这些相似可以用相同的因果论来解释这些不同的个别文化"。多线进化论关注了文化变迁的共性，其任务是以法则来论述现象之间的交互关系。多线进化表达的是一种社会演化，是从一个阶段的某个文化类型，演化为另一个阶段的某个文化类型，所以同一个民族不仅可以被划分在不同的类型之中，其不同文化类型也能处于不同的社会文化整合层次之中❶。这首先对东江流域传统村落所处的文化类型划分作出了启示，在民系文化区分的基础上，相同民系的民族文化也可能存在另一个维度的层次划分。同时，文化变迁理论对文化之间交互作用进行了阐释，也为认识传统村落建筑形态的演化提供了新的思路。

（6）自组织理论

自组织理论最早兴起于20世纪60年代，由德国的康德（Immanuel Kant）提出，研究事物自发形成结构的过程，即"系统是如何在一定条件下，自动由简单走向复杂、由无序走向有序、由低级有序走向高级有序"❷。自组织系统在优胜劣汰、遗传和变异的机制作用下，不断地自我完善，不断地提高对外界的适应能力。自组织理论对建筑形态研究产生了十分深远的影响。2003年张勇强以深圳为例，对城市空间自组织进行了实证研究❸；2012年陈喆、周涵滔探讨了传统村落建筑的他组织特性对传统村落更新的影响❹；2013年郭锐研究了传统村落在自组织视野下当代更新模式研究❺；2017年陈峭苇以自组织理论对桂东南传统民居的演化进行了研究❻。

传统村落建筑系统就是一种复杂的系统。对于东江流域传统村落建筑的研究，本书应用自组织理论，主要依据以下几种自组织方法论：耗散结构方法论，阐述传统村

❶ 陈兴贵，王美. 文化生态适应与人类社会文化的演进——人类学家斯图尔德的文化变迁理论述评 [J]. 怀化学院学报，2012，31（9）：16-19.

❷ 吴彤. 自组织方法论研究 [M]. 北京：清华大学出版社，2001：10.

❸ 张勇强. 城市空间发展自组织研究——深圳为例 [D]. 南京：东南大学，2003.

❹ 陈喆，周涵滔. 基于自组织理论的传统村落更新与新民居建设研究 [J]. 建筑学报，2012（4）：109-114.

❺ 郭锐. 基于自组织理论的传统村落当代更新模式研究 [D]. 武汉：华中科技大学，2013.

❻ 陈峭苇. 桂东南客家民居的自组织演化研究 [D]. 广州：华南理工大学，2017.

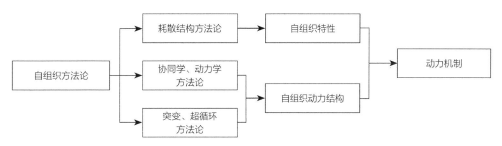

图2-2 自组织动力机制研究框架

落建筑自组织特性；协同学、动力学方法论，分析传统村落建筑自组织演变的动力类型；突变论、超循环方法论，归纳总结村落建筑自组织演变的动力结构。最后整合出传统村落建筑形态演变的动力机制（见图2-2）。

2.1.2　技术支持

对传统村落建筑形态的认知，需要经历定性与定量相结合的数据挖掘和信息处理过程，还需要运用统计学相关技术方法的支撑，对这些数据进行分析，梳理各个变量之间的关系，并借助相应指标来对数据进行描述工作，进而对样本进行科学的分类或聚类。

（1）相关分析

通过分析相关研究变量间的线性相关程度，以展现复杂变量之间的相关程度。对传统村落建筑形态变量的简单的相关分析，将有助于我们提取关联度高的变量进行着重研究。

（2）描述性分析

描述性分析可以使杂乱无章的数据呈现其规律性，把握样本的整体分布形态，为研究提供数据支持❶。对传统村落建筑形态的描述性分析能更全面地展现其在地理上的形态分布，这将有助于梳理建筑在地理区位、历史进程和文化融合不同维度上的演化。

（3）聚类分析

聚类的分析方式是依据研究样本数据之间存在的不同程度的相似性，对其进行分

❶　夏丽华，谢金玲. SPSS数据统计与分析标准教程［M］. 北京：清华大学出版社，2014.

类研究❶。聚类分析法是一种更为客观的数据统计分类方法，对传统村落建筑形态进行聚类分析能适当减少主观情绪对分类结果造成的影响。将传统村落建筑形态特征的自变量和因变量进行数据化处理，通过相关软件进行统计和分析，能为传统村落建筑的区系研究提供更严谨可靠的数据支持。

2.2
传统村落建筑形态体系构成

孙大章先生对传统村落建筑的因素进行了概括，这些因素包括"地理因素、人文因素、经济生活因素、思想文化因素及有关建筑技术水平因素"❷。因此，传统村落本身就是一个复杂的系统。对于传统村落建筑的研究，首先需要明确其形态体系的构成。本节站在系统的角度，以传统村落建筑形态体系的层次性为切入点，首先对传统村落建筑形态层级进行了阐释，进而梳理了传统村落建筑的形态要素，最后总结了传统村落建筑形态的特性。

2.2.1 形态层级

对传统村落建筑形态的探讨可以在若干个层级上进行逐一解析，每个层级具有各自的主导逻辑，各层级之间也应是一一对应、联系紧密的。具体层级可依照研究尺度的范畴、抽象图形的范畴、物质功能的范畴（对应具体形态要素）来进行划分（见图2-3）。

❶ 杨维忠，张甜，王国平. SPSS统计分析与行业应用案例详解［M］. 北京：清华大学出版社，2019.

❷ 孙大章. 中国民居研究［M］. 北京：中国建筑工业出版社，2004：544.

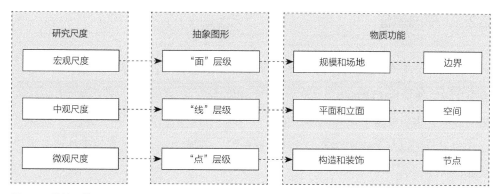

图2-3 传统村落建筑形态层级划分

（1）尺度的层级。传统村落建筑形态的研究尺度有宏观尺度、中观尺度和微观尺度。通过对研究尺度进行层级划分，有助于更系统和清晰地挖掘村落建筑形态在各个层次的信息。

（2）图形的层级。形态层级的"三分法"，即"点""线""面"的划分，对应了研究尺度的划分。以此作为延伸，可以转化为"节点""空间""边界"三个层次。

（3）要素的层级。相对于尺度和抽象图形范畴，物质功能范畴的层级对应了村落建筑的具体形态要素，不同要素的表征和演化各不相同，但是它们相互联系紧密，共同构成了村落建筑形态整体。具体划分为：规模和场地（边界）、平面和立面（空间）、构造和装饰（节点）。

2.2.2　形态要素

依据传统村落建筑形态在研究尺度和抽象图形范畴的划分，村落建筑形态要素可以分为以"边界"代表"面"层级的村落建筑规模和其所处的场地现状；以"空间"代表"线"层级的村落建筑平面布局和立面形制；以"节点"代表"点"层级的村落建筑构造形式和装饰特色。村落建筑形态要素具有系统要素的复杂性特征，也充分反映出村落建筑形态因子之间的繁杂关联。对传统村落建筑形态要素在不同要素层级上的认知、明确各类要素与外部因子之间的关联和互动，对构建传统村落建筑形态研究框架十分必要。

2.2.3 形态表征

传统村落建筑可以被看作一个系统，它具有系统的一般属性。外部条件的相似性或差异性，使得村落建筑形态呈现出同一性和差异性共存的特征；外部动因和内部动因的共同作用，使得村落建筑形态呈现出非线性的演化，甚至会出现突变。所以传统村落建筑可以从系统的角度，总结出同一性、差异性、非线性和突变性四个形态表征。

（1）同一性。同一性是某一特定地区的传统村落建筑能够区别于其他，保有自身的鲜明表征的重要原因。传统村落建筑的地域性特征就是在不断地自相似中得以成形的。对于传统村落建筑形态的同一性表征的提取分析，是对特定类型的传统村落建筑形态表征的深层剖析，这对其风貌的延续与传承有着重要的引导作用。

（2）差异性。传统村落建筑的各类形态要素在不同影响因子的作用下均会产生不同的变化，这就造成了村落空间形态的演变具有一定的差异性。不同的自然环境、经济技术水平、社会组织、民系文化、人口规模等，都会使村落建筑在布局、构造、装饰各个方面产生变化，呈现出传统村落建筑形态的差异性表征。

（3）非线性。传统村落自组织演化是在协同与竞争之中不断前进的。同一性与差异性在共同演化过程中使村落建筑形态处于非线性状态。传统村落体系是一个多层次的复杂系统，其中，建筑子系统与自然、社会、景观子系统持续相互关联，任意子系统发生变化，都会使村落建筑形态产生改变，这种改变并非单一线性的改变，而是多个层级之间相互交织、相互嵌套的多线性演化。

（4）突变性。人类社会的发展进程中会持续经历各类突发性事件，人口迁徙、自然灾害、政权更迭等，都会给传统村落系统带来巨大影响。如中原人口南迁、清代迁海复界事件等的发生，甚至是随后的改革开放，都使村落建筑所处外部环境在短期内发生巨变，当这种变化超出原有体系承受限度时，就有可能发生突变，这就是传统村落建筑形态的突变性。这也反映了村落发展与保护之间的现实矛盾，对这种突变性的剖析将有利于传统村落建筑的可持续发展研究。

2.3
传统村落建筑形态研究框架

2.3.1 研究框架建构

对东江流域传统村落建筑形态
的整体研究框架进行构建，首先要
确立"调查—取样—分类"和"描
述—分析—解释"的基础研究途径
（见图2-4）。

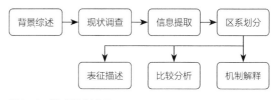

图2-4 基础研究途径

研究前期立足于"调查—取样—分类"的路径，对东江流域传统村落建筑的大量
样本进行现状调查和信息提取，而后借助相关技术并结合理论方法进行分类。在此基
础上，将东江流域传统村落建筑形态的研究依照形态学"描述—分析—解释"的路径
分为三个部分："是什么"、"怎么样"及"为什么"。"是什么"是对多区系形态表征
的描述；"怎么样"是多维度形态特征的比较及规律总结；"为什么"则是多动力形态
演变的成因和机制归纳。本书以传统村落建筑形态演化及动力机制为目标导向，依循
上述的基础研究路径，构建了"多区系形态表征描述—多维度形态比较分析—多动力
形态机制解释"的研究框架。

2.3.2 多区系形态表征描述框架

东江流域传统村落建筑作为一个系统，具有同一性与差异性共存、非线性和突
变性发展的特征，所以，对其村落建筑形态的研究需要立足于明晰的区系划分上。
本书依据"现状调查—信息提取—区系划分"路径尝试对东江流域传统村落建筑进
行区系分类，并在多区系的构架中对村落建筑形态各要素进行了具体阐释，包括规
模、场地、平面、立面、构造及装饰，并对各区系形态表征作出了总结，其框架如
图2-5所示。

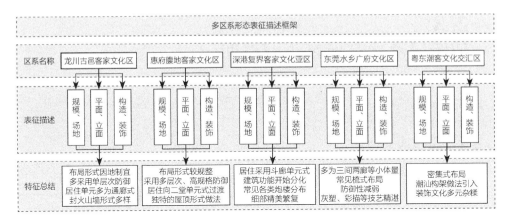

图2-5 多区系形态表征描述框架

2.3.3 多维度形态比较分析框架

东江流域传统村落建筑形态特征演化规律的归纳是基于时间、空间和意识多维度交叉作用的结果，既有其内涵的稳定性，又受外部因素影响表现出一定的差异性，在地理、时间和文化多维度体系中具有诸多可进行比较分析的情况。依据上节所介绍的斯图尔德的多线进化理论，同一个民族不仅可以被划分在不同的类型之中，同一个民族的不同文化类型也可以处于不同的社会文化整合层次之中，以此延伸到村落建筑形态的演化中，继而置于时间（T轴）、地理（G轴）和文化（C轴）三轴的坐标系当中，探讨：在同一时间节点，不同文化的村落建筑形态的比较；在同一地理条件下，不同文化区划的村落建筑形态的比较；相同文化的村落建筑在历史进程中的比较；相同文化的村落建筑形态在地理差异中的比较；文化交汇区的村落建筑形态分析等，这当中也交叉包含着第三维度的同一或差异的情况。通过多维度形态比较分析框架的构建，可以识别出东江流域传统村落建筑形态延续、适应或转变的演化规律（见图2-6）。

2.3.4 多动力形态机制解释框架

建筑形态演变是多重因素共同作用的结果，本质上为功能和形态的矛盾运动所驱使。对传统村落建筑形态动力机制进行解释，需要梳理"动力主体—动力类型—作用对象"这一逻辑关系，明确其动力结构的呈现方式。东江流域传统村落建筑形态的演化同时受到外部和内部动力的共同作用，其中外部动力来自自然、社会和经济多个方面，内部动力则包含族群文化和个体审美的驱动，每一个动力主体都对村落建筑形态各要素产生驱动、制约或混合的动力作用。依据自组织理论中协同学和动力学方法论，村落建筑形态演化的动力结构中有协同、竞争、涨落、巨涨落等不同阶段，阶段的共构则会产生循环、重组甚至突变的不同结果，这也对应了村落建筑形态的延续、适应或转变。东江流域传统村落建筑的多动力形态机制解释的研究框架见图2-7。

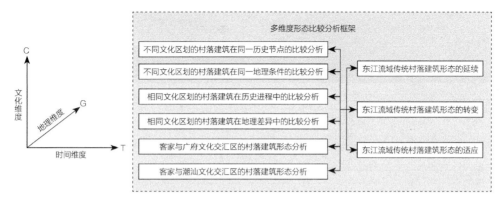

图2-6　多维度形态比较分析框架

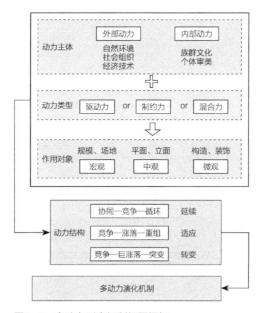

图2-7　多动力形态机制解释框架

第3章

东江流域传统村落建筑的
调查与分析

3.1
东江流域传统村落建筑的发展背景

3.1.1 自然环境背景

东江流域海拔在−4～1461米之间，整体地势东北高、西南低。东江流域的自然环境具有过渡性和边缘性特征：在区位上，东江流域位于大陆边缘，濒临南海；在水系上，东江流域是珠江流域的东段，与长江流域和东南沿海诸河流相邻；在地貌上，地处丘陵、山地相接地带；在气候上，东江流域跨越了南亚热带和中亚热带的界限，流域南北两段具有迥异的气候特征。自然环境上的过渡性使得流域内北部、中部和南部各个地区的自然环境条件各异，甚至导致了流域内经济发展的不平衡。东江上游段处于山丘地带，该区段的河床较为陡峭，河道大多狭窄，全程有138公里。中游段的地貌开始发生变化，从龙川合河坝起始，到博罗县观音阁，左岸多为丘陵地带，而右岸部分地区开始呈现为平原，沿岸由窄浅逐步拓宽，全程232公里。下游段的地貌多为平原，由观音阁起始，到东莞石龙，两岸进一步扩大，水流流速减缓，多在两岸建筑堤坝以防洪涝，全程长150公里❶。下面将从广东省内的北部上游区、中部中游区和南部下游区分别对东江流域的自然环境特征进行阐述。

3.1.1.1 北部上游区——重要的生态屏障

东江上游地区地貌以中小起伏山地和丘陵为主，其占区域面积比例分别为59%和26%。平原占9%，台地占5%，仅有1%为大起伏山地。东江上游段气候属中亚热带。上流域涵盖的主要行政区有河源市的和平、连平、龙川、东源、紫金以及惠州的龙门。

东江作为珠江的一级支流，是广东诸多市（区）的重要水源地，更提供了香港特别行政区90%以上供水量。东江水系的最大支流新丰江是东江中、下游洪水的主要

---

❶ 广东省地方史志编纂委员会. 广东省志（水利志）[M]. 广州：广东人民出版社，1995：61.

来源之一，1960年于河源建成的新丰江水库是广东省最大水库，集水面积5730平方公里，总库容139亿立方米，素有"粤港水塔"之称❶。新丰江水库万绿湖风景区景色秀丽、四季如春，它不仅是我国第一家通过ISO14001认证的国家级森林公园，更被誉为广东省最重要的"生命水、经济水和政治水"❷。新丰江国家森林公园内绿岛多达360个，拥有丰富的动植物种类资源，是广东省重要的绿色生态屏障区域。此外还有白溪自然保护区，位于河源紫金县内，物种资源也非常丰富。

东江流域具有发育完全、多样而又复杂的地层结构，其中包含多种岩类和冲积层。如流域内的山地和丘陵，主要是由各个时代的侵入岩（即各类花岗岩）构成，在强烈的风化作用下，缓慢形成了具有一定厚度的红色风化壳。上游段由这种红色砂岩和砂砾岩水平构成的低山，就是我们常说的"丹霞地貌"，常表现为顶部平缓而峭壁直立的宝塔状地形，比如紫金县的越王石、和平县北部与江西交界的小武当山，以及龙川县的霍山等。

东江流域内尤其是上游地区耕地质量较差，山坑田多，零星分散，较差品质农田面积占比稍大，有机质较多的水田仅占其总面积的17.2%。所以在三个区域当中，北部上游区的人口密度相对要小一些，据统计，1991年东江全流域人口密度仅为163人每平方公里（南部下游此数据为394，中部为257）。但东江上游段却涵盖了流域内最多的矿产资源，共有37个矿种，占流域矿种总数的92.5%。矿物产地有149处，以黑色的有色金属及稀土矿为主。该区域矿产资源多矿共生、伴生，具有多种矿种的综合性矿床，比如连平县锯板坑就是有名的钨锡多金属矿。总的来看，东江流域上游段矿产资源开发的内外部条件较为优良。

综合来看，优质的水源、广袤的森林、多样的物种、独特的地貌以及丰富的矿产使得东江上游地区成为广东省最重要的生态屏障。依据广东省"一核一带一区"区域发展新格局，东江北部上游地区是"北部生态发展区"的重要组成部分。对东江流域上游的水源、生态景区，以及区域绿道的保护与建设，为该地区的乡村振兴和传统村落建筑的发展提供了良好的自然基础。

---

❶ 新丰江水库项目组. 新丰江水库生态环境保护总体方案.

❷ 谢浩然. 确保立法质量 突出地方特色——我省设区的市立法工作稳步推进 [J]. 人民之声，2016（3）：10-11.

3.1.1.2　中部中游区——山地向平原的过渡地带

东江中部地区以小起伏山地、丘陵和台地为主，干流两侧有较大片的低洼地。小起伏山地占区域总面积7.7%，丘陵占26%，台地占35%，平原占约31.3%。东江中游段气候属于南亚热带，整体来看较为温和，常年雨量充沛、日光充足，同时也盛行季风，涵盖的主要行政区有惠州市惠城区、博罗县、惠东县。

东江中部主要有西枝江谷地、杨村平原和惠州平原。东江流域在不同季节降水量差异较大，地理分布也不均匀，西南一般更多，东北相对较少，中部地区如惠东县，雨季降水量可以达到全年降水量的80%~85%，降雨时间相对集中，使得地表水资源季节分配不均，易造成土壤冲刷或洪涝灾害。近代由于河床的淤积和修筑堤坝等因素，部分区域排水不畅，出现了很多的易涝低洼地。东江中部区域的沿江地带在地质地貌上属于沉降区，为低洼平原。因为受东江干流洪水顶托、倒灌，所以该区域是主要的洪泛地区。1985年建成的白盆珠水库，调控径流，有效治理了该地区的洪泛。东江流域中部曾经分布着诸多的沼泽和湖泊，现今只留存了潼湖和惠州西湖，其他大部分都已经被围垦。惠州西湖位于东江干流以南和西枝江以西，经历了地壳抬升，洼地的凹陷、扩展并逐渐封闭，最终演变为湖盆，并在人工堤筑（1066年）后定型为一个稳定的湖泊❶。历史上，古惠州的城市水利与西湖水利效益息息相关，这在某种程度上促进了东江中部地区经济的发展和人口的扩张❷。现如今，惠州西湖已成为融自然景观文化和人文景观文化于一体的国家重点风景名胜区。

总的来说，东江中部地区是整个东江流域自然地理环境的过渡带，由山地逐步向平原过渡，气候上也从中亚热带向南亚热带过渡。这种自然地理上的承接与交会影响了该地区的社会组织和文化定型，使得该地区出现广府、客家和潮汕等多民系文化交融的情况。由过渡性的自然景观文化影响而形成独有的人文景观文化，也赋予了该地区传统村落建筑多元的风格。

---

❶ 叶岱夫. 惠州西湖形成及其对城市环境的影响 [J]. 中国园林，1989（3）: 33-37.

❷ 吴庆洲. 惠州西湖与城市水利 [J]. 人民珠江，1989（4）: 7-9.

3.1.1.3 南部下游区——河网密布的三角洲

东江下游地区以三角洲平原、台地、丘陵为主，东江流域内坡度小于7度的低平地势主要分布在南部下游地区，南部临海，属南亚热带气候，涵盖的主要行政区有东莞市、惠州的惠阳区、深圳的龙岗区和坪山区等。

东江南部在东莞石龙以下为三角洲河网区域，与西、北江三角洲共同组成珠江三角洲。河网密度为每平方公里0.83公里，河流交错纵横、水情复杂。东江在石龙以下分为两支，经石龙以北一支为东江北干流，另一支经石龙以南，为东江南支流。该地区地势低平，有低洼的积水地，风光瑰丽、多彩❶。自石龙以西为冲积平原，上部围田，下部沙田。

东江下游的潼湖地区地跨惠州、东莞两市，本为东江泛滥平原部分，随着时间的推移，逐步形成自然堤后积水洼地。西边有石马河汇入东江，因河水暴涨，又有来自东江的洪水向上顶托，最终形成潼湖洪泛区。潼湖湿地保护面积达670公顷，包含四种湿地类型：湖泊湿地、河流湿地、基塘湿地和水库湿地，是多种候鸟的停歇和栖息地，是对动植物栖息和保护的重要保障❷。

总的来说，东江南部地区主要是东江三角洲直向南部海洋的平原地带，以河网三角洲平原和分散的岛丘为主，这也使得此区域人均拥有的土地资源数量较中部和北部更多，虽然该区域人口数量所占流域面积较少，但人口密度更大。更有利于经济发展的地貌条件使得该地区总体的经济实力最强，发展速度也最快，这对传统村落建筑的适应性发展提出了更大的挑战。

3.1.2 历史进程背景

3.1.2.1 入隋前时期

（1）新旧石器时代——远古文明扩展的通道

东江早在新旧石器时代，就是人类由西向东发展的重要通道。尤玉柱提出，在远古

---

❶ 陈亚利. 珠江三角洲传统水乡聚落景观特征研究［D］. 广州：华南理工大学，2018.

❷ 李东风. 对潼湖地区水利建设与湿地保护的几点思考［J］. 广东水利水电，2011（8）：78-81，83.

人类传播文化、交流文化和发展文化的过程中，广东与福建之间存在着一条重要的东西向扩展通道❶。除了通过广东东部沿海丘陵区迁徙之外，水网通道"西江—珠江—东江—龙川（水陆转换）—梅江—韩江—汀江"也意义深重，东江便是当中的重要通道组成。

（2）先秦时期——缚娄古国的消亡

据《吕氏春秋·恃君览》记载，先秦时期，南方百越就有一支称"缚娄古国"的部落活跃在今惠州市区附近的博罗县境内❷。"缚娄古国"是西汉设立的傅罗县的前身，王利器先生在《吕氏春秋注疏》中说明，扶娄（周朝）、缚娄（战国）、傅罗（两汉）、博罗（三国），都为同地，也就是今称的"博罗"❸。到了公元前219年，"缚娄古国"终被秦将所灭，秦始皇在东江上游置龙川县，赵佗为龙川令，"缚娄古国"至此消亡。

（3）秦汉时期——南越国"和辑百越"的文化奠定

公元前206年，赵佗建立南越国，自称南越王，开始了对岭南近百年的统治。"和辑百越"，"以其故俗治"，为以汉文化为主导的民族融合奠定了重要的基础。"秦徙中县之民于南方三郡，与百越杂处。❹"这种既坚持中原儒家文化的主导，又尊重和保持古越地方传统和生活习俗的特征，奠定了岭南多元文化共存的文化格局，也映射了岭南文化中开放、创新、兼容和务实的特征。

（4）秦至入隋前时期——佛教与道教的传入和发展

东汉末至三国鼎立时期，南海郡及东江流域均地属东吴。据《资治通鉴·宋纪一》记载，岭南及东江地区先后归属了宋、齐、梁、陈五朝❺。经历了汉代"罢黜百家，独尊儒术"后，儒家思想统领了中原大地，然而地处较中央集权稍偏远的东江地区在儒学传入之前便有了佛教与道教的传入，率先于入隋之后儒学通过官方教育的传播方式。僧人简谓是东江中心区惠州的佛教始祖。而论及道教，自秦以来，就有诸多道家术士在罗浮山采药修道，东晋葛洪所著的《抱朴子》❻是道教史上的一次革新。这对东江流域的文化融合也有着十分重要的影响。

---

❶ 尤玉柱. 漳州史前文化 [M]. 福州: 福建人民出版社, 1991.

❷ 吕不韦. 吕氏春秋 [M]. 哈尔滨: 北方文艺出版社, 2018: 312.

❸ 王利器. 吕氏春秋注疏 [M]. 成都: 巴蜀书社, 2002.

❹ 董诰. 全唐文: 第09部 卷八百十六 [M]. 上海: 上海古籍出版社, 1990.

❺ 司马光. 资治通鉴（宋纪一至梁纪六）[M]. 张大可, 语译. 北京: 商务印书馆, 2019.

❻ 葛洪. 抱朴子 [M]. 上海: 上海古籍出版社, 1990.

3.1.2.2　唐宋时期

（1）入隋前割据混战后的逐步稳定

入隋以前的三百多年间，中原地区始终处于割据、混战的不稳定状态，岭南地区作为相对稳定的区域接收了大批南迁的移民，其中较著名的一次是在西晋永嘉丧乱之后，彼时有"望族向南而趋，占籍名郡"的说法。自隋开皇以来，天下太平，生活比较安定，东江地区人口得到了进一步快速增长，据统计，当时循州六千户，归善三千户，"开皇十七年，户口滋盛，中外仓库，无不盈积"❶。隋末的中原农民大起义，推翻了隋朝40年的统治，官僚贵族李渊与他的儿子李世民建立了李唐王朝。

（2）从贞观之治到黄巢起义

唐统一中国，天下安定，经贞观直到开元为全盛时期。当时的循州人口是隋朝时期的近两倍，以至于人行数千里不赍粮。而经安史之乱的严重摧残后，唐朝的社会经济和政治制度都开始走向衰败。晚唐时期，阶级矛盾日渐尖锐，爆发了多起农民起义，其中以黄巢起义影响最深远。黄巢率起义军一度转战浙东，经福建入广东，经循州攻克广州❷。

（3）靖康之变后的南迁浪潮

靖康之变后，金兵大举南下侵宋，宋室偏安东南，统治重心南移，导致黄河流域大量百姓家园被摧毁，广大中原人民不得不背井离乡，随之产生了历史上十分重要的一次南迁浪潮，并逐步完成了经济中心的南移。粤东北是当时中原汉人南迁的一个重要的大本营，自南宋开始，大批客民向南迁移，"《太平寰宇记》载梅州户主一千二百一，客三百六十七，《元丰九域志》载梅州主五千八百二十四，客六千五百四十八❸"❹。这一时期的南迁浪潮使得客家民系开始逐步壮大和定型。

（4）科举制度的推广和官宦名家贬流南下

在宋代，科举制度已被推广到岭南地区，各州各县也随之设立学校。以惠州为

---

❶　魏徵. 隋书［M］. 北京：中华书局，2000.

❷　刘毅. 新唐书（僖宗纪）［M］. 北京：北京燕山出版社，2010.

❸　宋代客户的含义与唐代不同，不是指外来侨居的客籍户。宋代凡有田产而缴税的，在户籍上登记为主户，又称税户，没有田产的，登记为客户。客户又分为城廓客户和乡村客户。

❹　温仲和. 光绪嘉应州志：卷七［M］. 桃园：台湾客家书坊，2009.

例，南宋淳熙二年（1175年）始建府学，淳祐四年（1244年）建聚贤堂，宝祐二年（1254年）更名丰湖书院，其在东江地区乃至广东教育史上都占有非常重要的地位。入宋之后，惠州被视为"恶远军州"，是朝廷流贬犯人之地，这当中便有大文学家苏轼。他于绍圣元年（1094年）被贬宁远军节度副使，惠州安置。苏轼在惠州期间创作了近600篇作品，反映当地的军事、民生、文化、宗教、山水、民俗乃至衣食住行等。大观四年（1110年）另有一文学家唐庚也被贬至惠州，他在此游山、赋诗、灌园、读易，当时被称"佳句不减杜甫"。他们对这里的文教和经济发展都产生了较为积极的影响。

3.1.2.3 明清时期

（1）农业生产的恢复和人口的持续繁衍

明正式设置广东行中书省惠州府。由于元代长期兵战，人口骤减，国库虚空，田地荒芜，统治者开始认识到农业发展的重要性，举国上下都致力于农业生产的恢复。在这种措施下，明代的广东农田面积有了很大提升，洪武二十年（1387年）广东布政司核实田亩237340顷71亩，到了万历二十八年（1600年）已增至334170顷56亩❶。其中，万历二十年（1592年）增至46309顷，税粮增至67812石。土地的增加与粮食的增产，为繁衍人口、改善人民的生活提供了良好的条件。

（2）文教的发展和人才群体的兴盛

明代东江地区的府学和县学也有较快的发展。根据《惠州府志》记载，明代惠州府有进士44人，相比于元代的12人有很大的提升。进入隆庆、万历二朝，全国书院的数量不断增加，仅广东就多达156所，其中惠州地区有33所。在明代的东江地区，有着繁荣的文化教育、活跃的思想学术氛围，有着数量可观的书院、水平高超的师儒，以及趋之若鹜的学子们。总的来说，彼时东江的科举功名之盛在当地是前所未有的。

（3）军事重镇地位的巩固

惠州府邻近海域，是明代的军事重镇，为了防止倭寇入侵和镇压农民起义，明代设置的广东省专管军事的卫并不在广州，而是在惠州，统兵5600人，由都指挥使率领，统9个卫所，每个卫所有1200人。明嘉靖四十三年（1564年），倭寇大举进犯海

---

❶ 黄佐. 广东通志 [M]. 广州：广东省地方史志办公室，1997.

丰、博罗、归善一带，明朝派兼管惠州、潮州、赣南军事的戚继光、俞大猷带兵征讨，驻军惠州，大败倭寇❶。隆庆三年（1569年），倭寇再次进犯惠州，两广都御史吴桂芳镇守惠州，以征伐入侵惠、潮两府倭寇，大破于今博罗铁岗一带❷。在万历元年（1573年），两广总督衙门移驻惠州❸。由此可见，惠州府作为粤东军事重镇的地位在此得到了进一步的巩固。

（4）从矿工起义至明朝覆灭

明朝中期开始，由于政治腐败，产生的土地兼并和苛捐杂税问题，不断地激化着阶级矛盾。明朝一代惠州府发生的大小"暴乱"，经统计多达八十余起，"岭南山寇，惠州寇乱十余年，杀掠不可胜纪……"❹。此外，在明代，惠州采矿业也得到了进一步的发展，但是迫于统治者的各类繁重税收和资金掠夺，明代东江地区也发生了多起声势浩大的矿工起义。到万历八年（1580年）起义仍不断，起义矿工在广东、江西边境持续活动，矿工起义延续了25年之久❺❻。到了崇祯元年（1628年）后，高迎祥、李自成先后率领农民起义，全国响应，崇祯十七年（1644年）大明王朝宣告灭亡，此后延续了约半个世纪的反清复明斗争。

（5）惠州兵变及三藩之乱带来的巨大破坏

清初40年间，反清战争从未停息，一直到经历了顺治、康熙两朝，清统治者才消灭了东南沿海和西南地区的反清活动。康熙十二年（1673年），吴三桂起兵反清。"三藩之乱"加上之前长达三十余年的惠州兵燹之灾，使得东江地区生灵涂炭，平民百姓大量死亡，家园被毁。直至雍正年间，惠州的农业生产仍未恢复元气，"出产之米，不足供民间食用"❼，可见这段兵乱对当地的影响和破坏之剧烈。

（6）迁海复界引起的人口迁徙

顺治十七年（1660年），清朝廷为困灭郑成功，实行迁海令。于福建、广东、浙

❶ 刘毅. 明史（穆宗纪）[M]. 北京：北京燕山出版社，2010.

❷ 刘毅. 明史（世宗纪）[M]. 北京：北京燕山出版社，2010.

❸ 刘湘年，等. 光绪惠州府志 [M]. 上海：上海书店出版社，2003.

❹ 黄佐. 广东通志 [M]. 广州：广东省地方史志办公室，1997.

❺ 谭力浠，等. 惠州史稿 [M]. 惠州：惠州市文化局1982：42-44.

❻ 刘毅. 明史（李锡传）[M]. 北京：北京燕山出版社，2010.

❼ 陈训廷. 惠州历史概述 [M]. 广州：广东人民出版社. 2016：147.

江、江苏、山东等省，以去海30里、50里为界，界外居民限日迁入界内，凡私自出界的亦捕获后一律处死❶。顺治十八年（1661年），惠州、潮州也开始执行迁海令。所有的沿海居民，少壮散之四方，老弱转死于沟壑。沿海各县的界外地区渐趋寸草不生❷。据《广东通志》卷255记载，广东前后两次迁界灾及28个州县、20个卫所，惠州府的归善、海丰两县名列其中。康熙三年（1664年）又以"迁民窃出鱼盐，恐其仍通海船"为由再发出内迁30里的二次迁海令。清康熙《新安县志》❸记载，康熙元年、三年"两奉迁拆，尚存人丁2127"。迁界给沿海区域的百姓生活和自然环境都带来了巨大的灾难。此后郑氏反清活动失败，为满清所平定，各路官民请求复界的呼声日益增高。直到康熙二十三年（1684年）清朝廷才明令尽复闽粤濒海居民的旧业❹，准许百姓下海打鱼，并开征渔课。复界初期，大量土地由于被荒废多年，难以开垦，百业萎缩，社会经济发展极为缓慢。以新安县为例，康熙二十四年（1685年）整个新安县三千余平方公里的土地上仅有人口7289人。雍正五年（1727年）两广总督何克敏奏请在复界区发布"招垦令"以吸引移民入界开垦荒地，此后在乾隆年间，一批批的闽、粤、赣山区客民迁入原本地旷人稀的惠州等沿海复界区。据《新安县志》记载，嘉庆二十三年（1818年），新安县总人口已达到23.9万人，村庄增至865个，其中更是有客籍村庄346个❺。清这段迁海复界对东江流域尤其是中下游地区的人口结构和文化组成都产生了十分深远的影响。

（7）资本主义的萌起和"闭关自守"后的鸦片战争爆发

在清代前中期的近两百年间，东江地区商品经济愈渐活跃，惠州的核心地理区位使其成为东江地区的商品集散地。随着城市商业的不断繁荣，农村墟市也得到了广泛的发展。依据《广东通志》卷20记载，明代惠州的墟市有51个，到了清代，惠州各县墟市增加到175个，其中河源、龙川、和平等地区占比最高。

经济的发展进一步增加了人口数量，据嘉庆年间统计，惠州府人口数为130多万。东江地区的资本主义萌芽又向前发展一步。而清王朝为了巩固其小农经济的封建

❶ 谢国桢. 明清之际党社运动考［M］. 上海：上海书店出版社，2006.
❷ 罗香林. 客家研究导论（外一种：客家源流考）［M］. 广州：广东人民出版社. 2018：259.
❸ 新安，今为深圳地区。
❹ 广东文物展览会. 广东文物：中［M］. 广州：广东人民出版社，2013.
❺ 深圳市史志办公室. 嘉庆新安县志［M］. 广州：华南理工大学出版社，2020.

统治，"农为天下之本务，而工商其末也❶"，对外实行"闭关自守"的政策，很快就使这种"萌芽"失去了继续发展的可能性。

3.1.2.4　民国及以后

（1）辛亥革命和东江光复

1895年4月，以孙中山为首的革命党人在广州组织发动了第一次武装起义，直到1911年，孙中山先后发动和领导十次武装起义，惠州地区就发生了两次：三洲田起义和七汝湖起义。这两次起义虽然以失败告终，但仍是对清朝统治的沉重打击。孙中山领导民族民主革命时来自东江地区的革命者甚多，其中最出名的就有廖仲恺，他是惠阳鸭仔埗人，是民主运动的中坚；有邓仲元，原籍梅州，后迁居惠阳淡水，他也是孙中山的得力助手之一；有郑士良，惠阳淡水人，是三洲田起义的领导人；还有邓演达，惠州鹿颈人，等等❷。革命党人与工农联合起来组织民军，英勇奋战，最终推翻了清王朝的统治，东江地区的历史也翻开了新的一页。

（2）两次东征、工农运动和苏维埃政权

在第一次国内革命战争中，国共两党先后于1924到1925年，以黄埔军校学生军为核心，在东江地区组织了两次东征。东征的胜利带动东江地区工农运动的蓬勃兴起。1927年11月，在中共东江特委指示下，海丰、陆丰两县建立了苏维埃政权，也是"中国破天荒的苏维埃"❸。在最鼎盛时期，东江地区的"苏区"面积达到了七千多平方公里，人口更是突破了百万❹。随着东江革命根据地的建立，苏维埃政权逐步解体、丧失，但这一全国第一个苏维埃政权，仍具有深远的革命影响和政治效果。

（3）惠州四次沦陷到抗日胜利

"九一八"事变后，日本开始策划对我国的全面侵略，1938年日寇于10月12日凌晨在大亚湾登陆。惠州在抗战时期先后经历了四次沦陷，从沿海到粤北，每次沦陷都

---

❶　清实录：第七册—第八册：世宗宪皇帝实录 [M]. 2版. 北京：中华书局，2008.

❷　谭力浠，等. 惠州史稿 [M]. 惠州：惠州市文化局，1982：71.

❸　中共广东省委党史研究室. 论东江苏维埃 [M]. 广州：广东人民出版社，2001：18.

❹　《中国共产党东江地方史》编纂委员会. 中国共产党东江地方史 [M]. 广州：广东人民出版社，2001.

让东江地区人民的性命和财产遭受了严重的损失。在惠州、广州沦陷后，东江地区组织起两支人民抗日武装，不断打击敌人，防奸肃匪，保卫家乡。1943年成立广东人民游击队东江纵队，号召人民扩大抗日武装，更有力地打击了敌人。东江纵队先后收复惠阳、东莞、宝安、博罗、增城等县的十余处据点，为抗日战争的胜利作出了贡献❶。

（4）解放战争和人民政府建立

抗日战争胜利后，中国革命进入了为期四年的解放战争时期。1949年冬，惠州成立中共东江地委，成立广东省人民政府东江专员公署。12月，粤赣湘边纵队奉命整编为中国人民解放军华南军区东江军分区部队。东江地区所辖的惠阳、海丰、陆丰、河源、龙川、紫金、博罗、增城、东莞、宝安、龙门、和平、连平13个县和惠州镇，在经历了几千年的沧桑和无数次的斗争，终于真正回到了人民的怀抱，在社会主义的道路上阔步前进❷。

3.1.3 社会组织背景

3.1.3.1 行政建制

（1）隋以前——中原政治制度、生产技术和思想文化的落地生根

秦始皇统一岭南后于公元前214年设南海郡，基本涵盖了整个东江流域。公元前206年，时任龙川县令的赵佗建立南越国。在南越国前后90多年间，由于行政建制与中原王朝较为紧密，加上南越王"和辑百越""以其故俗治"的政策，以傅罗、龙川为行政中心的东江地区在社会制度、农业生产上都得到了较大的发展，思想文化等方面在保有原住民习俗的基础上也得到了相当大的提升。在吴国和西晋时期，随着东江地区人口的增加和生产的发展，南海郡被分为南海和东官二郡，行政区划越来越细致。这一定程度上促成了后面东江地区以惠州为独立州府的行政建制❸。

---

❶ 谭力浠，等. 惠州史稿 [M]. 惠州：惠州市文化局1982：115-125.

❷ 谭力浠，等. 惠州史稿 [M]. 惠州：惠州市文化局1982：143.

❸ 成晓军. 东江地区历代行政区划建制对东江文化的影响 [J]. 惠州学院学报（社会科学版），2012，32（1）：5-10.

（2）隋唐和两宋时期——独立统一的行政建制范围促进了社会经济的稳固和思想文化的交流与融合

隋初设立循州，隋大业元年（605年）改循州为龙川郡。在唐代，东江地区的行政建制几经更迭，但东江区域独立统一的行政建制范围基本没有很大变化。南汉公元917年，改循州为桢州，设循州于龙川县境，东江地区基本得到涵盖。到了宋天禧五年（1021年）为避太子名讳改桢州为惠州，惠州这个名字自此沿袭至今。在隋唐到两宋600多年的历史中，虽然经历了循州、惠州等名称的变更，但是东江地区的行政区划大体上是相近的。循州、惠州作为独立州、府，它们的设置为东江地区社会经济的稳固和多元思想文化的交流与融合提供了有利的外部环境。

（3）元明清时期——东江地区社会结构和特色思想文化特征的逐步定型

明洪武二年（1369年）废循州，置惠州府，辖归善、博罗等七县，属广东行中书省，从前的惠州和循州被基本纳入。一直到崇祯六年（1633年）惠州府辖区增加了和平、永安、长宁、连平，增至11县。东江地区的行政建制进一步细化，且逐步稳定，这为东江地区社会结构的稳固和思想文化的定型提供了良好的基础。到了清代，东江地区逐步完成了以惠州为中心的行政建制。也正是在这种完备的行政和军事框架下，区域封建统治不断被强化，随之而来的，便是愈演愈烈的阶级矛盾。

（4）民国时期——复杂多变的社会结构下东江思想文化的更新

从清末的多起农民起义和矿工起义到辛亥革命前，东江地区一直是各路追求民主、自由运动的重要区域之一，民国初年到新中国成立的这段时期，我国经历了民主革命、内战、抗日等一系列重大转折，也引发了东江流域的行政建制多次变更。东江苏维埃政权、东江抗日民主政权等的建立使得东江流域的社会结构变得更为复杂。1925年11月划分东江行政区，辖以惠州地区为中心的各县外还包括了梅州、潮州等县。随后国共合作经历了两次东征，东江地区工农运动日益高涨，东江民众反帝反封建、追求自由民主的觉悟不断提高，东江思想文化中的民主化、革命化内涵得到了强化。这一时期多变的社会结构赋予了东江流域思想文化更新的内涵，这在一定程度上也强化了东江思想文化中开放、包容和创新的特征。

3.1.3.2 人口分布

（1）东江流域人口的民族来源

约10万年以前，"马坝人"就已经在粤北生活了❶。先秦东江居住着多个族群，如南越、闽越、骆越等，他们被统称为"百越"。南越国建立之后，赵佗"和辑百越"，将中原文化带入岭南地区，"杂居期间，乃稍知言语，渐见礼化"❷。中原文化与岭南百越文化持续联系和融合，逐渐发展和嬗变。经隋唐之后1300多年间数次汉人南迁的浪潮，逐步定型了东江流域的人口和民族格局。这当中以汉民族为最大组成，包括客家人、广府人和潮汕人。此外还有少部分少数民族，其中以瑶族、畲族影响稍大。

由北方迁入的中原人与岭南越人文化不断联系，逐步形成了广府、潮汕和客家三大民系，这也是广东省汉民族的三大分支。东江流域的汉族人群中又以行客家方言的客家人居多，也存在部分广府人与潮汕人。潘家懿指出："惠东人的先人大部分从明初以后陆续从各地迁来。客家人多为闽西、赣南和粤东各地"，闽南话居民则为粤东沿海。❸今惠阳秋长街道不少居民是清初迁海复界后从广东嘉应州迁来者的后裔。明清时期大量居民从赣南、粤东、闽西等地迁入东江地区，对东江地区的人口结构产生了一定的结构更新，也基本定型了其以客家民系占比最多的情况。

南北朝后期，部分先民由湖南迁入广东北部地区，史载称之为"莫徭"，这也被认为是瑶族先民。大部分瑶族迁入东江流域后依然维持着原有的游耕生活，"吃尽一山，则移一山"，被称为"过山瑶"。经历南宋、元、明、至清，瑶族陆续迁入。已知的瑶族入粤的下限是清嘉庆年间从湖南松山下迁的连南大麦山镇和寨南镇的祝姓过山瑶。瑶族与汉民系文化的交流，一定程度上也影响了客家民系的定型。

畲族先民是闽、粤、赣三省接合部山区的古老居民之一。根据记载，广东各地的畲族大多数来自闽赣两省，少数来自湖南，"畲蛮，岭海随在皆有之"，"永安县大林崀山，在县西六十里，土人称瑶居曰'崀'"❹。至今不少带"畲"字的地名也还在东

❶ 广东省地方史志编纂委员会. 广东省志（人口志）[M]. 广州：广东人民出版社，1995：1.
❷ 后汉书（南蛮传）[M]. 庄适，选注；王文晖，校订. 武汉：崇文书局，2014.
❸ 政协广东省惠东县委员会文史资料委员会. 惠东文史 第7辑 [M]. 1999：36.
❹ 广东省地方史志编纂委员会. 广东省志（少数民族志）[M]. 广州：广东人民出版社，2000：262-263.

江地区出现，可见畲族定居于此的悠久历史。畲族长期保留着其民族语言——畲语，属汉藏语系，与客家方言很相似，但没有自己的民族文字。在东江流域的历史上畲族与汉族长期共处联姻，在文化习俗上逐渐汉化，很大程度上与汉人无异，不过在宗教信仰上仍保留有自己的特色。

（2）东江流域人口的分布状况

东江流域的人口和民族分布一直在随历史进程演变，而数千年来形成的东江流域特有的地缘和人缘关系也在顽强地维系着人口和民族的分布，使之与该地区的社会结构、经济发展和思想文化保持同步。新中国成立前，东江流域的人口发展史在很大程度上是人口迁移史，人口数量的增减受迁移的因素影响极大。进入近代，东江人口发展基本上处于波浪式的缓慢增长。1990年东江流域人口密度为219人每平方公里，仅及广东省的60%左右（357人每平方公里）。下游南部地区人口最为稠密，中部次之，上游北部区相对稀疏，这与其所处自然环境的变化和经济发展的水平也是相关的。总的来说，靠近东江干流的人口密度较大，下游的人口密度比中上游大。

东江流域的民族以汉族为主，汉族人口超过90%。在汉族人口中以客家民系人口居多，此外也有广府民系与潮汕民系。河源市所辖和平县、龙川县、东源县、紫金县、连平县和源城区均为纯客家县区，客家人总数达300万人以上，占当地人口总数95%以上[1]。东江流域还分布着40余个少数民族，其中以瑶族、畲族人口数较多，其他如苗族、侗族等人口数非常少。

（3）东江流域的海外移民概况

东江地区濒临南海，毗邻港澳，东江的海外移民史亦源远流长。在南宋末年，宋帝昺等崖山兵败，所遗臣民不愿事新朝，便相继逃亡海外，交趾（今属越南）、占城（今属越南）、爪哇（今属印度尼西亚）等地为当时侨居的良所[2]。崇祯年间，惠州府到南洋谋生者已超万人。乾隆中叶，嘉应人罗芳伯等在婆罗洲的坤甸一带建立兰芳大总制共和国，其时在那里的侨民已有三十万人[3]。此外还有惠阳籍[4]叶来开辟吉隆坡，

[1]　成晓军，等. 近现代东江社会变迁研究：以惠州为中心[M]. 石家庄：河北人民出版社．2008：49-51.
[2]　罗香林. 自汉至明中国与南洋之关系［M］//清华大学图书馆. 清华周刊：第43册. 北京：国家图书馆出版社，2021.
[3]　罗香林. 罗芳伯所建婆罗洲坤甸兰芳大总制考［M］. 上海：商务印书馆，1941.
[4]　罗香林. 乙堂文存［M］. 1946.

增城籍郑嗣文开辟霹雳埠❶。东江流域的海外移民人口在近百年的东江社会变迁过程中，依然满怀深厚的爱国爱乡情怀，其中不乏归国返乡、投资置业的华侨，这为东江流域侨乡文化的形成奠定了基础。侨乡文化的兴起伴随着大批华侨居住建筑的兴建，这些居住建筑为东江流域传统村落建筑文化增添了一份新的内涵。

3.1.4　多元文化背景

3.1.4.1　移民文化

人既是文化的创造者，又是文化的承载者，在移民过程中，伴随着移民文化与土著文化的冲突与整合，文化传播得以发生，这个结果往往受到如下因素的制约：移民人口数量的多少、移民文化素质的高低、移民对自身文化的态度、移民性质及其与土著居民的关系❷。

东江作为历史上中原移民南迁的重要路径之一，移民文化和土著文化的相互作用共同奠定了其文化基础。东江流域上的移民来源中以汉族人口为主体，在历史进程中，以西晋永嘉以后、唐中期至五代，以及两宋之际这三次高潮为基础且逐步定型。而后受清初的"迁海复界"、清中期的"土客械斗"等事件影响，东江流域因政策限制、资源有限与人口增长之间的矛盾又发生了两次移民浪潮，也使得东江流域社会结构发生了一定程度的微变。前三次的迁徙主体多为因战乱而避难南下的汉人，且一般为上级氏族，常借门阀以自高，旧音古俗较易保持❸，而南部诸族的一般民众反而易于被控制而同化于外族，故语言习俗易于变迁。再加上两宋时期南下谪居的中原官僚士大夫兴起的文教之风的熏染，使得以中原汉文化为主的移民文化几乎不可能被土著文化所同化，反而在大量保存中原中古时代语言、风俗等特点的基础上吸纳了土著文化的部分特征，逐步定型为区别于北方汉人的南系汉人，在南部地区的后续发展中又演化分为若干不同的民系。其中较为典型的有：越海系、湘赣系、南海系、闽海系、

---

❶ 赖际熙. 崇正同人系谱：1912-1949.

❷ 范玉春. 移民与中国文化［M］. 桂林：广西师范大学出版社. 2005.

❸ 罗香林. 客家研究导论（外一种：客家源流考）［M］. 广州：广东人民出版社. 2018：272.

闽赣粤系❶。在广东省范围内的汉民系分支常在此基础上被称为三大民系：广府民系（南海系）、潮汕民系（闽海系）和客家民系（闽赣粤系）。在东江流域的范畴，一般以客家民系人口居多，也有部分广府民系和潮汕民系人口，此外还有部分少数民族人口如畲族、瑶族等。

3.1.4.2　民系文化

"民系"一词是指一个民族中的各个支派，一个庞大的民族，会因为环境和时代的发展而产生分化，各个局部成为若干不同的民系❷。

（1）客家文化

客家民系是在汉族对于东南地区的经略后，继续与闽粤赣交界区域的土著经过长期互动融合，至南宋时期彼此在文化上充分涵化而形成的❸。客家民系以客家方言为界定依据。"八山一水一分田"诠释了客居地的自然条件：山多田少，多为低山丘陵地，土地不很肥沃。总的来看，东江流域上以客家民系人口所占比例最高，故其受客家文化的影响是最大的。"盖梅循（惠）接境，其人多由江、闽迁来，故风俗相同。❹"客家民系不以地域而命名，其分布的地理环境范围广、移民过程社会分化多、相邻族群介入频繁。所以本书在对东江文化的研习中尤其需要结合东江地理区位的特殊性，在其受客家文化影响的主体下，也应该考虑其受相邻的广府文化、潮汕文化和其他少数民族文化的辐射影响。

（2）广府文化

广府民系是岭南三大民系中最早形成的居民共同体。"广府"一词"始见于《明史地理志》，随后'广府'便成为民系名称"❺。广府民系以粤语为通行方言，是古越族语言在秦统一岭南后，中原与南越族人经过长时间相互交流而融合形成的。广府民系聚居区分布在粤中、粤西和桂东南等区域，占据了广大面积和最多人口，一般来

❶　罗香林. 粤民源流与体系 [J]. 广东政治，1941（2）.

❷　罗香林. 民族与民族的研究 [J]. 中山大学文史学研究所月刊，1932（1）.

❸　谢重光. 福建客家 [M]. 桂林：广西师范大学出版社. 2003：8-9.

❹　吴宗焯，李庆荣. 光绪嘉应州志：卷5 [M]. 上海：上海书店出版社，2003.

❺　司徒尚纪. 岭南历史人文地理：广府、客家、福佬民系比较研究 [M]. 广州：中山大学出版社. 2001.

说，珠江三角洲地区为广府文化核心区域。东江下游地区受到了广府文化较大的影响。在今惠州市内流行的客家话即拥有一大批粤语词汇，具有粤方言的若干特色❶。文化区是由核心区与辐射区共构的，文化区间没有绝对的分界，这也是因为各文化之间在持续发生相互的空间占用和渗透。文化相接触时所处的就是一个具有过渡性质的交汇区❷。东江中下游的部分区域便是这样一个过渡地带，其文化受到了来自中上游客家文化与珠三角地区广府文化的多重辐射。

（3）潮汕文化

在秦统一岭南前，潮汕地区部分属于闽越族地域，与福建南部相通，土著为闽越族人。在广东省一般被称为潮汕民系，其居民主要来自福建，是广东三大民系中占地最小的，但人口密度却很大。潮汕民系聚居地以粤东沿海地区为主，当地居民很多活动都是以海洋为舞台开展的，所以潮汕文化中最重要的特征便是海洋文化。嘉庆《澄海县志》中描述"半不务农，而以渔盐为生"❸。光绪年间的《潮阳县志》描述道："滨海以渔盐为业，朝出暮归，可储仰自给。至于巨商逐海洋之利，往来燕齐吴越，富室者颇多"❹。从中可以看出潮汕人普遍善于经商，颇具经济头脑。今惠东部分地区以及汕尾市所辖海丰、陆丰和陆河，西邻东江下游，由于历史上长期属惠州府管辖，处于客家文化、广府文化和福佬文化多重辐射的过渡地带，所以也使东江文化受到了潮汕文化的浸染。在粤东地区就存在客家和潮汕两个民系的人同住于一座围楼之中的情况，甚至有研究证明，一些住在围楼内的"潮汕住民"的祖先其实也是客家人。这也为该区域的传统村落建筑形态带来了更多样化的演变。

（4）畲族文化

广东畲族有26438人（1990年人口普查），散居于省内十多个县市，较集中的居住地是罗浮山区、莲花山区和凤凰山区。畲族与汉族在历史进程中一直保持着密切的联系，加上两族间长期的相互通婚，更是促成了畲汉文化的互动与交融。在物质文化方面，客家人利用山坡地种植畲禾的技术就是向畲族学习的。畲族传统村落建筑式样

---

❶ 黄淑娉. 广东族群与区域文化研究［M］. 广州：广东高等教育出版社，1999：123-128.

❷ 司徒尚纪. 广东文化地理［M］. 广州：广东人民出版社，1993：410.

❸ 澄海县地方志编纂委员会. 澄海县志［M］. 广州：广东人民出版社，1992.

❹ 潮阳市地方志编纂委员会. 潮阳县志［M］. 广州：广东人民出版社，1997.

也常采用客家屋式，讲究方向、风水。在和平、龙川等地，畲族族群像客家族群一样，聚族而居于围楼，门前有前坪，坪外亦有半圆形的池塘❶。在精神文化方面，畲族受客家人影响，修建祠堂，祭祀祖先，也信仰佛教与道教。在制度上，畲族的族长与客家人的"老大"权力和职责相当❷。总的来说，广东畲族与客家民系两个群体之间存在着相互对应与依存的关系，畲族文化与客家文化相互影响、相互吸收并出现了相互交融。所以在对东江文化的探讨中，也应当考虑到畲族文化特征所带来的一些影响。

3.1.4.3　宗教信仰

（1）佛教

东江地区的佛教信仰历史悠久，影响深远。"惠州府治以南二里，则所谓最胜之寺也……东汉之末，有僧曰文简，挂锡栖此，猛兽驯服，因为伏虎台。"说明在惠州尚未成为郡城之时就有佛教的传入，比广州光孝寺早近百年❸。隋唐之后，朝廷大力宣扬佛教，兴建寺院，东江地区的佛教相关活动十分活跃。直到清雍正之后，新学兴起，西教东渐，众多寺庙被侵夺，对佛教发展形成了巨大的冲击。此后的抗战时期，更是使得东江地区佛教式微。东江地区佛教虽然经历了由盛至衰，但也对东江思想文化产生了较深远的影响。

（2）道教

东江地区道教的形成和发展也十分漫长，秦时期，罗浮山就是著名的修道圣地，"蓬莱山三岛，罗浮山其一也"❹。东晋葛洪在罗浮山创建冲虚观，成为道教在广东传播之始，奠定了罗浮山广东道教正宗之地的名号，葛洪也因此成为岭南道祖，其撰写的《抱朴子·内篇》对道教的丹鼎派产生了非常重要的影响。但到了清代，经历了太平天国运动、资产阶级改良维新后，道教的发展一度受到极大阻隔和冲击。抗日战争

---

❶　刘志文. 广东民俗大观：上 [M]. 广州：广东旅游出版社，1993.

❷　广东省民族研究学会. 广东民族研究论丛 [M]. 北京：民族出版社，2007.

❸　邹永祥，惠城区政协文史资料委员会. 惠城文史资料：第19辑 [Z]. 惠城区政协文史资料研究委员会，2003：328-329.

❹　阮元. 广东通志 [M]. 扬州：江苏广陵古籍刻印社，1986.

时期，冲虚观被改为罗浮中学，后还设立中共广东军政委员会和东江纵队司令部❶。直到20世纪80年代，罗浮山部分道观才得以修复，冲虚观才恢复了从前的宗教活动。这也充分体现了东江地区民间信仰的常变常新，人们能根据历史的变迁和社会的发展等客观环境变化而调整和创新自身的信仰形式。

（3）多神崇拜

东江流域地理环境复杂多样，社会组织也具有多元性，再加上不同文化之间的交融和渗透，在精神文化层面上使得该地区民众产生了多神崇拜的趋势。东江地区复杂多变的自然地理条件促成了人们对自然神的崇拜。其中靠近珠三角地区以广府民系为主就有水神崇拜，如龙母崇拜。靠近粤东沿海地区更流行海神崇拜，受福建海神妈祖传入的影响，据有关方志统计，目前广东光天后庙就有100多座❷，"各会首设庆醮，或请神像出游，谓之'保境'"❸。而在粤东沿海的丘陵山地区域，也有山神崇拜，后演变为"三山国王"，是潮汕人和客家人共同崇拜的神祇。此外还有雷神崇拜和雨神崇拜。除了对天地自然神的崇拜，东江流域也存在着一种特殊的狗崇拜，这与畲族文化有关联。畲族以盘瓠为祖宗和图腾，随着畲人与汉人的文化交流，这种风俗也渐渐融入了汉文化当中。粤东地区就曾有"狗头皇宫"❹，在惠州也有居住建筑前会设立石狗像，有很多客居也会以石狗屋来命名。

（4）外来宗教

来自西方的天主教与基督教也在东江地区产生了不可忽视的影响。鸦片战争后，欧美各国教徒接连来到广东传教，先在广州立足，而后到东莞、香港等地设立根据地，接着向韶关和东江区域扩展。1862年，基督新教传入东江地区，1924年中华基督教崇真会总会在龙川成立，并由德国工程师督造干事楼，后信众达1.96多万人❺。随后天主教逐步向东江中下游传播，民国时期惠州府建立乡教堂，逐步发展教徒至2万余

---

❶ 万齐洲，等. 东江文化概论［M］. 广州：暨南大学出版社，2012：169.

❷ 陈泽泓. 广东民间神祇：下［J］. 羊城今古 1997（5）.

❸ 吴应廉. 光绪定安县志［M］. 郑行顺，陈建国，点校. 海口：海南出版社，2004.

❹ 司徒尚纪. 岭南历史人文地理：广府、客家、福佬民系比较研究［M］. 广州：中山大学出版社，2001：299.

❺ 广东省地方志编纂委员会. 广东省志（宗教志）［M］. 广州：广东人民出版社. 2000：410.

人❶。西方宗教的传入开拓了东江民众的视野，促使东江人接受了更多的新式教育，思维观念和生活方式都受到了一定影响。

总的来说，东江流域上的宗教信仰是多元的，无论是中国本土宗教道教，还是外来的佛教、基督教和天主教，东江民众都积极吸收，"为我所用"❷，东江流域上的宗教信仰多元、形式灵活，也有一定的功利性特征。

3.1.4.4　华侨文化

华侨文化是中国文化与侨居国文化在华人侨居过程中不断渗透和融合的结果。华侨文化在一定程度上影响了侨居地的文化景观。中国人侨居异国，一方面保留本国方言、原有价值观还有文化习俗，另一方面，又持续受到来自异国文化的冲击，在这一过程中，华侨得以吸收异国文化并且加以融合创新，具有明显的跨文化、跨地域的特点❸。华侨文化作为岭南文化在海外的延续，具有文化结合的特征。华侨文化影响下产生的生活新方式及新需求促成了一批新功能建筑的出现，使得侨乡建筑成为华侨文化中最具特色的载体。在居住建筑样式上，产生了庐居和碉楼等颇具特色的侨乡建筑。华侨在侨居地接触到外廊样式后，还将外廊建筑引入到侨乡的环境和气候当中，产生了骑楼和极具特色的新型围楼等。在居住建筑外观造型上，将中国传统的硬山、悬山顶式与古罗马敞廊、哥特式穹隆顶式结合起来，具有极强的开放性和极大的多样性。

侨乡建筑是东江文化最重要的物质载体之一，是东江文化与西方文化通过华侨群体渗透和融合的产物❹。对东江流域传统村落建筑形态的演变研究离不开对华侨文化及侨乡建筑文化的研习和梳理，这也与根植于三大汉民系文化的本土文化密不可分。华侨文化为东江传统村落建筑发展演化进程的研究拓展了新视野，是深化东江传统村落建筑研究的重要方向和趋势之一。

---

❶　卢国秋，蓝青，惠阳市地方志编纂委员会. 惠阳县志 [M]. 广州: 广东人民出版社，2003.
❷　谢剑，郑赤琰. 国际客家学术研讨会论文集 [M]. 香港: 香港亚太研究所海外华人研究社. 1994: 42.
❸　许桂灵，司徒尚纪. 广东华侨文化景观及其地域分异 [J]. 地理研究，2004（3）: 411-421.
❹　郭焕宇. 近代广东侨乡民居文化研究的回顾与反思 [J]. 南方建筑，2014（1）: 25-29.

3.2
东江流域传统村落建筑的调查统计

3.2.1 研究样本选择与数据获取

3.2.1.1 研究样本选取原则

对于东江流域传统村落建筑形态的研究样本，需要能够涵括尽量全面的村落风貌。传统村落建筑形态的演化与其自然环境、历史进程、社会组织和多元文化背景密不可分，这也是村落建筑样本选取原则的重要依托。对于东江流域传统村落建筑研究样本的选取，主要从自然环境的差异性、历史演化的连续性、空间分布的均衡性以及族群文化的多样性这几个方面进行选择。

（1）自然环境差异性。自然环境及气候是村落及建筑形态形成和演化最直接的影响因素之一。东江流域范围地处两广丘陵、南岭山地和武夷山地相接地带，自然环境上的过渡性使得流域内各个地区的自然环境条件各异。不仅如此，东江流域还跨越了南亚热带和中亚热带的界限，流域南北两段亦具有迥异的气候特征。所以在村落建筑样本选择时，就应当全面兼顾中小起伏山地、丘陵、台地、河网平原等处于不同地形地貌的村落及建筑。

（2）历史演化连续性。传统村落建筑是在社会变迁和历史进程中非线性向上发展的。东江地区具有悠久的历史渊源，在历史沿革上伴随着数次汉人南迁，其社会和人口结构受到了来自中央集权迁海、复界等政策的多次影响。这都使得处于同一地理区位的村落及建筑形态在适应诸多社会环境变化过程中也产生了嬗变。对于样本的选择来说，就应当考虑到同一地理区位在历史进程不同阶段留存的村落建筑的比对，也会有在社会变迁中不间断扩建的样本选择。

（3）空间分布均衡性。这里的空间分布均衡性不仅局限于对自然环境差异性的考量，其城乡关联、产业发展、经济技术、基础设施、生活习惯等差异都会对村落建筑产生一定影响。所以在选取样本过程中应当兼顾城乡距离与辐射差异下带来的影响。

（4）族群文化多样性。东江流域上分布着客家、广府、潮汕多个民系族群，不同民系文化使得其居民具有各异的风俗习惯、生产生活方式。不仅如此，东江流域还存在着多个民系文化交汇的区域，不同民系文化在此相互影响、融合、重塑，这更使得该地区村落及建筑形态呈现出纷繁多样的表征。多民系文化交汇地区的传统村落形态研究也是本书的一个重点，所以在样本选择时，必须要立足于族群文化的多样性，最大限度地覆盖到各个族群和族群融合的村落。

3.2.1.2　样本选择

基于对东江流域传统村落建筑研究样本选取的原则，全面考量自然环境的差异性、历史演化的连续性、空间分布的均衡性以及族群文化的多样性，首先对东江流域内的传统村落建筑进行筛选，数据主要依循了《广东文化遗产》《河源市文化遗产普查汇编》《惠州市不可移动文物名录》《深圳市不可移动文物名录》《东莞文物普查名录》等，在谷歌地球上进行标记，再结合实际田野调研可达性、全面性的考量，制定了田野调研计划。

3.2.2　田野调查与数据统计

田野调查能帮助获取东江流域传统村落建筑的第一手数据与资料。首先进行目标样本的实地勘查，结合遥感图像进行预先判断，再进行实地拍摄与数据记录。主要包括：村落建筑的地理区位、场地现状、主朝向、院落大门、住宅大门、平面布局、庭院空间、厅堂空间、居住空间、大木构架、特色节点装饰等。在实地勘查中也进行了重要空间尺寸的测算、记录以及图形的绘制。更详尽的数据主要来源于当地汇编的统计资料与文本。最终调研涵盖了东源县、龙川县、和平县、紫金县、连平县、惠城区、惠阳区、惠东县、龙岗区、坪山区10区县、39镇，共计123座村落建筑，为本书课题研究的开展提供了可靠的案例基础（见图3-1）。

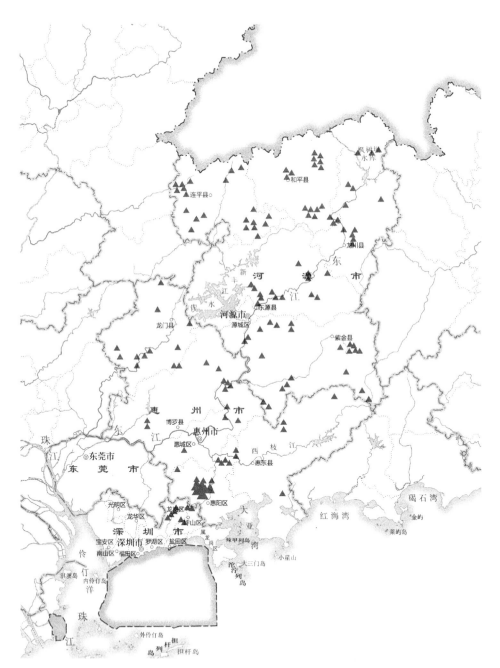

图3-1　田野调查样本区位图示

3.3
东江流域传统村落建筑形态要素分析

3.3.1 宏观的边界形态要素

3.3.1.1 规模

人口的多少、经济水平的高低一定程度上影响了村落建筑的规模和大小。东江流域的传统村落类型多样，以"间"作为建筑的基本单位，间组成屋，屋和院落组合发展而成各类型的村落建筑。由于一般的村落建筑层数多为一层，即便是外围有多层炮楼，其内部建筑主体也为单层，因此，这里的建筑规模以其建筑占地面积为主要划分依据。东江流域上广泛分布着三间两廊屋这种小型村落建筑，但也有如城堡式围楼这种超大型村落建筑，可谓跨度极大。建筑规模最小的当属独立炮楼，平面呈四方形、口字形或回字形，占地面积一般在100~300平方米。其次为三间两廊屋，顾名思义，一般为三开间的三合院住宅，一般为单层，也有两层的，此类住宅面积通常不超过1000平方米。再如堂横屋，一般以三堂两横或两堂两横最为普遍，往往有五开间、七开间甚至更多，一般也都为单层建筑，偶有在四角设炮楼成为二角楼或四角楼者，其规模往往随着堂数及横数的增加而加大，其中既有惠阳区秋长街道周田村的叶挺故居（两堂两横式，578平方米），也有东源县仙塘镇红光村的新衙门（三堂四横式，约4300平方米）。而在堂横屋的基础上增设前后围或炮楼组合而成的围龙屋、枕杠楼及四角楼，其规模会更大。还有部分围屋在初建之后，随着时间的推移、人口的繁衍，还会在原有基础上围外建围，形成更大的规模，比如东源县蓝口镇乐村石楼，始建于清乾隆年间，竣工于清嘉庆年间，四堂四横式加一围龙，占地面积达7860平方米。还比如连平县大湖镇油村的何新屋，始建于清康熙年间，为两外围围屋，后扩建至五外围半圆形围龙屋，再后扩建至九外围，最外方围，在四角还各有三层炮楼，一度占地面积达16000多平方米，现存为三堂六横四围龙，占地约5175平方米。深港等地的城堡式围楼，除了四周由两层以上的围楼包围，其内部堂横屋也存在两层高的单元式房间，可以称得上是东江流域规模最大的传统村落建筑形式之一。它们一般也是经历了一段时期的扩建而逐步定型的，其占地面积往往可达8000平方米以上。比如龙岗区龙岗街道的鹤湖新居，始建于清乾隆四十五年（1780年），于嘉庆二十二年（1817年）内围竣工，形成三堂四横一倒座一枕杠一围龙两望楼八角楼的格局，占地面积达14538平方米❶。还有坪山区的大万世居，清乾隆二十八年（1763年）始建，乾隆五十六年（1791年）竣工，三堂六横两倒座三枕杠一围龙一望楼六角楼，占地面积达15376平方米。

此外还存在以围屋或围墙围合而成的围村，围内往往是由排屋或斗廊屋（或三间两廊屋）等小规模建筑排列组合而成，所以整体规模也较大。在东江中下游靠近深港地区分布着一定数量的这样的围村，其中居民既有客家人，也有广府人。比如龙岗区新生村的田丰世居，坐北朝南，东西宽约126米，南北深约83米，占地约12000平方米，四角均有炮楼（见图3-2）。

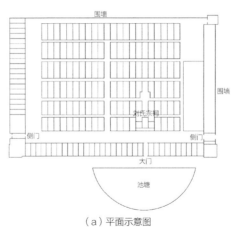

（a）平面示意图

（b）外观

图3-2　龙岗区新生村田丰世居

---

❶　杨星星. 清代归善县客家围屋研究［D］. 广州：华南理工大学，2011：161.

东江流域传统村落建筑规模跨度很大，即使是相同类型的村落建筑，其规模也可能相差甚远，既有占地面积不足200平方米的炮楼，也有占地达16000平方米的城堡式围楼。一般来说，独立的炮楼为相对较小的规模类型，城堡式围楼或围村形式则是相对较大的规模类型。堂横屋与围屋一般为单层，其面积往往随着堂数、横数、前后围的形式变化而变化。围楼形式会因多层的外围而比一般的堂横屋或围屋面积更大，但也存在具有多层外围的围屋具有更大规模的情况（见表3-1）。所以对东江流域传统村落建筑规模在历史、地理以及文化多个维度中发生演变的梳理具有重要的意义，这也是探析东江流域传统村落建筑形态变迁驱动机制的重要组成部分。

不同类型村落建筑的规模示例 表3-1

规模	类型		示例建筑名称	占地面积	层数	基本布局
小型	炮楼		长祥碉楼	121m²	六层	口字形
	堂横屋		天健楼	486m²	一层	两堂两横
			益盛堂	1800m²	一层	三堂两横
中型	围屋	围龙屋	胜合屋	2184m²	一层	三堂两横一围龙
		枕杠屋	长沙大夫第	3195m²	一层	三堂六横两枕杠
	围楼	半圆形围楼	庆良草庐	2244m²	外围两层，内一层	三堂四横一围龙
		方形围楼	松秀围	3324m²	外围两层，内一层	三堂两横一倒座一枕杠
			福谦楼	2254m²	三层	三堂两横一倒座
大型		城堡式围楼	鹤湖新居	14538m²	外围两或三层，内两层	三堂六横一倒座两后围
		围村	田丰世居	12000m²	外围两层，内一层	方形围，斗廊屋

3.3.1.2 场地

传统村落建筑对其所处环境向来具有很强的依赖性和贴近感，因地制宜的建造方式使得大部分传统村落建筑都保持了与周边环境相匹配的特征。东江流域范围地处两广丘陵、南岭山地和武夷山山地相接地带，跨越了南亚热带和中亚热带的界线，流域南北两段具有迥异的地貌及气候特征。不同的地形条件对传统村落建筑形态会产生一定的影响，例如，地处山地和平原，或滨水及非滨水的传统村落建筑形态之间都存在一定程度的差异。

山地聚落主要分布在东江上游的北部山区。一般来说，山区相较于平原地区，开垦居住更晚，所以山地聚落建立更迟，稍小的人口规模、更受限制的用地，使得聚落一般呈现稀疏的分布格局。山地村落建筑所选场地一般有两种，一种是顺应山势的山坡之上，另一种是谷地上坡度相对平缓的地带。

当山坡的地势起伏大时，其村落建筑多沿等高线排布，即以建筑面宽方向平行等高线走向，组成建筑的各进正屋循地势升高，逐步抬升，如果地势过于陡峭，则还需要将坡地整平为数级台地。如紫金县黄塘镇腊石村石屋咀相邻两座建于山坡之上的村落建筑，其入口需沿数十级台阶而上（见图3-3）；龙川县车田镇车田村坪塘解放第，左右各一斗门，斗门前有九级麻石台阶（见图3-4）。像这样面宽平行于等高线的建造大大限制了村落建筑进深的发展，但其面宽受地形的制约较少，促进了建筑的横向拓展。再加上山地区域位处封建统治的边缘地区，即使建造触犯了当时村落建筑平面"不越三开间"的禁令，交通不便、人口密度较小也使得这种约束效力减弱。所以很多位于山坡地带的村落建筑，其面阔往往大于其进深，比如上述坪塘解放第，三堂两横，总面阔41米，总进深31米（见图3-4）；再如龙川县赤光镇潭芬村丰豫围，三堂四横，斗门前五级台阶，总面阔50.4米，总进深31米（见图3-5）。

谷地位于山形的内凹之处，坡度平缓，同时也具有相对封闭的围合性。相对于沿山坡而建的村落建筑，建于谷地上的村落建筑一般不需要将坡地整平为台地，入口也不需要多级台阶。由于用地较为富余，其建筑占地面积往往可以更大，更易建造更大型的村落建筑。相比于平原地带，这里的村落建筑还是更具有横向发展的趋势。受当时朝廷法令的约束，有经济实力的住户在扩建原有民宅时会在水平方向增建房屋，以巷道并联多

图3-3　紫金县黄塘镇腊石村石屋咀拾级而上的建筑入口

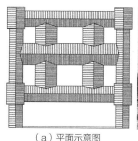

（a）平面示意图　　　　　　　　　　　　　　（b）外观

图3-4　龙川县车田镇车田村坪塘解放第

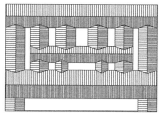

（a）平面示意图　　　　　　　　　　　　　　（b）外观

图3-5　龙川县赤光镇潭芬村丰豫围

间，以保证不犯开间之禁。如紫金县柏埔镇福田村的南周堂，三间两进，两侧横屋加衬屋，衬屋建炮楼，后建一枕杠屋。主屋面阔41.52米，进深23.87米，衬屋各面阔22.49米，进深30.79米，后枕杠面阔41.52米，进深8.65米。总面阔99.6米，总进深40.8米（见图3-6）。

　　对于非滨水的平原地区，地势变化较少，距离水系也有较远的距离，这里的村落建筑很难依循山形水势进行场地设计，所以往往会在设计之初遵循南北向为主轴朝向的原则，或者是请专门的堪舆师来决定，所以在平原非滨水区域常常会遇到村落建筑形态会与"命理"相结合，也会有诸如"歪门""斜道"的设计以顺应堪舆风水。此外，这里还会引天然水系入村，建造多个水塘，用于日常生活，水塘旁也会设置禾坪以供晒谷、村民休憩之用。没有了地势变化的限制，地处平原的村落建筑相对于山区的村落建筑在横向和竖向都能得以自由发展，使整个村落呈现团块式布局，南北、东西两个轴向的长度一般也较为相近。由于缺少了山形水势的天然屏障，部分村落会设立一整个封闭的村围。比如宝安区观澜街道的贵湖塘老围，清代中期修建，平面方正，坐北向南，有一夯土围墙作村围，南围墙偏东约四分之一处设大门，且作"歪门"处理，围内主体为四排南向住屋，中轴线上有一宗祠建筑，两边以纵横各四道

（a）平面示意图　　　　　　　　　　　（b）外观

图3-6　紫金县柏埔镇福田村南周堂

图3-7　宝安区观澜街道贵湖塘老围

（来源：吴翠明. 深圳观澜贵湖塘老围调查研究——兼论客系陈氏宗族对宝安类型民居的改造［J］. 中国名城，2009（9）：31-39.）

巷道隔开，整个布局井然有序，东北角设有一炮楼，高五层，总占地达18130平方米（见图3-7）。较大规模的村落建筑还会设多层外围并在四角设炮楼，惠阳、龙岗等地区的城堡式围楼便是此类案例的典型。

对于处在平原滨水村落的建筑，作为生命源泉的水系一方面有着强烈的吸引力，另一方面其可能引发的洪涝灾害又使得村落与水系保持适当的距离。一般来说，当靠近源头、冲刷力较小时，村落建筑选址可以考虑沉积岸（腰带水）或冲刷岸（反弯水），倘若邻近大型水系，则村落建筑常常选择沉积岸位置，并向阳弯，这样能使基址的安全性更有保障❶。比如和平县东水镇的大坝村，位于东江一处"腰带水"的位

❶　潘莹. 江西传统聚落建筑文化研究［D］. 广州：华南理工大学，2004：94.

置，沿江现留存的有排列整齐的四座堂横屋，主入口设在背江面，多为三堂四横布局，从前到后每进都增高30～50厘米❶（见图3-8）。若是地处多个水系的交汇处，村落所处场地则可能会有不同方向的街巷道，建筑则会沿着与水系同向的轴线扩展，比如东源县义合镇苏家围，位于东江与义合河的交汇处，村落内就有沿东江和义合河流向的两条轴线（见图3-9）。滨水平原区的建筑用地，其地势应当高于丰水期的水平

（a）大坝村区位图　　　　　　（b）人坝村卫星地图　　　　　　（c）大坝村村落建筑

图3-8　和平县东水镇大坝村（腰带水）

（来源:（a）（b）改绘自谷歌地图）

（a）苏家围区位图

（c）苏家围村落建筑　　（d）苏家围街景　　　　　（b）苏家围总平面示意图

图3-9　东源县义合镇苏家围（多流交汇）

（来源:（a）改绘自谷歌地图。）

---

❶ 陈建华,《河源市文化遗产普查汇编》编纂委员会. 河源市文化遗产普查汇编 和平县卷 [M]. 广州: 广东人民出版社，2013: 482.

| （a）红光村区位图 | （b）红光村新衙门 | （c）新衙门建筑入口 |

图3-10　东源县仙塘镇红光村（滨水）
（来源：（b）陈建华，《河源市文化遗产普查汇编》编纂委员会. 河源市文化遗产普查汇编 东源县卷［M］. 广州：广东人民出版社，2013：384.）

面。若是低于丰水期水平面，就需要修建堤坝作防洪用，或将基地整体抬高，大门前设数级台阶以应对可能的洪涝灾害。如东源县仙塘镇红光村地处东江北岸，村内建筑大多建于高1米左右的台地之上，正门入口设数级台阶。以村中新衙门为例，其为三堂六横布局，建于一个约1.5米的台地之上，从主路需上九级台阶，前有围墙围合一个前院，并设侧斗门为院落入口（见图3-10）。

　　总的来说，不同自然环境条件使得聚落的选址和规划不尽相同，传统村落建筑的场地处理方式也随之发生改变。地势变化较大、用地相对紧张的山区村落建筑受自然限制更大，其场地往往遵从地形变化，多倾向于横向扩展，且一般不会形成太大的规模；地势平坦、用地富余的平原地区村落建筑受自然限制较小，在远离水系的情况下有时还会借助风水学说来设置；滨水聚落的村落建筑则依据水系对其的优劣影响，选址和场地处理也不尽相同。

3.3.2　中观的空间形态要素

3.3.2.1　平面

　　传统村落建筑的平面布局及其空间组合方式，是村民日常生活方式和功能需求的根本体现。东江流域的传统村落建筑平面空间，同时受到自然环境、建造技术、社会组织、家庭结构等多方面的因素影响，这些也都与文化观念的演变息息相关。东江流域的绝大多数居民都为汉民系族群，继承了汉族村落建筑对称、规整的基本特征，在这一框架上也因受到自然、社会、文化等多方面的影响而产生了演变。对东江流域传统村落建筑平面和空间模式的分析，首先要识别出平面和空间结构中最底层的要素，即厅堂、住房（包括其他功能性用房）和天井（或院落），再由下至上建构整个模式。东江流域传统村落建筑有三个基本类型：一明两暗型、三合天井型和中庭型，它们既可以单独构成一些简单的村落建筑，也可以作为复杂村落建筑的组成部分。下文将结合最底层的三个要素，从三个基本类型出发，归纳总结东江流域传统村落建筑的平面模式：

1. 单一型及其组合式（见图3-11）

（1）一明两暗型

一明两暗为进深一间，面阔三间，当心间为直接对外开门的厅堂，两次间为住房，这种形式能简便和经济地解决居民的生活需求，是我国传统社会中最常见的居

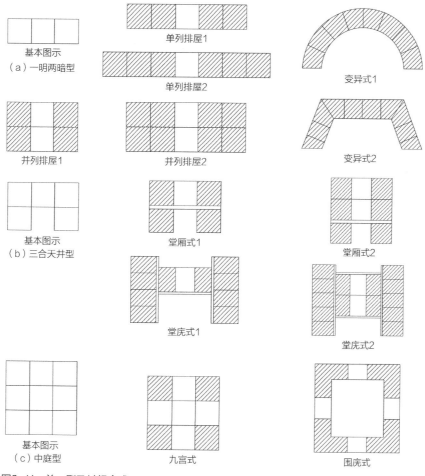

图3-11　单一型及其组合式

住模式。这里包括以一明两暗为原型演化的单元，由若干房间沿面宽横向串联构成，没有围合及天井，具有明显的线性特征。此原型可发展为单列排屋和并列排屋两种。

单列排屋是在一明两暗的三开间基础上，沿面阔方向，以其明间厅堂为中心向左右两端扩展住房的情况。一般可以形成五开间、七开间甚至更大数目的奇数开间。单列排屋可构成单座建筑，但在东江流域，这种情况较为少见，因为明清时期官方对平民住宅具有开间的限制，因此建筑的发展更倾向进深上的拓展，所以单列排屋更多的是作为村落建筑的一个组成部分存在。横向的单列排屋可以作为多进院落前进的正屋，东江流域中下游地区一些多进院落的倒座屋即是这种情况。纵向排列的单列排屋一般用作建筑的从厝（庑）使用，此时的厅堂变成为侧厅，这在东江地区很多客家围屋中都有体现。

并列排屋是在一明两暗的基础上沿进深方向进行并联的情况。并列排屋还可以被称为"分心式"，其明间会被"太师壁"分割为一前一后，住房亦同，即每一个开间都有两个分别从前后进入的房间。一般进深较大的村落建筑，首进会采用单列排屋，其他正屋则会作分心处理，也有从厝作分心处理的情况。

此外还有一种横向展开，但没有明间作厅堂的单列排屋，它既可以纵向排列作为从厝，还可以作为多进建筑的后围。其变异体可以是∏形，枕杠屋即是这种情况；还有∩形即作为围龙屋中的围龙；还可能有梯形、倒角弧形等多种变异形态。

（2）三合天井型

三合天井型以天井为中心，由两侧住房和后侧厅堂围合而成，一般分为堂厢式、堂庑式两种。

堂厢式是在一明两暗的三开间前两侧配两廊或厢房，共同围合成一个三合天井院，"三间两廊"即直白地描述了这一情况。厢房的开间数一般不多，只有1~2间，厢房从正屋两侧伸出，在屋顶平面上可以看出其构图为"堂夹两厢"的关系。堂厢式单元在进深方向进行并联，厅堂位于天井前后，可形成两堂式、三堂式等单串堂厢式的平面形式。在一些大型村落建筑中会将中轴线上的堂厢式单元的厢房作为侧厅堂，向天井开敞，加强了建筑的横向拓展。

堂庑式是在一明两暗的三开间左右再设纵向两排单列排屋（庑），由三开间的正屋和庑围合成一个三合天井庭院。堂庑式单元的庑的开间一般多于正屋开间，可以达五开间、七开间甚至更多。区别于堂厢式，庑的前檐位于正屋的山面之外，屋顶平面上可以看出其为"庑夹正屋"的关系。堂庑式单元在进深方向的并联也可形成两堂式、三堂式等情况。

（3）中庭型

中庭型属于四合式，但在这里它是区别于在三合式的基础上前设倒座而形成的四合院，它是一种"四厅相向，中涵一厅"，具有十字形空间轴线的类型。这里分九宫式和围庑式两种情况分别论述。

九宫式，顾名思义就是平面布局呈现九宫格式，四方位为厅堂，四维方向是正房，核心为中庭，"四点金"就是典型。这种九宫格一般很少为标准的正方形，多为近似正方形的矩形。九宫式的中庭一般与厅堂开间相近。这种九宫式单元横向拓展并联则可以形成民间所谓的"五间过""七间过"等。纵向拓展可以形成单串的多堂中庭式组合，"三座落"便是其中的样例，这种情况与上述的单串堂厢式很相似，区别是单串多堂中庭式组合中的天井具有更强的十字轴线趋向。在下文的多类型组合中将单串堂厢式和单串多堂中庭式合并一起叙述。

围庑式可以看作是四个一明两暗围合而成的，四个厅堂也位于十字轴线上，这种情况的平面更容易成正方形，也有矩形的情况。其中庭相比于九宫式中庭则显得宽敞一些，会比正厅的开间更大。这种围庑式的演变多伴随着内庭区域的变化：内庭区域缩小，中心的厅堂消失，由四面排屋围绕天井，形成一个单纯的"口"字形空间；内庭区域扩大，甚至可以形成围庑式院落。而其外围排屋还可能由直线演化为曲线甚至直曲结合的形态，形成围庑式的变体。

2．多类型组合式

由上述的一明两暗单元、三合天井单元及中庭型单元的相互连接组合，可以形成更为复杂的平面空间模式，这在东江流域广泛分布，一般建筑规模较单一型村落建筑更大，常为富裕家庭建造，还可能是同村多个家庭共同使用。其中最常见的有堂厢（中庭）从厝式和复杂围庑式（见图3-12）。

（1）堂厢（中庭）从厝式

多个堂厢式纵向组合，就可以形成单串堂厢，多个堂厢式（多为奇数个）横向并联，中间以巷道相隔，就构成了多串堂厢式。以这种组合的堂厢式居中，左右对称

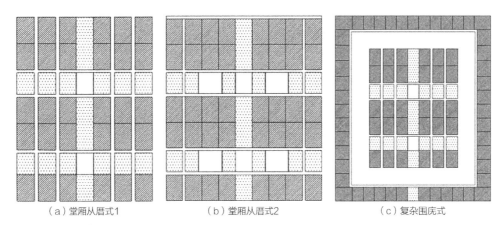

（a）堂厢从厝式1　　　　　（b）堂厢从厝式2　　　　　（c）复杂围庑式

图3-12　多类型组合式

布置一列或多列纵向排屋（从厝），就构成了堂厢（中庭）从厝式。这种组合式中，纵向的堂厢式单元厢房，一般被用于侧厅（又称"花厅"）。这种堂厢（中庭）从厝式村落建筑大量存在于东江流域的客家村落当中，也被称为堂横屋，常以其纵轴线上厅堂的数量及其从厝的数量进行归纳，比如三堂两横式、三堂四横式、四堂六横式，等等。在这基础上，两侧的从厝还可以从排屋演化为多个纵向排列的厅房，每个家庭使用一个单元，小家庭之间以公共巷道联系，赣南常见的"九井十八厅"就是这种情况。

在上述的堂厢（中庭）从厝式组合的基础上，在其后方或前方加设一排房屋以增强整体围合性，可以形成形态各样、各具特色的围屋，比如在后方设半月形围龙的围龙屋、方形枕杠的枕杠屋等。

（2）复杂围庑式

复杂围庑式是前述围庑式内庭扩大的情况，其核心演化为堂厢式甚至是多个单一型村落建筑组合排列而成的建筑群组。东江流域分布的四角楼、城堡式围楼乃至围村、围寨，都是此类型的样例。

东江流域上的大部分村落建筑层数都为一、二层（此处不包括附属炮楼的层数），三层及以上的村落建筑更多的是围庑式的外层围庑，起到防御作用。质量稍好的村落建筑在厢房和正房上设置楼层的情况是普遍的，但会见外客的主厅堂一般不设楼层，这样使得空间高敞更有气魄。

3.3.2.2 立面

1．屋顶

我国传统村落建筑常见的屋顶类型有硬山顶、硬山卷棚顶、悬山顶、悬山卷棚顶四种。在东江流域广泛存在悬山顶和硬山顶两种屋顶类型。用土砖墙、夯土墙或木骨泥墙的村落建筑，多使用悬山顶以保护墙面免受雨水的侵蚀，这种做法性价比更高，分布也更为广泛。砖石外墙的村落建筑多使用硬山顶，这种建筑造价较高，往往是富裕人家所用。东江流域雨季降水量很大，常常还可以见到建筑山墙面齐檐口高度以数层棱角牙子砖叠涩挑出少许，以作防水保护（见图3-13）。还有较大型村落建筑会在外围檐墙上建女儿墙，女儿墙上有的会开设枪眼，有的墙后还会设一条环绕四周的走马廊道，结合四角的炮楼连为一体。例如鹤湖新居的走马廊是在屋面靠女儿墙设踏垛，会龙楼为一条青石板，仙坑八角楼则是将走马廊设于正圈外围墙之内，还有的会将走马廊设于最高层的墙内（见图3-14）。

（a）红光村某民居　　　　　　　　　　　　（b）老街门

（c）左拔大夫第　　　　　　　　　　　　（d）青莲第

图3-13　东江流域传统村落建筑的屋顶

| （a）鹤湖新居 | （b）会龙楼 | （c）仙坑八角楼 |

图3-14 东江流域传统村落建筑的走马廊

（来源：（a）（b）右图均摘自 杨星星. 清代归善县客家围屋研究［D］. 广州：华南理工大学，2011：161.）

2. 外墙

东江地区传统村落建筑的外墙大多就地取材，以材料的自身特性表现其特殊的质感。比如东源县仙坑盛产黄蜡石，当地的传统村落建筑以沙石掺黄蜡石砌筑，形成不同于常见砖石的质感，给人以深刻的印象（见图3-15）。还有很多传统村落建筑在同一墙面上使用两种甚至三种不同的砌筑材料，形成两段式或三段式，视觉效果很突出。勒脚处一般会选用防水能力较强的石块或者卵石，表面粗糙、质感厚重、棱角突出，上面砌筑则选用土砖、青砖，质感更为细腻平整，由下到上视觉效果从重到轻，能营造出稳重平衡的感觉（见图3-15）。除了材料质感，东江流域传统村落建筑外墙也会使用色彩来打破单调沉闷的外观：有的土筑墙面或土坯墙面会饰以细腻的泥浆，呈现出金黄色的色彩，具有浓郁的田园风情；也有的饰以白灰粉面，白墙墙头还有墨绘和彩画，灰黑的瓦面与白色的墙面相呼应，显得十分简洁明快；还有清水砖墙被大面积保留，墙头布画收头，一般作黑白处理，使整栋房屋的外观十分典雅。

还有一些具有防御功能的传统村落建筑的外围墙体上会设置枪眼或炮眼，其数量往往与建筑外围的层数相匹配，多层的围楼大多在一层偶有枪眼布置，二层及以上则每间房都设一个枪眼。从内向外看，枪眼孔由内向外聚焦逐渐缩小，这样既方便向外观察，又适应于枪炮的布置。枪眼也被作为外墙上的装饰来处理，有圆形、矩形、葫芦形、万字形、金钱眼形等多种式样（见图3-16），多为石材凿成后砌入墙体之内，这么做降低了墙体砌筑的难度。

3. 入口

一般的小型村落建筑只有户门（住宅大门），东江流域很多村落建筑依据其门的

（a）仙坑村黄蜡石外墙　　　　　（b）仙坑村八角楼外墙　　　　　（c）乐村石楼外墙

（d）群丰村选安楼外墙　　　　　（e）苏家围某民居外墙　　　　　（f）河南村东新居外墙

（g）盘石村白云楼外墙　　　　（h）夏田村谦吉楼外墙　　　　（i）惠阳壶园民居外墙

图3-15　不同材质的外墙

位置，可以分为院落大门和住宅大门；依据门的平面形制，则可以分为普通型、门罩型、门斗型、门廊型和门楼（屋）型。

（1）普通型

处理手法相对简单，在门框外嵌入石构件并对其进行装饰或雕琢，这种处理手法影响原有的立面划分，有的会在门梁石上嵌入匾额，匾额内书写文字以作标识，还有的会衬以彩画、砖雕花板等。这种形式广泛出现在东江各地区的传统村落建筑当中，有用于单栋建筑的户门的，有用于带院落的院落大门的，也有用于次入口的（见图3-17）。

（a）水背村司背朱屋 枪眼　　　（b）黄石村四角楼骆屋 枪眼　　　（c）大坝村大夫第 枪眼

（d）潭芬村丰豫围 枪眼　　　（e）新联村留耕庄 枪眼　　　（f）上盘村青莲第 枪眼

（g）龙岗区鹤湖新居 枪眼　　　（h）仙坑村八角楼 枪眼　　　（i）乐村石楼 枪眼

图3-16　各种式样的枪眼

（2）门罩型

在普通型的基础上，在门梁石上方悬挑构件支撑飘檐。有用青砖叠涩外挑几层线脚，其上覆盖瓦檐；也有以挑手木、插栱等构件从墙面伸出，上架两檩或三檩披檐；复杂的还加以垂柱，雕刻梁、檐角起翘，并饰以鳌鱼花脊等。有的门罩型入口还会在门梁石与门罩下层的横向梁枋之间设立门匾，这种形式多用于院落大门，且多作为主入口，偶有作为次入口的情况（见图3-18）。

（3）门斗型

开门墙面的一部分向内凹进，在凹进处设门。这种内凹的形式为单调的正立面增加了空间感，既可以为入户居民提供一个避雨遮阳的缓冲空间，也可以为防御作一定

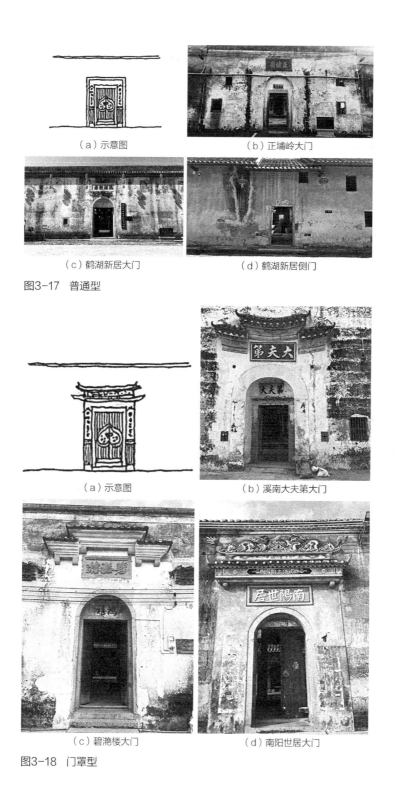

（a）示意图　　　　　　　　（b）正埔岭大门

（c）鹤湖新居大门　　　　　（d）鹤湖新居侧门

图3-17　普通型

（a）示意图　　　　　　　　（b）溪南大夫第大门

（c）碧滟楼大门　　　　　　（d）南阳世居大门

图3-18　门罩型

的遮挡。一般这种形式的凹进距离会比门廊型的要短，其凹进部分的屋檐一般是与两侧墙体为一体的（整体屋檐），也有少部分门斗型针对凹进部分单独设置屋檐以突出入口空间。门斗型多用于住宅大门，且一般设置为主入口（见图3-19）。

（4）门廊型

是比门斗型前沿多一列柱子的情况，两种形式之间具有过渡性。这种形式一般入口凹进的距离会比门斗型更长，一般为三开间，也有五开间的类型。东江区域门廊型的入口多为三开间，前沿设两廊柱，与对位的金柱连以穿枋，枋头外挑，直接承挑檐檩，或上置驼峰、短柱等构件承挑檐檩。门廊型是相对隆重的传统村落建筑入口形式，多用于住宅主入口，是东江流域较为常见的一种入口形式（见图3-20）。

（5）门楼（屋）型

这里将门楼型和门屋型合在一起叙述，它们都是属于相对独立的入口形式。门楼

（a）示意图

（b）选安楼大门

（c）南周堂大门

（d）书香围大门

图3-19　门斗型

（a）示意图

（b）茶壶耳屋大门

（c）宾公家塾大门

（d）颍川旧家大门

图3-20　门廊型

型是在外墙面作牌坊造型，牌坊面阔中心开洞口设大门的形式，相较于门罩型其规模更大，龙岗大万世居的门楼就是四柱三间三楼式。门屋型一般位于入口院落外墙，设柱、梁覆瓦，形成一个可遮风避雨的空间，多用于院落大门。门楼型和门屋型都大多用于主入口（见图3-21）。

此外，一些村落建筑入口是上述类型的结合形式，比如连平县盘石村的白云楼是门罩与门斗相结合的类型。还有一些入口大门会在门洞开口的方向作倾斜处理，即"歪门"，这种处理与风水学说有一定的关联（见图3-22）。

4. 炮楼

炮楼是一种塔楼式防御性建筑，五邑地区流行的碉楼即被包含在其中。在赣南、粤东北、闽西等地区客家传统村落建筑中的附属角楼被很多学者称为"碉楼"，其实并不够严谨，通过资料调查和实地调研，当地人对此类塔楼式防御性建筑的称谓，最通用的是"炮楼"，其次是"洋楼"。而"碉楼"是近些年来因流行文化而传播的新鲜说法。所以本书将此类统称为"炮楼"。而具体到东江流域的传统村落建筑，炮楼

| （a）示意图 | （b）大万世居大门 |

| （c）通奉第大门 | （d）乐村民居大门 |

图3-21 门楼（屋）型

| （a）白云楼大门 | （b）胜合屋大门 |

图3-22 其他组合形式

有独立存在的形式，多分布在东江中上游河源等地和下游的深圳、东莞等地。炮楼是为防御战事单独建立的，当遇到匪贼或者战事，全村老小便可住进炮楼避难。

东江流域的炮楼更多的是与房屋甚至村落连在一起的扩展类型，它们在堂横屋或围屋的基础上，在正面两角建楼或四角建楼，或四角加后围正中建楼，或是内外两围八角建楼，等等。还有在已建成建筑（往往是围院或围屋）一角或两角用晚期炮楼的样式修建新的角楼。角楼一般在三层以上，立面上呈"楼夹屋"的壁垒形态，一般不开窗，仅开设有若干个射击孔，给人封闭坚实的感觉。上述这些角楼大多是硬山顶，少有悬山顶（见图3-23），有的会做封火山墙面，常见的有五行式、镬耳式等。造型

（a）青莲第　　　　　　　（b）书香围　　　　　　　（c）谷贻庄

（d）梅冈世居　　　　　　（e）碧滟楼　　　　　　（f）汝尹公祠碉楼

（g）会龙楼　　　　　　　（h）集庆楼　　　　　　　（i）正埔岭

图3-23　各种式样的炮楼

除了五行式、镬耳式，也有天台式的，天台上的围护结构有的相对两面为封火山墙，有的四面皆为山墙；还有以大幅水式为基础，其上会附加西洋式样的方柱或花草灰塑装饰等❶。多样的山墙造型为整体立面形态增添了几分风情与韵律。

3.3.3 微观的节点形态要素

3.3.3.1 构造

1. 围护结构

东江流域上传统村落建筑的主体结构大多使用生土材料，其外观和结构形式都表现出粗犷、乡土的特点。外墙大多采用土墙，建造方式分为有版筑夯土造和土砖砌筑两种。

夯土墙有一般黏土加竹木筋和三合土两种材料构成形式。一般黏土加竹木筋夯筑的墙体强度相对有限，是将红土、田埂泥、老墙泥以及碎砖石加水搅拌后夯筑，一般用于三层以下的小型建筑；三合土夯土墙强度稍好，以红土、砂石和石灰按照4∶3∶3或1∶2∶3调配，加入黏性物质后熟化，再板夯构造成墙土，湿夯后形成水硬性物质，强度比之前大大提升。所以三合土夯土墙墙体坚韧，墙壁垂直度高，鲜有倾斜走样的情况，加大砂石用量后还会抵抗雨水等的侵蚀，所以一些楼式建筑会采用三合土夯筑❷。

土坯砖砌筑相比于夯土造来说造价更低且更省时，有的村落建筑墙体下部1米至1.5米间采用夯土墙，而上部则采用土坯砖砌筑：选取有机稻田熟土和干稻草，踩拌均匀后进行封堆、熟化，放入定制好的木砖格中，充分晒干凉透即成土坯砖，然后用同样成分的泥浆作粘结材料错缝砌筑❸。

上述的土墙具有很多优点：一是保温效果好，土墙热稳定性良好，厚度超过两尺的土墙内表面温度不易受室外环境变化的影响，故可以营造出冬暖夏凉的舒适的居住环境；二是可以循环利用，就地取材，在拆除旧建筑后土墙的材料还可以重复使用；

❶ 深圳市文物考古鉴定所. 深圳炮楼调查与研究 [M]. 北京：知识出版社，2008：187.

❷ 孙永生，潘安. 客家民系民居 [M]. 广州：华南理工大学出版社，2019：242.

❸ 杨星星. 清代归善县客家围屋研究 [D]. 广州：华南理工大学，2011：161.

三是建造成本低，施工技术简单，省时省工。

此外在东江流域还有一种被称为"金包银"的筑造做法，墙的核心层采用土坯砖砌筑，外表面以青砖覆盖。这种外砖里土坯的形式相较于土坯砖墙有更好的防雨和防潮功能，也多用于村落建筑角楼的砌筑（见图3-24）。

（a）桂林新居　　　　　　（b）鸿泰楼

图3-24 "金包银"墙体案例

2.大木构架

在中国传统建筑中，"木构架"是最主要的建筑构造形式，主要可分为抬梁式、穿斗式和干阑式。抬梁式和穿斗式结构主要有两个方面的差异。一是承檩方式上的差异：抬梁体系中只有脊瓜柱或山柱直接承檩，穿斗体系中水平构件是挑檐枋承檩，垂直构件是檩下节点的短柱承檩。二是梁、枋和柱的榫卯方式的差异：抬梁体系中以柱子插入梁底来完成，穿斗体系中不论是梁还是枋，主要是以穿过柱身的方式来完成（见图3-25）。

在岭南传统村落建筑木构系统中，穿斗体系是占据主导地位的。相较于抬梁体系，穿斗体系所用的构件一般尺寸稍小一些，整体也更节省木料，不仅适应于南方多雨潮湿的气候，而且利于维护，性价比较高，技术容易掌握，省时省力。

实墙搁檩是东江流域中小型传统村落建筑常采用的承重结构，大型的厅堂之中才

（a）抬梁式（梁托檩）　　　　　（b）穿斗式（柱托檩）　　　　　（c）插梁式（混合型）

图3-25 抬梁式、穿斗式、插梁式结构的示意简图

会见到大木构架，而且往往呈抬梁式和穿斗式相结合的"插梁式"结构，既有以梁承重传递应力这样的抬梁式特点，也有檩条直接压在柱头上这样的穿斗式特色。具体表现为以梁承重，承重梁插入柱身，而穿斗架的檩条顶在柱头上，柱间无承重梁，以瓜柱或檐柱承接檩条，骑于梁上，下梁端再插入邻近的瓜柱柱身，以此类推，最外瓜柱骑在最下端大梁上，前后两端插入前后檐柱柱身。有时，为了加大进深而增加廊步，可挑出插栱以增大出檐[1]。东江流域很多三开间中堂都是采用这种结构形式，以东源县蓝口镇乐村石楼为例。该楼由张氏族人始建于清乾隆年间，竣工于清嘉庆年间，它的中堂为三开间三进深，当心间为两榀插梁式梁架，进深方向依次为前檐柱、前金柱、后金柱、后檐，并以墙体取代檐柱。檐柱和金柱均为石柱，次间设隔扇门，后金柱间设屏门，大多堂横屋或围屋的三开间中堂都采用这样的布局。其前后金柱间施九架梁，梁头插入金柱，七架梁梁头穿过九架梁上所立瓜柱，五架梁与三架梁以此类推，三架梁上承一瓜柱直接承接脊檩。在脊檩下三架梁上的两瓜柱之间，九架梁上前部两瓜柱间，以及两檐柱间，均施一檩，称为"子孙梁"和"灯梁"，以增加梁架纵向的稳定性。前廊双步梁上承一瓜柱承接一檩，另一头伸出前檐并承接挑檐檩，后檐形式基本类同，只是后檐柱部分改为了实墙（见图3-26）。此外东江流域也有一些中堂插梁式构架的前檐部位使用驼峰或驼峰斗栱的形式，比如惠阳秋长街道周田村碧滟楼的中堂前檐构架，三步梁一头插金柱，一头穿前檐柱，梁上承驼峰斗栱，再承双步梁，其上再承驼峰斗栱，上承接一檩，这种做法的制作工艺相对复杂，外观上则更精致华丽，所以也多作于前檐（见图3-27）。

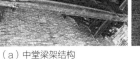

| （a）中堂梁架结构 | （b）前檐柱 | （c）替代后檐柱的后墙 |

图3-26　乐村石楼的大木构架

---

[1]　杨星星. 清代归善县客家围屋研究 [D]. 广州：华南理工大学，2011：166.

（a）中堂梁架结构　　　　　　　（b）前檐柱　　　　　　（c）驼峰斗栱

图3-27　碧滟楼的大木构架及驼峰

3.3.3.2　装饰

1. 工艺

传统村落建筑的装饰风格不仅受到建筑材料的影响，还受到不同地区的不同文化审美传统以及相应的工艺技术的作用，东江流域传统村落建筑装饰手法主要有木雕、石雕、砖雕和灰塑等。

（1）木雕

宋《营造法式》中有章节专门叙述雕木作，直至明清时期，徽州、东阳、潮州都是国内建筑木雕技艺比较发达的地区，木雕装饰也在各类建筑中得到广泛的采用。木雕依据做法来分，有线雕、隐雕、浮雕、通雕、混雕、贴雕、嵌雕等（见表3-2）。木雕大多用楠、樟、椴、黄杨等木为原材料，做多层次、高浮雕装饰。镂空、线刻、薄雕等做法则多使用质地脆弱的杉木等。不同的雕刻类别、不同的装饰部位，往往选用不同的木料配合。

木雕的分类及做法	表3-2

名称	具体做法
线雕	又称线刻。属线描凹刻的平面型层次木雕做法，最早出现也最简单
隐雕	又称暗雕、沉雕。是剔地做法的一种，属凹层次的木雕做法
浮雕	又称铲花。属采地雕法，层次较明显，最普遍使用的
通雕	又称拉花。是有立体层次的木雕技法，工艺要求高。更高级者称镂空雕，工艺复杂，在高级的装修中才使用

续表

名称	具体做法
混雕	是各种雕法的综合运用
贴雕	在浮雕的基础上，将单独做出的花样胶贴
嵌雕	又称钉凸。在浮雕的基础上，另用其他式样的木色进行插镶或贴镶

广东以广府木雕和潮州木雕为两大流派，东江流域传统村落建筑中的木雕也多受这两大流派的影响，两大流派表面的髹饰方式基本相同，有单色木雕、金漆木雕和加彩木雕。区别在于广府木雕注重局部与整体的关系，层次清楚、主题突出，画面稳定而富于变化，整体更接近北方木雕的风格，豪放简洁、壮丽丰满；潮州木雕以"杂杂、匀匀、通通"为概括，善于多种物像结合在一起，画面层次丰富且杂而不乱，均匀丰满，手法也喜用深浮雕和镂空雕，精巧纤细。广府木雕喜用硬木，潮州木雕喜用软木。相较于广府木雕，潮州木雕更早使用金漆木雕装饰。在东江流域，木雕常使用在较大体量的建筑上，常见的位置有梁枋、梁头、驼峰、雀替等。还有小木雕装饰于隔扇、门窗、封檐板等（见图3-28）。

（2）石雕

广东常见的石雕技法分为线刻、隐刻、浮雕、圆刻以及多种雕艺混合等几种类别。线刻为素平雕法，是最早出现的雕刻方法，主要用于台基、柱础、碑石花边等部位。隐刻又称隐雕，为线刻方式由平面向深度过渡形成，进一步发展还有减地平级做法，这种方式呈现出的立体性更强。浮雕是在隐刻的基础上使图案更加立体化的技

|（a）司马第|（b）中宪第|（c）庆良草庐|

图3-28 东江流域传统村落建筑中的木雕

法，也是建筑上应用最广的雕刻手法。隐刻和浮雕经常被结合使用，在传统村落建筑中多见于台基、栏板、柱础等部位。圆刻曾被称为全形雕，细部用混作剔凿，展现出的样式生动、自然，主要用于佛像、动物、人物等形象，比如石狗雕作。通雕是浮雕基础上进一步演化形成的，工艺更加复杂，层次更为丰富，在建筑中较少采用。东江流域传统村落建筑中的石雕多用于建筑的柱础、门槛、台阶等处，也用于带防御性村落建筑的枪眼，还用于牌坊等（见图3-29）。

（3）砖雕

砖雕是在砖上加工图案的一种工艺。由于石材昂贵且运输和加工难度大，所以出现了砖雕做法以模仿石雕的效果。砖雕继承了石雕的特色和木雕的工艺，既有刚毅的石雕质感，又有精细的木雕之美，刚柔并济，其选材用料往往更能与建筑本身取得高度的统一，融于整体的同时还具有更强的抗蚀性。砖雕经济适用、题材丰富、省时省工、刻工细腻，在东江流域的一些传统村落建筑中被较多采用。砖雕一般选用色泽明亮且质量上乘的青砖，用仿石雕的做法呈现多层次的题材，多用在大门、照壁、墙楣等处（见图3-30）。

（a）谦光楼　　　　　　　　（b）丰豫围　　　　　　　　（c）坪塘解放第

图3-29　东江流域传统村落建筑中的石雕

（a）光远第　　　　　　　　（b）左拔大夫第　　　　　　　（c）颍川旧家

图3-30　东江流域传统村落建筑中的砖雕

（4）灰塑

灰塑以贝灰（或白灰）为原材料，塑造成形或描绘成形，并以鲜明的色彩进行装饰。白灰为东江流域常见的灰塑材料，但在沿海地区为防止海风侵蚀，会用贝灰代替。灰塑有彩描和灰批两种表现形式，彩描是平面的，着重于画，称为"墙身画"。由于抗蚀性较差，多用于檐下、窗框、廊内门框、室内墙面等室内或半室内部位。灰批是立体的，也分圆雕式和浮雕式。圆雕式用于屋脊部位，有垂鱼、鸡尾、龙、水兽等题材；浮雕式则用于门楣、窗楣、窗框、山墙墙头、院墙等多处部位，处理手法也更为多样，题材多为人物、山水、花鸟、草木、草尾等（见图3-31）。

2. 造型

（1）柱础

柱础的主要功能就是防潮及传递荷载，而随着建造技艺的逐步成熟，单调平直的柱身也开始有了更多样的发展，比如为了兼顾视觉上的体验，有了装饰的功能，柱础也作为建筑装饰的一部分呈现。柱础的材料一般为木、石，主要构成可分为柱顶石、础座、础墩、柱櫍几个部分，而根据其构成部分的组合可以由简至繁分为多种类型（见表3-3）。

可能是因木材相较石料更难长期维护，调研所至的东江流域传统村落建筑都为石础墩，也有很多会在础墩之下最底部设置柱顶石，多为方形，边长为1.5~2倍柱径，厚度比础墩略薄，主要功能是增大面积，分散础墩底部的应力，避免地基不均匀沉降，通常有一定的埋置深度，大多数时候是略高于室内地坪的。

也有在础墩上加一层柱櫍。柱櫍多为木材横纹制作，以阻碍潮气的上升。柱櫍一般

（a）南阳世居　　　　　（b）壶园　　　　　　　　　（c）丰田世居

图3-31　东江流域传统村落建筑中的灰塑

柱础的类型 表3-3

主要构成	类型	实例
柱顶石、础墩	1. 木础墩 2. 石础墩 3. 柱顶石-木础墩 4. 柱顶石-石础墩	 龙川考棚　东山苏公祠　何新屋
柱顶石、础座、础墩	1. 础座-础墩	 茶壶耳屋　锡瑚厦　溪南大夫第
	2. 柱顶石-础座-础墩	 老衙门　阮啸仙故居　仙坑村八角楼
柱顶石、础座、础墩、柱櫍	柱顶石-石础座-石础墩-柱櫍	 南阳世居　乐村石楼　茶壶耳屋 颍川旧家　义峰苏公祠　下楼角新屋

比础墩厚度稍薄。还有在柱顶石和础墩之间加多一层构件作础座，一般也为石础座。这种情况的础座截面多为四方形或八方形，配合的础墩截面多为圆形，呈圆柱或圆鼓等形体。

此外还有装饰手段更为丰富的类型，由下至上包括柱顶石、石础座、石础墩、柱櫍，不仅础墩形态丰富，有如意纹、卷草纹、穿枝花卉等装饰，有的柱櫍还会环绕雕刻植物纹样等。以此种类型为例，础墩的形态有四方式、花瓶式、鼓式、瓜楞式、八角覆钟式等，其柱身的形态有木柱、圆石柱、四方石柱、八角石柱等。

（2）木构件

东江流域传统村落建筑的装饰相对比较简洁、庄重，木构件装饰主要在向着天井和堂面的构架上。其中以撑栱、梁头、雀替、驼峰、封檐板、子孙梁等为较常见的装饰部件。

檐下挑梁的撑栱是装饰较多的部位，中堂内各步梁的梁头也是常见的装饰部位，有的采用较为简单的云纹图案，或者不作雕刻，仅作讹角收口处理。瓜柱与梁间有雀替者也会雕刻相对简单的卷草或云纹图案，也有以浮雕技法雕刻成龙头形状的。雀替常雕刻以龙凤、动物、花卉、瓜果等多题材图案。驼峰除了在挑檐梁上承接挑檐檩外，一些村落建筑的中堂前檐梁架和门廊式下堂前檐梁架中也有使用，有在入口挑檐梁上作狮子形态的狮座以辟邪，也以浮雕技法雕刻动物、花卉等题材的图案，并髹饰五彩饰金（见图3-32）。

封檐板是在传统村落建筑的檐口部分被钉在椽木端头起保护作用的木板。封檐板常见厚度为25～35毫米，具有修饰天井界面的作用。封檐板有简单的回纹形式的雕刻，也有复杂的祥禽瑞兽、花鸟虫鱼、瓜果草树、人物故事等题材的浮雕（见图3-33）。东江流域较大型传统村落建筑堂内的子孙梁底以及灯梁梁底也是装饰的重点，常有浮雕技法雕刻的"百子千孙""长命富贵"等吉祥字样、龙凤呈祥等吉祥图案、花鸟草木、铜钱瓜果等生动图案，更以五彩饰金髹饰（见图3-34）。

（a）丰豫围　　　　　　　（b）坪塘解放第　　　　　　（c）池村屋

图3-32　东江流域传统村落建筑中的木构件装饰

（d）坪塘解放第　　　　　　　　　　　　（e）宾公家塾

（f）新乔世居　　　　　　（g）凌氏铁栅屋　　　　　　（h）庆良草庐

图3-32　东江流域传统村落建筑中的木构件装饰（续）

图3-33　东江流域传统村落建筑中的封檐板（大鹏所城振威将军
第内）

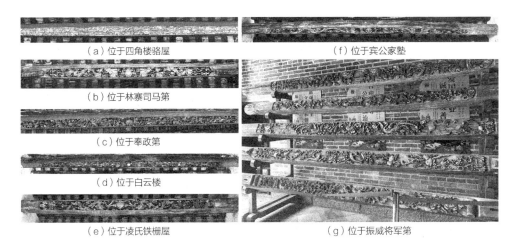

（a）位于四角楼骆屋

（b）位于林寨司马第

（c）位于奉政第

（d）位于白云楼

（e）位于凌氏铁栅屋

（f）位于宾公家塾

（g）位于振威将军第

图3-34　东江流域传统村落建筑中的子孙梁

（3）天花

东江流域传统村落建筑的室内天花主要有直接露顶式和轩式，吊顶式比较少见，多层建筑还有楼层分隔式。直接露顶式最为常见，因为多数传统村落建筑不设楼层，所以在室内所见的天花就是室外真正的屋顶。常见做法为在桷板上直接铺瓦，或在桷板上铺望板或望砖，上覆苫背、粘瓦。轩式是在草架和复水椽技术应用较广的基础上兴起的，在桷板下设第二层桷板（复水椽），在复水椽上再铺望板或望砖，形成轩式的天花。界外檐廊是最喜用轩的部位，有的轩形状呈弧形，比如紫金县临江镇桂林村的宾公家塾，界外使用挑檐廊，界内前两步做圆弧状轩，以强化前两步与其他空间的差别，也营造了一个内外过渡的区域。轩式天花做法可以将大进深建筑单一冗长的天花化整为零，形成富有趣味的空间变化。一些传统村落建筑上设阁楼，会在纵向排架二穿枋的高度上均匀铺设厚约3厘米的木楼板，组成一楼所见的天花。比如龙岗鹤湖新居单元间里所设的阁楼，间距约为二三步距（见图3-35）。

（4）隔扇门窗

东江流域传统村落建筑多在建筑天井周围的壁面上采用隔扇式门，通风采光兼用。装饰重点是格心，有方格、菱花、万字、冰裂纹等各种花纹样式，更有甚者以通雕技法精心雕刻花鸟、人物等各题材图案。裙板多以浮雕或隐雕技法施花草、动植物题材。

东江流域天气炎热，建筑内部的窗开向天井，故一般开窗面积较大以便于采光通

坪塘解放第　　　　　　　奉政第　　　　　　　　茶壶耳屋
（a）直接露顶式

宾公家塾1　　　　　　　宾公家塾2　　　　　　　庆良草庐
（b）轩式

鹤湖新居　　　　　　　　选安楼1　　　　　　　　选安楼2
（c）阁楼式

图3-35　东江流域传统村落建筑中的天花

风。其中上房多用槛窗，有素板，也有雕刻图案的木雕板，图案一般为花草、文字
或几何图案等（见图3-36）。靠近珠江三角洲一带还喜用满洲窗，上下推拉或向上翻

（a）奉政第　　　　（b）水背袁屋　　　　（c）振威将军第　　　　（d）德先楼

（e）水背袁屋　　　　（f）张义兴围屋　　　　（g）颍川旧家

（h）瑚陂司马第　　　　　　　　（i）谦光楼

图3-36　东江流域传统村落建筑中的隔扇门窗

动，一般作方形九宫格窗状，格心棂子纹样多变，还时有镶嵌彩色玻璃。此外还有方
格窗、支摘窗等多种类型。

（5）山墙

传统村落建筑的屋面脊饰和山墙也是建筑重点装饰部位之一，依据材料来分，一

般有瓦砌、灰塑、陶塑、嵌瓷等。山墙的顶部一般称为墙头或厝角头，是细部处理的重点。东江流域传统村落建筑的墙头一般以五行式运用最为广泛，即金、木、水、火、土五式："金形圆而足阔""木形圆而身直""水形平而生浪""火形尖而足阔""土形平而体秀"。由此还派生出大幅水式、大土式、火星式等变体。传统村落建筑山墙采用的形式一般依堪舆家视环境而定，如火形山太多，就会考虑大幅水式，以水克火。在传统村落建筑中一般不用火式，这与村落建筑"厌火"有关。火式多用于祠堂家庙，有宗族兴旺之意[1]。东江流域传统村落建筑最常见的山墙类型为人字山墙，一般为中小型建筑所采用，在此基础上还演化出有飞带式垂脊的人字形山墙。大式飞带会在接近檐口处上翘并以蹲兽为收束；小式飞带在中下部由抛物线转变为直线直至檐口。除了上述的五行式和人字式及其变体外，还有镬耳式，因其墙头像大镬的两耳而得名。最早镬耳式山墙只能用于家庙祠堂等较高等级的建筑中，相传明晚期时，考取功名的官宦人家才有使用镬耳式山墙的特权。清中期，"虚拟造族现象盛行，不少宗族虚构有官宦功名的人物为自己的祖先"[2]，镬耳式山墙也逐渐平民化，所以在东江流域靠近珠三角地区的区域，镬耳式山墙也较为多见（见图3-37）。

|（a）南周堂|（b）桂林新居|（c）乌石围|
|（d）承庆堂|（e）梅冈世居|（f）鹤湖新居|

图3-37　东江流域传统村落建筑中的山墙

[1]　陆琦. 广东民居 [M]. 北京：中国建筑工业出版社，2008：226.

[2]　朱光文. 岭南水乡 [M]. 广州：广东人民出版社，2005：57.

（g）务本楼　　　　　　　　　　（h）集庆楼　　　　　　　　　　（i）正埔凌

（j）凌氏铁栅屋　　　　　　　　（k）四角楼骆屋　　　　　　　　（l）水背袁屋

（m）仙坑村八角楼　　　　　　　　　　　　　（n）大长沙村某民居

（o）茶壶耳屋（水式）　　　　（p）丰豫围（水式）　　　　（q）留余庄（水式）

（r）会龙楼（镬耳式）　　　　（s）魁星楼（镬耳式）　　　　（t）长沙大夫第（镬耳式）

图3-37　东江流域传统村落建筑中的山墙（续）

3.4
东江流域传统村落建筑形态特性分析

3.4.1 同一性

东江流域传统村落建筑的同一性在整体上，受到了地理条件、社会组织、文化习俗等多个因素影响。东江流域普遍属东亚季风气候区，总的来说夏季长、冬季短，常见暴雨、台风等天气，光热资源充足。所以村民为了应对这样的自然条件，在建造过程中就需要较大程度考量建筑通风放热的性能，这在村落建筑形态上就体现为总体布局相对开敞、室内空间比较通透，常利用天井、绿植等外环境来通风、隔热（见图3-38）。

传统村落的产业结构也使得建筑形态呈现出同一性。东江流域传统村落产业以农业型为主，耕地和水源是村民生活的重要依托。传统村落庭院功能构成是村民的生产与生活需求在空间上的集中体现，东江流域传统村落建筑往往会带有或开放或封闭的禾坪或前院，这也是农耕文化习俗的缩影。无论是否靠近水系，还会在禾坪前设置水塘，以供日常生活的灌溉、畜养使用。

东江流域90%以上都居住着汉民系族群，社会结构也伴随着历史上一次次中原人南迁逐步定型。中原文化对于东江流域村落建筑空间布局有着较强的影响力。受中原

（a）鹤湖新居　　　　（b）玉湖茶壶耳屋　　　　（c）乐村石楼　　　　（d）新下奉政第

图3-38　东江流域传统村落建筑的天井

文化浸染的岭南村落多是以宗族、血缘为纽带而修建的，这也是我国农业社会的特征之一。东江地区无论是客家族群、广府族群还是潮汕族群，宗族制度都极其兴盛。尤其是在明清时期，由血缘而衍生出的"聚族而居"的空间关系在传统村落中表现得极为显著。村落建筑类型一般有民居、祠堂、书塾等，有的还存在防御用的炮楼。无论是宅祠合一的客家建筑，还是密集式布局的潮汕图库❶，还是梳式布局的广府村落，村落布局首要考虑的是宗祠的核心统领地位。祠堂和祠堂序列也采取严谨的中轴对称式，是村民进行大型公共活动的重要空间。

3.4.2　差异性

传统村落建筑的差异性与同一性其实是相互辩证的关系，正是因为有了同一性特征，才会延伸出形态间的差异，这也是对于东江流域传统村落建筑类型划分的基础。基于对东江流域传统村落建筑的背景调查与研究，以不同影响因素为主导条件，大致可以梳理出：地理条件主导下的边界差异性、族群文化主导下的空间差异性、经济技术和本地审美主导下的节点差异性。

自然地理条件是对村落及建筑宏观上的边界形态影响最直接的因素之一。东江流域自然地理条件差异性大，多样的地形地貌也使得村落建筑规模及其所处场地呈现出多样的形态（见图3-39）。山地村落建筑一般规模较难扩大，且扩张多呈现横向发展趋势（平行于等高线）；滨水的村落建筑多沿着水系方向发展，在场地设计中也会注重预防洪涝灾害的情形；处于平原地区的村落建筑受限少，横纵向都可能产生拓展，规模可以很大，而一定的防御需求使得其场地设计会采取人工的围合和封闭措施。

族群文化对村落建筑空间形态有着强烈的引导作用，客家民系、广府民系与潮汕民系居民对于其居所的设计都有着各自民系文化传承下来的基础定式。社会经济的发展差异使得营建技术也有了差异，再加上本地文化审美的影响，使得村落建筑细部节点形态呈现出多元化特征，这在前文微观的节点形态要素中已作出充分的阐释。

---

❶ 图库，潮汕地区密集式民居的一种形式，平面好似一个繁体的"圖"字，故当地称为"图库"。

（a）大坝村平面示意图　　　（b）墨园村平面示意图　　　（c）新联村平面示意图

图3-39　地理条件主导下传统村落建筑宏观形态差异

3.4.3　非线性

东江流域传统村落建筑形态的非线性发展主要表现在社会结构发生重大变迁的过程中。首先，东江人口结构最早可溯源到赵佗和辑百越时期，并在中原人与土著人不断交融中打下了基础。后来，伴随着历史进程中的中原人口一次次南迁，逐步定型为广府、客家和潮汕三大汉民系构成。村落建筑形态也是依此在不同的外部条件影响下，非线性螺旋式发展的。尤其是清初开始的迁海复界，一方面禁海令使得无数沿海百姓不得不离开自己的家园，另一方面其带来的社会动荡使得建筑的防御性需求不断提高，随后的招垦令又吸引了闽、粤、赣山区客民迁入东江中下游地区重新开始建村立业。这些历史进程中的社会重大变迁强化了村落建筑形态的非线性发展。

3.4.4　突变性

东江流域传统村落建筑形态的突变是在非线性发展过程中产生了原系统难以支撑的巨涨落导致的。改革开放以来，我国快速的城镇化发展在短期内促进了大批"新农村"建设，产业也在这当中经历转型。快速城镇化和工业化发展，都对村落建筑从宏观到微观的形态演化产生了巨大影响，村民物质条件的提高也使其对居住的需求增多，"改善型"居住在朝着"享受型"居住转变[1]，"平房变楼房"也成为近年来村落建筑设计的大趋势（见图3-40）。不仅如此，城乡关系的协同发展以及居住功能的独立，使得集中社区的居住模式在村落中成为主流，村落建筑形态也在朝着城市建筑形态化趋同，这也是村落建筑形态突变的一个重要体现。

（a）保留堂屋和横屋

（b）保留堂屋和部分横屋

（c）保留堂屋

（d）保留原场地

图3-40　近代村落建筑的突变式发展

---

[1]　王恩琪，韩冬青，董亦楠. 江苏镇江市村落物质空间形态的地貌关联解析 [J]. 城市规划，2016，40（4）：75-84.

第 4 章

东江流域传统村落建筑的区系研究

4.1
东江流域传统村落建筑的区系划分原则与方法

东江流域传统村落建筑在文化视野和物质层面都可以进行类型划分，为了更系统、全面地对东江流域传统村落建筑形态变迁进行梳理，本章着重于对东江流域传统村落建筑的区系进行划分，将文化分区的基本原则结合形态特征的聚类分析方法，梳理出东江流域传统村落建筑的区系类型（见图4-1）。

图4-1 东江流域传统村落建筑的类型与区系划分

4.2
基于文化视野的初划分

4.2.1 文化区的定义与分类

美国人类学家威斯勒（Wissler Clark）以文化特质的相似性来划分文化区。文化地理学一般将文化区划分为形式文化区（Formal Regions）和机能文化区（Functional

---

❶ SPSS是一个统计分析软件，全称为Statistical Package for the Social Sciences，即"社会科学统计软件包"。

Regions）两种❶。依据文化形态特征，形式文化区划分出一或多种，每一种都由具有相同文化属性的人或景观所占据，是通过文化积淀形成的特征文化区；机能文化区则具有明确的边界，如行政区、经济开发区等（见表4-1）。本节涉及的东江流域传统村落建筑的区划属于形式文化区范畴。

形式文化区与机能文化区   表4-1

文化区	基础	形成过程	中心区	中心位置	中心对区域作用	过渡	边界	实例
形式文化区	一种或几种文化现象	不受外力，自然形成	典型文化特征区域	一般近几何中心	无功能作用，联系不密切	一般有	一般无	语言区、民俗区
机能文化区	政治、经济、社会等功能	内部密切关联，非自然形成	有位置明确的功能中心	没有特定几何关系	有功能作用，联系密切	无	有	经济区、学区

文化区具有三个特征：区内文化特质具有共通性，区内文化机能具有一致性，相邻文化区之间具有过渡性。前两个特征决定了文化区划的"硬边界"，相邻文化区的过渡性赋予了文化区划的"软边界"。在东江流域漫长的历史发展中，伴随着外部诸多因素的影响，"硬边界"也发生了多次变更，这种变更使得原来的文化区划版图不断被更新重整，其居民长久所积淀的普遍价值取向共同塑造的区域文化性格，就在"硬边界"与"软边界"的交叉覆盖中形成了双重性特点。这种区域文化性格没有固定的外部特征，也不总以地域为载体和边界，它以人为载体，随着人的迁徙也会在其他文化区生根发芽，重新塑造，甚至反作用于文化区划上。

4.2.2 东江流域传统村落建筑的文化区划原理

传统村落建筑是人文性格的载体，因此研究传统村落建筑文化区划，也是在研究区域文化性格，在研究过程中也需要时刻注意其涵化性和双重性的特征。在古代中国社

❶ 中国大百科全书社会学编辑委员会. 中国大百科全书：地理 [M]. 北京：中国大百科全书出版社，1990：436.

会，集权式的管理致使行政区划封闭自守，各个行政区之间具有明显的文化特征差异，历史发展促进了区域间交流与融合，文化区的"软边界"是在持续、缓慢地向"硬边界"靠拢。所以村落建筑的分布边界，应与行政边界相似，且随着行政边界越精细，其村落建筑类型的分布边界与其相似度就越高，这也是东江流域传统村落建筑区划的一个依循原则。依据文化区的共通性和一致性特征，在对传统村落建筑进行文化区划划分过程中就需要遵循相对一致性原则，虽然一个文化区域内不可能有一模一样的两座建筑，但我们仍可以在多数村落建筑中寻找其共同拥有的特性，且这种特性应当是其他相邻区域并不拥有的。综合来看，东江流域村落建筑的文化区划应当遵循如下原则：①以县级行政区划为边界；②地域文化分布基本相连成片；③具有相似或一致的传统村落建筑类型；④具有相近或同样背景的社会发展路径；⑤以典型文化特征为优先。

4.2.3　东江流域传统村落建筑的文化区划

文化区的构成包含文化中心、文化核心区和文化辐射区。文化区有其等级结构或层次，文化区之间的界线也往往并不明晰。东江流域传统村落建筑的文化区划就存在文化区和文化交汇区之分。文化区的名称一般由三部分组成，地理区位、民系和区划等级。《广东文化地理》中对广东省文化区划作了总结（见表4-2）。

可以看出，东江流域属于客家文化区，主要涵盖了东江客家文化亚区；下游东莞全域属珠江三角洲广府文化核心区，属广府文化区；东南部惠东县大多区域属东江客家文化亚区，仅高潭镇、吉隆镇、黄埠镇等区域属汕尾福佬文化亚区，与海丰县联系紧密。"汕尾福佬文化亚区"含今汕尾市所辖海丰、陆丰和陆河县，以及汕头市属揭西、普宁、惠东一部分。东接潮汕平原，西邻东江下游，南临大海，本区大部分地区历史建制长期属惠州府管辖，故颇受客家文化影响。[1]因此，惠东县作为同时涵盖东江客家文化亚区和汕尾福佬文化亚区的交汇区域，在本文多民系文化交汇的语境下，被列为"潮客文化交汇区"来探讨。

综上所述，以文化区为层次划分，东江流域文化分区划分如下（见图4-2）：东莞属广府文化区；惠东县属潮客文化交汇区；其余均属客家文化区。

---

❶ 司徒尚纪. 广东文化地理 [M]. 广州：广东人民出版社，1993：430.

广东文化区划

表4-2

文化区划	二级划分	包含范围
粤中广府文化区	珠江三角洲广府文化核心区	珠江三角洲范围，包括广州、佛山、中山、珠海、江门市范围
	西江广府文化亚区	西江中下游地区，包括封开、郁南、怀集、广宁、德庆、罗定、云浮、新兴、高要、四会、肇庆等县市
	高阳广府文化亚区	漠阳江和鉴江流域，包括阳春、阳江、信宜、高州、茂名、电白、化州、吴川等县市
粤东福佬（潮汕）文化区	潮汕福佬文化核心区	潮汕平原范围，包括潮州、汕头和揭阳市范围
	汕尾福佬文化亚区	包括今汕尾市所辖海丰、陆丰和陆河县，以及汕头市属揭西、普宁、惠东一部分
粤东北—粤北客家文化区	梅州客家文化核心区	梅州市范围，包括古嘉应五属梅县、兴宁、五华、平远、镇平（蕉岭），以及大埔、丰顺一部分
	东江客家文化亚区	东江流域，清惠州府大部分疆域，包括惠阳、惠州、惠东、博罗、紫金、河源、龙川、和平、连平各县市
	粤北客家文化亚区	包括南雄、始兴、翁源、仁化、乐昌、曲江、韶关、英德、清远、乳源、连县、阳山、连山、连南、佛冈、新丰、从化等县市
琼雷汉黎苗文化区	琼雷汉黎苗文化区	包括雷州半岛之遂溪、海康、徐闻、湛江等县市

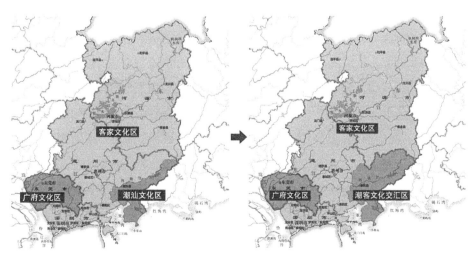

图4-2 东江流域文化分区图

4.3
基于物质层面的再划分

　　基于文化区的定义与分类原则，将东江流域村落建筑划分为文化区和文化交汇区两个层次。可以看出，东江流域传统村落建筑在地域上以客家文化区占比最大，且在客家文化区内也存在着地理跨度大、环境变化大、历史进程不完全同步的特征，导致其中的传统客家村落建筑形制特征也存在着一定的差异性，仅靠文化区的分类原则很难再将其中具有差异性的部分进行筛选和分类，所以，为使对东江流域传统村落建筑的区划更细致和完善，本节将基于前期整理的样本数据，借助统计学的研究方法，对东江流域的客家文化区内村落建筑进行更进一步的区划分析。

4.3.1　样本提取与数据化处理

　　上一章节对东江流域上分布的传统村落建筑形态要素进行了分类阐述，可以看出，广府的三间两廊、广客交汇的围村、潮客交汇的密集式布局的围寨都是可以很明晰地被辨识出来并进行分类阐述的，但是东江流域上以客家族群为主的大部分客家传统村落建筑呈现出分布最广、样本最多、相似性最强的特征。所以本节的统计分析将以东江流域的客家传统村落建筑为主，从宏观、中观和微观三个层面进行变量的提取和定义，并借助科学计算对其进行深层次的分析。宏观层面上，包含其经纬度、占地面积、主朝向、场地类型这4个变量；中观层面上，包含平面基本型、堂数、横数、院落大门、住宅大门、前围、后围、月池这8个变量；微观层面上，由于大部分村落建筑的柱础、雕饰都存在多样式共存的情形，分类较为复杂，故提取封火山墙为变量。在录入时，为了方便软件统计分析，将部分非数值变量进行了标签定义，具体数值对应如表4-3所示。

SPSS中的变量及其对应标签值　　　　　　　　　　　表4-3

范围	变量	对应标签值
宏观	经度、纬度	数值（度）
	占地面积	数值（平方米）
	主朝向	0.5=西北 1.0=北 1.5=东北 2=东 2.5=东南 3.0=南 3.5=西南 4.0=南
	场地	1=山地 2=谷地 3=平原（非滨水）4=平原（滨水）
中、微观	基本型	1=一明两暗型 2=三合天井型 3=中庭型 4=组合型
	堂数	数值（个）
	横数	数值（个）
	院落大门	0=无 1=平开式 2=正门斗式 3=侧门斗式 4=门楼式
	住宅大门	1=平开式 2=门斗式 3=门廊式
	前围	0=无 1=围墙 2=倒座
	后围	0=无 1=半圆形围龙 2=方形枕杠 3=异形
	月池	0=无 1=有 2=缺失
	山墙	1=人字式 2=水式 3=木式 4=土式 5=镬耳式 6=混合式

　　以东源县康禾镇仙坑村八角楼为例（见图4-3）。建筑所处区位在河源市东源县，经纬度分别为115.096840和23.845954；占地面积=3575；主朝向为西南=3.5；场地位于谷地=2；平面基本型为三合天井型=2；堂数=4；横数=4；院落大门为侧门斗式=3；住宅大门为门廊式=3；前有月池=1；前围为围墙=1；无后围=0；封火山墙面有水式、木式等=6。

　　以深圳龙岗区向前村正埔岭为例（见图4-4），经纬度分别为114.255138和22.711639；占地面积=4275；主朝向为东北=1.5；场地为非滨水平原=3；平面基本型为三合天井型=2；堂数=3；横数=6；院落大门为平开式=1；住宅大门为门廊式=3；有月池=1；前围为倒座=2；后围为围龙=1；角楼=5；望楼=1；山墙为混合式=6。

　　相同方式将145座东江流域传统村落建筑录入SPSS统计列表中。在此基础上，可通过选择不同层面的变量对样本数据进行多元统计分析，从而更客观准确地得出东江流域传统村落建筑的形态分布规律。

（a）卫星图　　　　　　　　　　　（b）院落大门

（c）前围与住宅大门　　　　　　　　（d）山墙

图4-3　仙坑村八角楼

（a）卫星图　　　　（b）院落大门

（c）住宅大门　　　　（d）围龙　　　　　（e）山墙

图4-4　向前村正埔岭

4.3.2 关联性分析

将样本占地面积、平面基本型、场地、堂数、横数、主要朝向、院落大门、住宅大门、月池、前围、后围、角楼、望楼和山墙这14个变量录入SPSS进行简单相关分析，所得结果如表4-4所示。表中皮尔逊（Pearson）相关性有"**"或"*"则说明两个变量间相关性显著，其显著性水平数值越小，代表变量间相关性越显著。通过SPSS统计看出：

（1）建筑占地面积与其堂横数、前后围、角楼和望楼有着极强的相关性，它与建筑所处的场地及月池的留存情况也有一定的关联。

（2）建筑基本型与其占地面积息息相关，它与横数、前后围、角楼和月池的关联性相对于其他变量更大。

（3）建筑所处场地与其前围形态关联性最大，与其院落大门的形态也有一定程度的联系。

（4）建筑的堂数与横数是紧密相连的，其与住宅大门和后围形态也有较强的关联性，此外也与院落大门具有一定关联；建筑的横数与其后围形态有较强联系，与住宅大门的形态也有一定的关联。

（5）调研样本的建筑主朝向与绝大多数变量之间都没有明显的关联性。

（6）建筑的院落大门与前围、住宅大门与堂数有着极强的关联性。

（7）调研样本的月池留存情况与其基本型以及后围形态有较强的关联性。

（8）建筑的前围和后围形态、角楼和望楼之间，都有着很强的关联性，此外建筑前、后围分别与其角楼和望楼也有着很强的关联性。

（9）建筑的山墙样式与其占地面积、望楼的留存情况有着一定的关联性。

由上述的变量间的关联性强弱比对，结合实际的建筑形制，可以提取出几对关联性显著的变量进行交叉分析，以对样本进行进一步的描述性分析，它们分别是：①堂数与横数；②住宅大门与院落大门；③院落大门与前围；④住宅大门与堂数；⑤前围与后围；⑥角楼与望楼。

4.3.3　描述性分析

4.3.3.1　堂数与横数

由图4-5可以看出，三堂式是东江流域传统村落建筑中最普遍的形式，在样本中占比78.7%；两堂式也时常被采用，占比16.6%；其余如四堂式就较为少见了。在此基础上，三堂式中又以三堂两横、三堂六横以及三堂四横最为常见，总占比分别为27.5%、22.6%和17.7%；还有两堂两横和两堂四横是两堂式中的常见类型，总占比分别为9.8%和4.4%；此外还有三堂三横占4.0%，四堂四横占3.5%，三堂八横占3.5%。可以明显看出，无论堂数如何，偶数项横数的情况明显多于奇数项横数的情况，这与堂横式建筑的对称布局逻辑相吻合。

4.3.3.2　住宅大门与院落大门

由图4-6可以看出，东江流域传统村落建筑的住宅大门以门廊式和门斗式为主，平

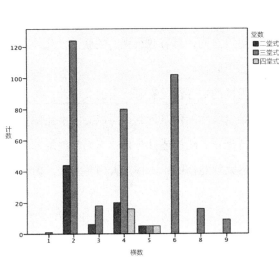

横数 * 堂数 交叉表					
		堂数			总计
		2	3	4	
横数	**1** 计数	0	1	0	1
	百分比在 横数 内	0.0%	100.0%	0.0%	100.0%
	百分比在 堂数 内	0.0%	0.3%	0.0%	.2%
	占总数的百分比	0.0%	0.2%	0.0%	.2%
	2 计数	44	124	0	168
	百分比在 横数 内	26.2%	73.8%	0.0%	100.0%
	百分比在 堂数 内	58.7%	34.9%	0.0%	37.3%
	占总数的百分比	9.8%	27.5%	0.0%	37.3%
	3 计数	6	18	0	24
	百分比在 横数 内	25.0%	75.0%	0.0%	100.0%
	百分比在 堂数 内	8.0%	5.1%	0.0%	5.3%
	占总数的百分比	1.3%	4.0%	0.0%	5.3%
	4 计数	20	80	16	116
	百分比在 横数 内	17.2%	69.0%	13.8%	100.0%
	百分比在 堂数 内	26.7%	22.5%	76.2%	25.7%
	占总数的百分比	4.4%	17.7%	3.5%	25.7%
	5 计数	5	5	5	15
	百分比在 横数 内	33.3%	33.3%	33.3%	100.0%
	百分比在 堂数 内	6.7%	1.4%	23.8%	3.3%
	占总数的百分比	1.1%	1.1%	1.1%	3.3%
	6 计数	0	102	0	102
	百分比在 横数 内	0.0%	100.0%	0.0%	100.0%
	百分比在 堂数 内	0.0%	28.7%	0.0%	22.6%
	占总数的百分比	0.0%	22.6%	0.0%	22.6%
	8 计数	0	16	0	16
	百分比在 横数 内	0.0%	100.0%	0.0%	100.0%
	百分比在 堂数 内	0.0%	4.5%	0.0%	3.5%
	占总数的百分比	0.0%	3.5%	0.0%	3.5%
	9 计数	0	9	0	9
	百分比在 横数 内	0.0%	100.0%	0.0%	100.0%
	百分比在 堂数 内	0.0%	2.5%	0.0%	2.0%
	占总数的百分比	0.0%	2.0%	0.0%	2.0%
总计	计数	75	355	21	451
	百分比在 横数 内	16.6%	78.7%	4.7%	100.0%
	百分比在 堂数 内	100.0%	100.0%	100.0%	100.0%
	占总数的百分比	16.6%	78.7%	4.7%	100.0%

图4-5　堂数与横数交叉分析

院落大门 * 住宅大门 交叉表					
			住宅大门		总计
			平开式	门斗式	门廊式	
院落大门	无	计数	12	74	78	164
		百分比在 院落大门 内	7.3%	45.1%	47.6%	100.0%
		百分比在 住宅大门 内	60.0%	38.5%	32.6%	36.4%
		占总数的百分比	2.7%	16.4%	17.3%	36.4%
	平开式	计数	4	42	52	98
		百分比在 院落大门 内	4.1%	42.9%	53.1%	100.0%
		百分比在 住宅大门 内	20.0%	21.9%	21.8%	21.7%
		占总数的百分比	0.9%	9.3%	11.5%	21.7%
	正门斗式	计数	0	8	4	12
		百分比在 院落大门 内	0.0%	66.7%	33.3%	100.0%
		百分比在 住宅大门 内	0.0%	4.2%	1.7%	2.7%
		占总数的百分比	0.0%	1.8%	0.9%	2.7%
	侧门斗式	计数	2	54	77	133
		百分比在 院落大门 内	1.5%	40.6%	57.9%	100.0%
		百分比在 住宅大门 内	10.0%	28.1%	32.2%	29.5%
		占总数的百分比	0.4%	12.0%	17.1%	29.5%
	门楼式	计数	2	8	16	26
		百分比在 院落大门 内	7.7%	30.8%	61.5%	100.0%
		百分比在 住宅大门 内	10.0%	4.2%	6.7%	5.8%
		占总数的百分比	0.4%	1.8%	3.5%	5.8%
	门廊式	计数	0	6	12	18
		百分比在 院落大门 内	0.0%	33.3%	66.7%	100.0%
		百分比在 住宅大门 内	0.0%	3.1%	5.0%	4.0%
		占总数的百分比	0.0%	1.3%	2.7%	4.0%
总计		计数	20	192	239	451
		百分比在 院落大门 内	4.4%	42.6%	53.0%	100.0%
		百分比在 住宅大门 内	100.0%	100.0%	100.0%	100.0%
		占总数的百分比	4.4%	42.6%	53.0%	100.0%

图4-6　住宅大门与院落大门交叉分析

开式仅占比4.4%；住宅大门采取门廊式的总占比为53.0%，多于采用门斗式的情况；样本中有36.4%没有院落大门，其余有院落大门的情形中以侧门斗式和平开式较为常见，总占比分别为29.5%和21.7%，其余的门楼式、门廊式和正门斗式都较为少见。从交叉分析中可以看出，无院落大门，且住宅大门采取门廊式的情况是最多的，总占比17.3%，无院落大门，且住宅大门采取门斗式的总占比16.4%；还有以侧门斗式院落大门配合门廊式住宅大门的情况也比较常见，总占比17.1%；以侧门斗式院落大门配合门斗式住宅大门、以平开式院落大门配合门廊式住宅大门或门斗式住宅大门，这三种情况也是常见的，总占比分别是12.0%、11.5%和9.3%。总的来说，东江流域留存传统村落建筑住宅大门以门斗式或门廊式为主，多数情况同时具有院落大门与住宅大门，院落大门以侧门斗式或平开式为主，其中以侧门斗式院落大门搭配门廊式住宅大门较为常见。

4.3.3.3　院落大门与前围

　　由图4-7所示，在传统村落建筑形态布局上，院落大门与前围是紧密相连的，有

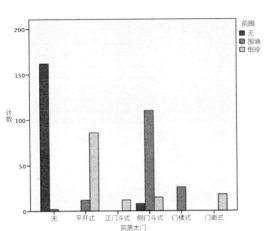

院落大门 * 前围 交叉表					
			前围		总计
			无	围墙	倒座	
院落大门	无	计数	162	2	0	164
		百分比在 院落大门 内	98.8%	1.2%	0.0%	100.0%
		百分比在 前围 内	95.3%	1.3%	0.0%	36.4%
		占总数的百分比	35.9%	0.4%	0.0%	36.4%
	平开式	计数	0	12	86	98
		百分比在 院落大门 内	0.0%	12.2%	87.8%	100.0%
		百分比在 前围 内	0.0%	8.0%	65.6%	21.7%
		占总数的百分比	0.0%	2.7%	19.1%	21.7%
	正门斗式	计数	0	0	12	12
		百分比在 院落大门 内	0.0%	0.0%	100.0%	100.0%
		百分比在 前围 内	0.0%	0.0%	9.2%	2.7%
		占总数的百分比	0.0%	0.0%	2.7%	2.7%
	侧门斗式	计数	8	110	15	133
		百分比在 院落大门 内	6.0%	82.7%	11.3%	100.0%
		百分比在 前围 内	4.7%	73.3%	11.5%	29.5%
		占总数的百分比	1.8%	24.4%	3.3%	29.5%
	门楼式	计数	0	26	0	26
		百分比在 院落大门 内	0.0%	100.0%	0.0%	100.0%
		百分比在 前围 内	0.0%	17.3%	0.0%	5.8%
		占总数的百分比	0.0%	5.8%	0.0%	5.8%
	门廊式	计数	0	0	18	18
		百分比在 院落大门 内	0.0%	0.0%	100.0%	100.0%
		百分比在 前围 内	0.0%	0.0%	13.7%	4.0%
		占总数的百分比	0.0%	0.0%	4.0%	4.0%
总计		计数	170	150	131	451
		百分比在 院落大门 内	37.7%	33.3%	29.0%	100.0%
		百分比在 前围 内	100.0%	100.0%	100.0%	100.0%
		占总数的百分比	37.7%	33.3%	29.0%	100.0%

图4-7　院落大门与前围交叉分析

前围才会有院落大门的需求，仅有极少数样本为无前围，由月池与侧门斗式院落大门共同围合出一个前院，总占比仅为1.8%。调研样本中有36.4%无前围与院落大门；前围有围墙和倒座两种形式，总占比分别为33.3%和29.0%；在院落大门与前围的组合中，侧门斗式院落大门结合围墙、平开式院落大门结合倒座，这两种情况较为常见，总占比分别为24.4%和19.1%；门楼式院落大门偶有出现且仅与围墙结合，总占比为5.8%，门廊式或正门斗式院落大门均与倒座相结合，总占比分别为4.0%和2.7%。总的来说，东江流域传统村落建筑较常出现前围结合院落大门的情况，其中以侧门斗式院落大门结合围墙、平开式院落大门结合倒座这两种情况更为多见。

4.3.3.4　住宅大门与堂数

通过相关分析可以发现，东江流域传统村落建筑的住宅大门形式与其堂数也有较强的关联性。由图4-8可以看出，三堂式建筑的住宅大门以门廊式居多，门斗式其次，较少有平开式的情况，三者总占比分别为43.0%、33.0%和2.7%；两堂式建筑的住宅大门则以门斗式居多，门廊式其次，平开式最少，三者总占比分别为9.5%、

5.3%和1.8%；样本中的四堂式住宅大门均为门廊式，总占比为4.7%。

4.3.3.5 前围与后围

　　东江流域传统村落建筑的前围和后围具有多样性的特征，依据相关分析二者也具有极强的关联性。前围主要有围墙和倒座两种形式，后围则有半圆形围龙、方形枕杠、异形或围墙四种形式。由图4-9可以看出有24.8%的样本无前围和后围；仅有前

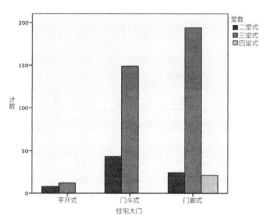

图4-8　住宅大门与堂数交叉分析

住宅大门 * 堂数 交叉表						
			堂数			总计
			2	3	4	
住宅大门	平开式	计数	8	12	0	20
		百分比在 住宅大门 内	40.0%	60.0%	0.0%	100.0%
		百分比在 堂数 内	10.7%	3.4%	0.0%	4.4%
		占总数的百分比	1.8%	2.7%	0.0%	4.4%
	门斗式	计数	43	149	0	192
		百分比在 住宅大门 内	22.4%	77.6%	0.0%	100.0%
		百分比在 堂数 内	57.3%	42.0%	0.0%	42.6%
		占总数的百分比	9.5%	33.0%	0.0%	42.6%
	门廊式	计数	24	194	21	239
		百分比在 住宅大门 内	10.0%	81.2%	8.8%	100.0%
		百分比在 堂数 内	32.0%	54.6%	100.0%	53.0%
		占总数的百分比	5.3%	43.0%	4.7%	53.0%
总计		计数	75	355	21	451
		百分比在 住宅大门 内	16.6%	78.7%	4.7%	100.0%
		百分比在 堂数 内	100.0%	100.0%	100.0%	100.0%
		占总数的百分比	16.6%	78.7%	4.7%	100.0%

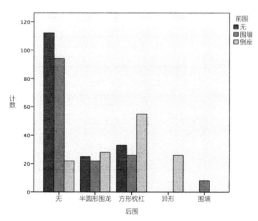

图4-9　前围与后围交叉分析

后围 * 前围 交叉表						
			前围			总计
			无	围墙	倒座	
后围	无	计数	112	94	22	228
		百分比在 后围 内	49.1%	41.2%	9.6%	100.0%
		百分比在 前围 内	65.9%	62.7%	16.8%	50.6%
		占总数的百分比	24.8%	20.8%	4.9%	50.6%
	半圆形围龙	计数	25	22	28	75
		百分比在 后围 内	33.3%	29.3%	37.3%	100.0%
		百分比在 前围 内	14.7%	14.7%	21.4%	16.6%
		占总数的百分比	5.5%	4.9%	6.2%	16.6%
	方形枕杠	计数	33	26	55	114
		百分比在 后围 内	28.9%	22.8%	48.2%	100.0%
		百分比在 前围 内	19.4%	17.3%	42.0%	25.3%
		占总数的百分比	7.3%	5.8%	12.2%	25.3%
	异形	计数	0	0	26	26
		百分比在 后围 内	0.0%	0.0%	100.0%	100.0%
		百分比在 前围 内	0.0%	0.0%	19.8%	5.8%
		占总数的百分比	0.0%	0.0%	5.8%	5.8%
	围墙	计数	0	8	0	8
		百分比在 后围 内	0.0%	100.0%	0.0%	100.0%
		百分比在 前围 内	0.0%	5.3%	0.0%	1.8%
		占总数的百分比	0.0%	1.8%	0.0%	1.8%
总计		计数	170	150	131	451
		百分比在 后围 内	37.7%	33.3%	29.0%	100.0%
		百分比在 前围 内	100.0%	100.0%	100.0%	100.0%
		占总数的百分比	37.7%	33.3%	29.0%	100.0%

围时，采取围墙的情况为20.8%，要远多于采取倒座的情况；仅有后围时，多为方形
枕杠或半圆形围龙，二者总占比分别为7.3%和5.5%；在前后围相组合时，以前倒座
后枕杠更为多见，总占比为12.2%，前倒座后围龙、前围墙后枕杠、前围墙后围龙，
三者也有较广泛的分布（总占比分别为6.2%、5.8%和4.9%）；还有前倒座后围为异
形排屋的情况，总占比为5.8%，前后均为围墙的情况非常少见，仅占1.8%。总的来
说，东江流域有很多传统村落建筑呈现前后有围的形式，其中前围墙较常见，而前倒
座往往与后围排屋相结合，以方形枕杠居多，也有半圆形围龙和异形排屋的情况。

4.3.3.6　角楼与望楼

角楼与望楼也是两个始终关联的变量，由图4-10可以看出，东江流域留存的传
统村落建筑中有部分无角楼和望楼，样本总占比为28.8%，有角楼的情况以四角楼最
多，总占比为45.7%，两角楼次之，总占比为10.9%，也有单角楼的情况，总占比为

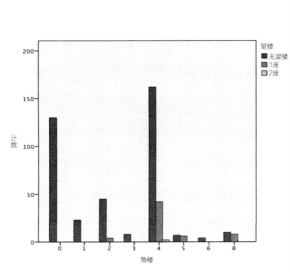

角楼 * 望楼 交叉表					
		望楼			总计
		0	1	2	
角楼	0				
		计数 130	0	0	130
		百分比在 角楼 内 100.0%	0.0%	0.0%	100.0%
		百分比在 望楼 内 33.4%	0.0%	0.0%	28.8%
		占总数的百分比 28.8%	0.0%	0.0%	28.8%
	1	计数 23	0	0	23
		百分比在 角楼 内 100.0%	0.0%	0.0%	100.0%
		百分比在 望楼 内 5.9%	0.0%	0.0%	5.1%
		占总数的百分比 5.1%	0.0%	0.0%	5.1%
	2	计数 45	4	0	49
		百分比在 角楼 内 91.8%	8.2%	0.0%	100.0%
		百分比在 望楼 内 11.6%	6.7%	0.0%	10.9%
		占总数的百分比 10.0%	0.9%	0.0%	10.9%
	3	计数 8	0	0	8
		百分比在 角楼 内 100.0%	0.0%	0.0%	100.0%
		百分比在 望楼 内 2.1%	0.0%	0.0%	1.8%
		占总数的百分比 1.8%	0.0%	0.0%	1.8%
	4	计数 162	42	2	206
		百分比在 角楼 内 78.6%	20.4%	1.0%	100.0%
		百分比在 望楼 内 41.6%	70.0%	100.0%	45.7%
		占总数的百分比 35.9%	9.3%	0.4%	45.7%
	5	计数 7	6	0	13
		百分比在 角楼 内 53.8%	46.2%	0.0%	100.0%
		百分比在 望楼 内 1.8%	10.0%	0.0%	2.9%
		占总数的百分比 1.6%	1.3%	0.0%	2.9%
	6	计数 4	0	0	4
		百分比在 角楼 内 100.0%	0.0%	0.0%	100.0%
		百分比在 望楼 内 1.0%	0.0%	0.0%	0.9%
		占总数的百分比 0.9%	0.0%	0.0%	0.9%
	8	计数 10	8	0	18
		百分比在 角楼 内 55.6%	44.4%	0.0%	100.0%
		百分比在 望楼 内 2.6%	13.3%	0.0%	4.0%
		占总数的百分比 2.2%	1.8%	0.0%	4.0%
总计		计数 389	42	2	451
		百分比在 角楼 内 86.3%	13.3%	0.4%	100.0%
		百分比在 望楼 内 100.0%	100.0%	100.0%	100.0%
		占总数的百分比 86.3%	13.3%	0.4%	100.0%

图4-10　角楼与望楼交叉分析

5.1%，其余情况相对不多见；有望楼的村落建筑相对较少，总占比为13.7%，以四角楼结合一望楼较为常见，总占比为9.3%，调研样本中仅有一例出现了前后两个望楼。

4.3.4　主成分与因子分析

东江流域传统村落建筑形态特征可提取的变量很多，直接利用数据进行聚类分析可能较为复杂，会带来多重共线性等问题。主成分与因子分析可以将众多的初始变量整合成少数几个相互无关的独立因子，在不损失大量信息的前提下，用较少的独立变量来替代原来的变量进行进一步的分析❶。

在上节的相关分析中，可以看出调研对象的主朝向与其他变量之间均没有太大关联，且随机性较强，故在进行下一步聚类分析之前，笔者选择将这一变量剔除后再进行因子分析。将占地面积、基本型、场地、堂数、横数、院落大门、住宅大门、月池、前围、后围、角楼、望楼和山墙这些变量在SPSS软件中进行因子分析，得出如下图表。

（1）KMO检验和Bartlett检验结果（见表4-4）

KMO检验和Bartlett检验结果　　　　　　　　　　　表4-4

KMO取样适切性量数		0.649
Bartlett的球形度检验	近似卡方	470.357
	自由度	78
	显著性	0.000

KMO检验可以看出数据是否进行因子分析，取值范围为0~1，本例分析结果为0.649，属于中等以上，表明可以进行因子分析。巴特利特检验可以看出数据是否来自服从多元正态分布的总体，本例中显著性值为0.000，说明数据来自正态分布总体，适合进一步分析。

（2）碎石图

如图4-11所示，有五个成分的特征值超过了1，表示需考虑这五个成分。

---

❶　杨维忠，张甜. SPSS统计分析与行业应用案例详解［M］. 北京：清华大学出版社，2011：173.

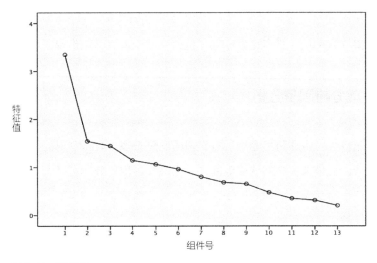

图4-11 碎石图

（3）成分得分系数矩阵

成分得分系数矩阵 表4-5

项目	组件				
	1	2	3	4	5
占地面积	0.253	0.014	0.031	0.026	0.132
基本型	0.335	-0.004	0.063	-0.189	-0.208
场地	0.174	0.176	-0.344	-0.408	0.258
堂数	0.057	0.051	-0.188	0.392	0.228
横数	0.342	-0.030	-0.206	0.032	0.015
院落大门	-0.132	0.572	-0.083	0.043	-0.066
住宅大门	-0.026	-0.013	0.037	0.626	-0.063
月池	-0.274	0.191	0.097	-0.037	0.068
前围	-0.033	0.468	0.193	0.004	-0.154
后围	0.177	-0.002	0.243	0.103	-0.085
角楼	-0.114	-0.001	0.566	0.001	-0.024
望楼	-0.022	-0.101	0.287	-0.093	0.387
山墙	-0.131	-0.091	-0.002	0.057	0.679

表4-5为最终得出的成分得分系数矩阵，可以依此得出降维后五个公因子的表达式。这里表达式中的各个变量已经不再是原始变量，而是标准化变量，以F1～F5命名五个新变量，表达式如下：

F1=0.253×占 地 面 积+0.335×基 本 型+0.174×场 地+0.057×堂 数+0.342×横数−0.132×院 落 大 门−0.026×住 宅 大 门−0.274×月 池−0.033×前 围+0.177×后围−0.114×角楼−0.022×望楼−0.131×山墙

F2=0.014×占 地 面 积−0.004×基 本 型+0.176×场 地+0.051×堂 数−0.030×横 数+0.572×院落大门−0.013×住宅大门+0.191×月池+0.468×前围−0.002×后围−0.001×角楼−0.101×望楼−0.091×山墙

F3=0.031×占 地 面 积+0.063×基 本 型−0.344×场 地−0.188×堂 数−0.206×横数−0.083×院落大门+0.037×住宅大门+0.097×月池+0.193×前围+0.243×后围+0.566×角楼+0.287×望楼−0.002×山墙

F4=0.026×占 地 面 积−0.189×基 本 型−0.408×场 地+0.392×堂 数+0.032×横 数+0.043×院落大门+0.626×住宅大门−0.037×月池+0.004×前围+0.103×后围+0.001×角楼−0.093×望楼+0.057×山墙

F5=0.132×占 地 面 积−0.208×基 本 型+0.258×场 地+0.228×堂 数+0.015×横数−0.066×院 落 大 门−0.063×住 宅 大 门+0.068×月 池−0.154×前 围−0.085×后围−0.024×角楼+0.387×望楼+0.679×山墙

因为以上五个变量足够替代原有变量，所以将145个样本以F1～F5的顺序依照公式重新录入，可得出新表，如表4-6所示（由于原表过长，此处为节选）。

东江流域传统村落建筑列表（节选） 表4-6

名称	F1	F2	F3	F4	F5
老衙门	507.141	31.425	60.567	52.767	265.565
红光村大夫第	304.255	20.801	35.198	31.804	160.069
新衙门	1090.055	63.509	130.557	112.489	569.395
益盛堂	350.257	19.758	44.952	37.643	183.014
敬慎堂	418.178	23.979	50.578	44.771	219.284
万和屋	484.343	30.324	57.777	50.833	257.41
九重门屋	1829.135	101.583	220.38	187.911	953.275

名称	F1	F2	F3	F4	F5
阮啸仙故居	902.976	50.611	108.315	93.28	471.467
玉湖村茶壶耳屋	1216.4	67.598	146.866	127.257	635.909
承庆堂	436.621	24.397	54.186	46.731	228.38
下楼角新屋	154.536	8.938	17.517	17.278	81.266
乐村石楼	1988.943	112.252	245.058	207.184	1042.049
……	……	……	……	……	……
尧民旧居下楼	101.803	5.82	12.623	9.886	56.534
乌洋福围屋	499.921	28.429	58.982	51.696	261.859
大福地围屋	1267.895	72.352	153.493	130.696	661.979
忠心屋	717.501	40.469	85.642	74.056	375.379
城内十三家祠堂	1130.562	65.538	138.212	116.805	590.69
塘角叶氏围屋	199.45	11.14	23.46	20.818	108.49
白灰屋围龙屋	183.702	11.107	23.027	18.834	97.135
十字路村围屋	364.014	20.366	43.633	39.152	194.67
龙田世居	1201.255	68.165	148.677	124.05	630.559
新乔世居	2075.43	117.504	255.033	215.236	1087.155
大万世居	3893.155	217.216	480.092	400.711	2030.535
梅冈世居	1036.945	59.551	128.203	107.714	541.911
鹤湖新居	3681.221	205.287	451.535	379.365	1922.926
丰田世居	2091.499	118.563	257.705	216.908	1094.941
正埔岭	1083.239	61.349	133.678	113.165	569.193
吉坑世居	1170.131	66.238	144.462	122.173	614.642

4.3.5 聚类分析

聚类分析采用定量数学方法，对样本进行分类，依据上节因子分析所得出的标准化变量，首先对东江流域传统村落建筑调研样本进行二阶段聚类，得出如下结果（见图4-12）：

可以看出，样本被分为了三个聚类，且分类质量良好。

在此基础上对145个样本进行层次聚类分析，将样本逐步合并直至合并到一层。

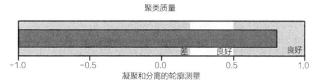

图4-12　二阶聚类分析结果

在本次层次聚类分析中，设定方案范围里最小聚类数为3，最大聚类数为7，得出当样本被分为3~7个聚类的情况下每一个聚类里包含的样本情况（见表4-7）。由于145个样本导致原表过长，在此节选展示：

3~7个聚类成员列表（节选）

表4-7

个案	7个集群	6个集群	5个集群	4个集群	3个集群
老衙门	1	1	1	1	1
红光村大夫第	2	1	1	1	1
新衙门	3	2	2	1	1
益盛堂	2	1	1	1	1
敬慎堂	2	1	1	1	1
万和屋	1	1	1	1	1
九重门屋	4	3	3	2	2
阮啸仙故居	1	1	1	1	1
玉湖村茶壶耳屋	3	2	2	1	1
承庆堂	1	1	1	1	1
下楼角新屋	2	1	1	1	1
乐村石楼	4	3	3	2	2
仙坑村四角楼	3	2	2	1	1
仙坑村八角楼	1	1	1	1	1
左拔大夫第	1	1	1	1	1

续表

个案	7个集群	6个集群	5个集群	4个集群	3个集群
元兴黄屋	2	1	1	1	1
下新田叶屋	2	1	1	1	1
珠树分荣叶屋	2	1	1	1	1
……	……	……	……	……	……
尧民旧居下楼	2	1	1	1	1
乌洋福围屋	1	1	1	1	1
大福地围屋	3	2	2	1	1
忠心屋	1	1	1	1	1
城内十三家祠堂	3	2	2	1	1
塘角叶氏围屋	2	1	1	1	1
白灰屋围龙屋	2	1	1	1	1
十字路村围屋	2	1	1	1	1
龙田世居	3	2	2	1	1
新乔世居	4	3	3	2	2
大万世居	7	6	5	4	3
梅冈世居	3	2	2	1	1
鹤湖新居	7	6	5	4	3
丰田世居	4	3	3	2	2
正埔岭	3	2	2	1	1
吉坑世居	3	2	2	1	1

将所得聚类集群分别标注在东江流域区地图上（见图4-13）：

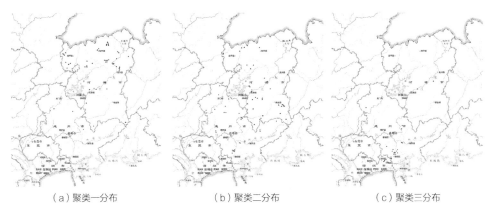

（a）聚类一分布　　　　　　（b）聚类二分布　　　　　　（c）聚类三分布

图4-13　聚类地理分布示意图

4.4
东江流域传统村落建筑的区系分布

本节录入SPSS统计分析的样本主要以客家传统村落建筑为主，所得结论也主要基于东江流域的客家传统村落建筑形制特征。可以看出，虽然聚类并没有十分鲜明的分界线，但是整体有一个自东北向西南过渡的趋势，且与东江流向也是有一定相关性的，这说明东江流域的客家传统村落建筑形态在地理上具有一定过渡性。河源中部及北部的龙川县、东源县、和平县及连平县呈现出一定程度的聚类；惠州的龙门县、博罗县、惠城区及河源的紫金县呈大面积且相对分散的聚类；惠州的惠阳区及深圳的东部、北部又呈现出一定程度的聚类。

依循聚类分析所得，客家文化区可以被分为三聚类，结合东江流域的历史发展进程，可以被划分为龙川古邑客家文化区、惠府腹地客家文化区及深港复界客家文化亚区（见图4-14）。

再将文化层面与物质层面两个层次的分区综合来看，就能将东江流域传统村落建筑的区系划分出①龙川古邑客家文化区；②惠府腹地客家文化区；③深港复界客家文化亚区；④东莞水乡广府文化区；⑤粤东潮客文化交汇区（见图4-15）：

图4-14 客家文化区内的聚类划分

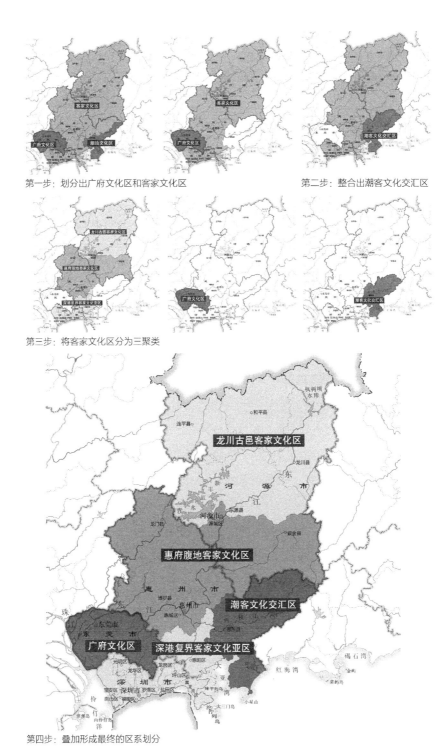

第一步：划分出广府文化区和客家文化区　　　　第二步：整合出潮客文化交汇区

第三步：将客家文化区分为三聚类

第四步：叠加形成最终的区系划分

图4-15　东江流域传统村落建筑的区系划分

第 5 章

东江流域传统村落建筑的多区系形态表征

5.1
龙川古邑客家文化区——底蕴丰厚的客家首邑

"广东之文始尉佗。"龙川地处东江上游，与江西省定南县和寻乌县接壤，以佗城为中心，雄踞东江与韩江两流域交通要冲，"居郡上游，当江赣之冲，为汀潮之障，则固三省咽喉，四周门户"❶，自古龙川就是兵家必争之地。龙川是客家文化的重要起源地，也是岭南文化的重要发祥地之一，自秦始，中原文明与百越文化在此不断交融积淀，逐步形成了底蕴丰厚、风格独具的古邑客家文化❷。

龙川古邑客家文化区的传统村落建筑以一明两暗型、三合天井型、四合中庭型为基础，组合型则以堂横屋最为常见，在堂横屋的基础上有围龙屋、枕杠屋等多种形式；此外还有多组合形式的四角楼、八角楼、国字形围等方形围屋或围楼。

5.1.1　规模和场地

龙川古邑客家文化区的村落建筑以中小型体量为主，除部分建筑角楼和外围层数为多层外，一般建筑主体均为单层。建筑场地因地形地貌的起伏多变呈现出因地制宜的多种处理手法。笔者选取现留存传统村落建筑实例较多的三个代表性村落的建筑规模与基本形制进行具体分析（见表5-1）。三个村落分别为紫金县水墩镇群丰村、和平县优胜镇新联村、东源县仙塘镇红光村（南园古村）。

由表可见，龙川古邑客家文化区的村落建筑规模多以中型或小型为主，占地面积基本都在5000平方米以下，以两堂或三堂形制居多。笔者依据《河源市文化遗产普查汇编》及调研所得，发现占地超5000平方米的传统村落建筑较为少见，未见超10000平方米的案例。现存较大规模的村落建筑仅有东源县蓝口镇乐村石楼（清乾隆始建，四堂四横一围龙六角楼，7860平方米），连平县大湖镇油村何新屋（清康熙始建，三

---

❶　龙川县地方志编纂委员会. 龙川县志 [M]. 广州：广东人民出版社，1994.

❷　凌丽. 客家古邑古村落 [M]. 广州：华南理工大学出版社，2013.

龙川古邑客家文化区三村落建筑的规模与场地　　　　　　表5-1

村落	建筑	建造时期	占地面积（平方米）	场地	朝向	基本形制
群丰村	选安楼	1912年	702	山地	东南	两堂两横四角楼
	务本楼	民国	489	山地	西南	两堂两横两角楼
	务德楼	民国	489	山地	西南	两堂两横两角楼
	保定楼	民国	380	山地	东南	两堂两横
	福庆楼	民国	476	山地	西	两堂两横四角楼
	作善楼	清末	413	山地	东南	两堂两横四角楼
新联村	谷贻庄	清光绪	1806	谷地	西南	三堂两横四角楼
	留余庄	1942年	648	谷地	西南	三堂两横四角楼
	留耕庄	清	1820	谷地	西南	三堂四横
	仁山草庐	清	1500	谷地	西	三堂四横四角楼
	保田屋	清	1369	谷地	东南	三堂两横四角楼
	庆良草庐	清	2244	谷地	东南	三堂四横一围龙四角楼
红光村	老衙门	1751年	2000	平地 滨水	西北	三堂两横
	新衙门	清光绪	4300	平地 滨水	西	三堂六横
	红光大夫第	1862年	3321	平地 滨水	西南	三堂两横
	大新屋	清	2508	平地 滨水	西南	三堂两横
	柳溪书院	1824年	564	平地 滨水	东南	两堂两横
	长地塘屋	1752年	2400	平地 滨水	东	三堂两横一枕杠一角楼

堂六横四围龙，5175平方米），东源县义合镇下屯村九重门屋（清康熙始建，三堂四横一围龙带右路六栋横屋，7210平方米）。从建造年代来看，这三栋较大型村落建筑均始建于清康熙、乾隆年间，而随着时间推移直至清末，村落建筑规模具有一定的减小趋势。

　　龙川古邑客家文化区的村落建筑在建造过程中具有横向发展的趋势，首先这是与其所处场地关联的。该区域所处的东江上游山形起伏多变，建筑用地限制相较于平原地区更大，聚落分布较稀疏，人口规模也较小，建筑场地多选择于谷地上坡度相对平缓的区域，枕靠于山形，前方保持开敞，故其建筑扩张趋势往往与等高线一致。此

外，在封建统治时期受开间限制的影响，民用建筑有"不越三开间"的限制，而在东
江上游山区，相对闭塞的交通和稀疏的人口使得这种禁忌在此被弱化，较常看见面阔
大于进深的村落建筑（见表5-2）。

村落建筑横向发展的趋势　　　　　　　　　表5-2

建筑	空间简图	地理区位
九重 门屋	■ 厅堂中轴序列　■ 增设排屋	山形 ■九重门屋区位
左拔 大夫第	■ 厅堂中轴序列　■ 增设排屋	山形 ■ 左拔大夫第区位
南周堂	■ 厅堂中轴序列　■ 增设排屋	山形 ■ 南周堂区位

　　村落建筑所处的自然环境对其建筑朝向、场地设计也产生了很大影响，依山傍水是
传统村落建筑最为推崇的。以和平县新联村为例。新联村处于丘陵盆地，四面环山，自
北段新联水库向南有一条河流贯穿整个村庄，形成长约4公里、宽约0.3公里的狭长河谷
盆地。其村落建筑沿河两岸面向河谷均匀布置，营造出舒适宜人的小气候。再以大坝村

为例。大坝村位于东江东北岸，其余面环山，村落建筑规整排列于村中心五百余亩良田周围，背江一侧有一排整齐排布的村落建筑，对侧建筑沿山形排布。山水之形对村落建筑场地的设置及村落建筑的排布具有很强的引领与参照作用（见图5-1）。

对于滨水的村落而言，其村落建筑必须考虑可能的洪涝等自然灾害影响。若冲刷力不大（比如上述大坝村处于"腰带水"位置），则村落建筑可临江而建，建筑主入

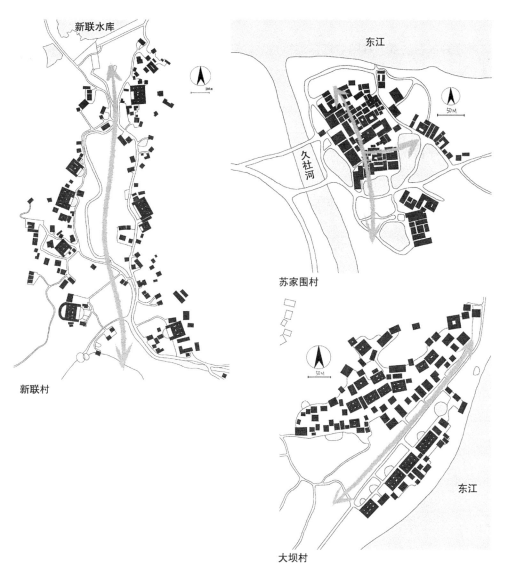

图5-1 顺应山形水势的村落建筑排布

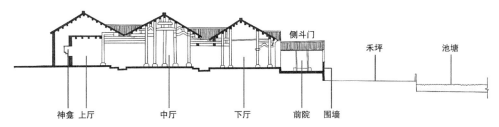

图5-2　滨水村落建筑的场地处理方式（丰豫围剖面示意）

口常背对水系设置，且随着进深逐级抬升标高；而处于丰水期水平面可能很高的区域，除了修建堤坝外，村落建筑在建造时会考虑将基地整体抬高，并在主入口大门前设坡道或数级台阶（见图5-2）。

5.1.2　平面和立面

龙川古邑客家文化区的传统村落建筑平面多为以一明两暗和三合天井为基本型的单一型或组合型，较为常见的是堂庑式的堂横屋，并在此基础上演化出围屋、四角楼等多种形态（见图5-3）。堂横屋一般有两进或三进，整体呈工字形或王字形平面。总的来说，这种堂横式建筑平面将祭祀与生活的空间合而为一，但又具有明确的分界线，功能也能被完全分离。堂屋以祭祀为主，横屋多以通廊式布局简单垂直于堂屋排列，中间以狭长的内巷分隔，也有在横屋与堂屋间加入门厅或过水廊的连接体。林牧在《格式总论》中叙述了堂横式建筑的基本特点：堂屋处于中部，两进，两侧伸出横屋，共同构成主体建筑，有"直长天井"位于堂屋与横屋之间，外侧横屋与横屋之间

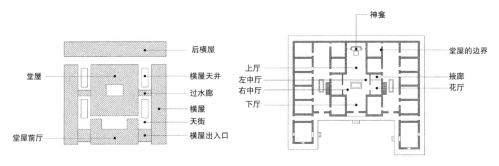

图5-3　堂横屋的基本形式

还有称为"天街"的过道（或称"巷""渡"）；还有被称为"过水廊"（或称"渡水""塞口"）的，处于堂屋横屋之间❶。"天街"尽端的门作为居民日常进出的出入口，有一种说法"过渡府（门槛）前都是客"，就是以此而来❷。在堂横屋的基础之上依循地形之变化与使用之需求，后设一排屋或围龙，四角设角楼，便能组合成形式灵活多样的围屋和四角楼等形式，这些平面形式广泛分布在龙川古邑客家文化区的传统村落之中（见图5-4~图5-6）。

龙川古邑客家文化区的传统村落建筑立面形式简单朴实，以堂横屋为主体的立面

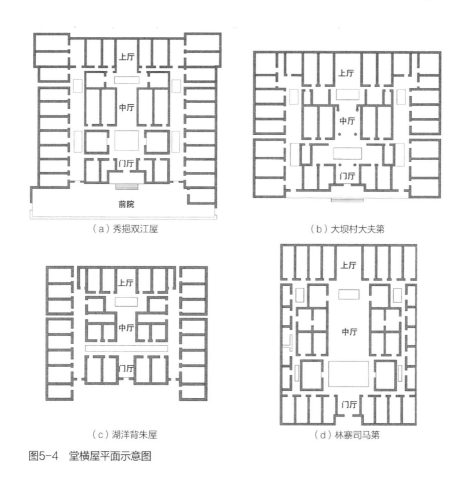

（a）秀挹双江屋   （b）大坝村大夫第

（c）湖洋背朱屋   （d）林寨司马第

图5-4　堂横屋平面示意图

---

❶ 林牧. 阳宅会心集［M］. 台北：武陵出版社，1970.

❷ 蔡晴，姚赯，黄继东. 堂祀与横居：一种江西客家建筑的典型空间模式［J］. 建筑遗产，2019（4）：22-36.

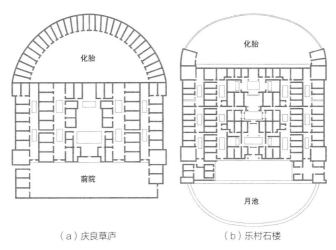

（a）庆良草庐　　　　　　　（b）乐村石楼

图5-5　围屋平面示意图

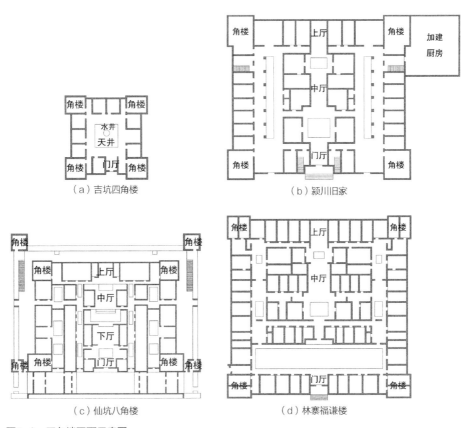

（a）吉坑四角楼　　　　　　　　　　　　（b）颍川旧家

（c）仙坑八角楼　　　　　　　　　　　　（d）林寨福谦楼

图5-6　四角楼平面示意图

在水平方向具有灵活且较为对称的分割。其中采用门廊式或门斗式主入口的建筑减缓了狭长立面的单调（见图5-7），也有采用前围墙的建筑将侧斗门山墙面与围墙相连以加强立面的连续性（见图5-8）。外墙的砌筑材料大多就地取材，较大规模建筑还

（a）大坝村大夫第

（b）双田村敬慎堂

图5-7　门廊与门斗式入口的村落建筑立面示意图

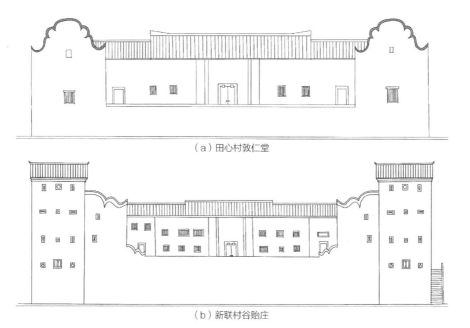

（a）田心村敦仁堂

（b）新联村谷贻庄

图5-8　前围墙侧斗门的村落建筑立面示意图

会使用两到三种不同的砌筑材料将立面纵向分隔为两段或三段，既考虑到防水需求，又丰富了视觉效果。为适应复杂的地形和空间，建筑立面在竖向空间也有灵活的组合，尤其是四角楼类型的村落建筑，其角楼往往高出主体建筑两至三层，少有开窗，仅在隔层设有形式多样的炮眼，营造出建筑坚实稳固的整体形象，角楼的山墙面除了普通硬山顶外，还会做多种样式，以五行式最为多见（见图5-9）。总的来说，龙川古邑客家文化区的传统村落建筑立面总体简洁规整，但简单却不单调，局部也会顺应当地地理环境和社会背景作灵活的处理。

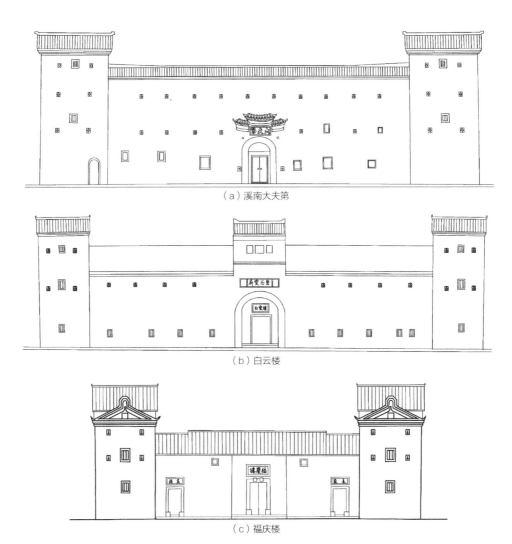

（a）溪南大夫第

（b）白云楼

（c）福庆楼

图5-9　四角楼立面示意图

5.1.3 构造和装饰

龙川古邑客家文化区的传统村落多采用生土材料建造建筑主体结构，常见的村落建筑墙体下部1～1.5米间采用夯土墙，强度大、抗雨水侵蚀；上部则采用土砖砌筑，造价低、更省时省力；角楼部分均采用三合土夯筑，具有墙体坚韧、垂直度高的优点。

硬山搁檩是常见的三开间式建筑采取的结构做法之一，四幅横墙升起，檩条在各横墙顶部作搭接处理，兼作梁用，在龙川古邑客家文化区常见于堂横式建筑的上厅，开间往往不大，室内空间也相对局促（见图5-10）。较大型堂屋采用的大木构架往往为抬梁式和穿斗式相结合的插梁式结构，既有以梁承重的情况，也有檩条直接压在柱头的情况（见图5-11）。"承重梁一端或两端插入柱身，与抬梁式和穿斗式做法均有差异。插梁式结构的屋面檩条均接一柱，可以是檐柱，也可以是瓜柱或中柱，瓜柱下

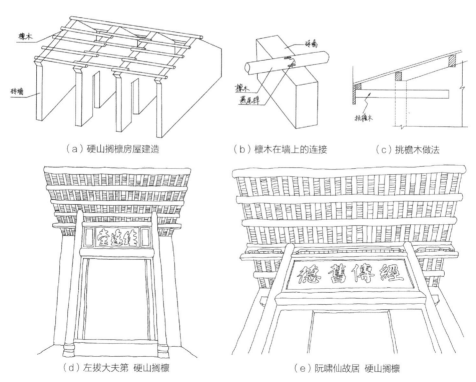

（a）硬山搁檩房屋建造　　　（b）檩木在墙上的连接　　　（c）挑檐木做法

（d）左拔大夫第 硬山搁檩　　　　（e）阮啸仙故居 硬山搁檩

图5-10　硬山搁檩结构示意图

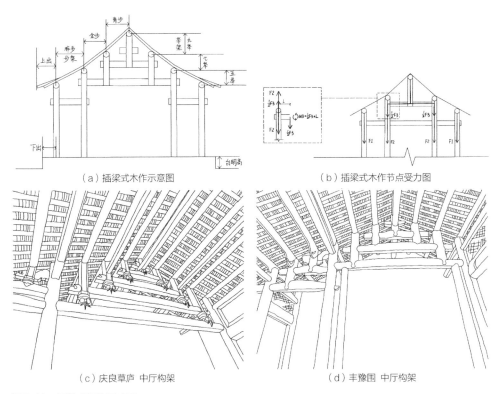

（a）插梁式木作示意图　　　　　　　　　　（b）插梁式木作节点受力图

（c）庆良草庐 中厅构架　　　　　　　　　　（d）丰豫围 中厅构架

图5-11　插梁式结构示意图

骑一梁，梁端插入两端瓜柱柱身，类推到最外端，大梁两端插入前后檐柱柱身。这种两个半架的整合方式，增加了整体架构的刚度。"❶龙川古邑客家文化区堂屋大木构架常有九架梁、十一架梁，甚至存在更多架的情况。

　　龙川古邑客家文化区的村落建筑装饰大多简洁朴素，常见的有木雕、石雕和砖雕（见图5-12）。木雕往往使用在较大体量建筑的木构件上，最常见于梁枋、雀替、门窗、隔扇、檐下等部位，多为单色木雕，也有金漆髹饰的情况；石雕和砖雕常见于柱础、台基、台阶及枪眼等部位，多为浮雕结合隐刻的做法。建筑装饰在内容上多以花鸟人物为题材，总体风格简约素美。

---

❶　孙大章. 民居建筑的插梁架浅论 [J]. 小城镇建设，2001（9）：26-29.

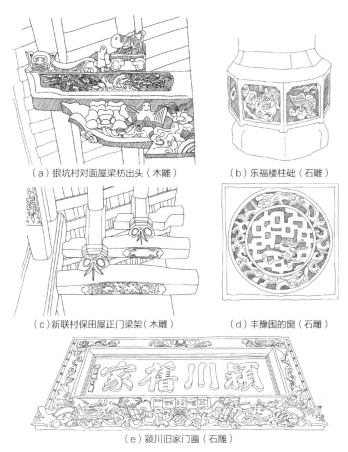

（a）银坑村对面屋梁枋出头（木雕）　　　　（b）乐福楼柱础（石雕）

（c）新联村保田屋正门梁架（木雕）　　　　（d）丰豫围的窗（石雕）

（e）颍川旧家门匾（石雕）

图5-12　木雕、石雕和砖雕装饰

5.1.4　总结

龙川古邑客家文化区的传统村落建筑以堂横屋和四角楼居多，具有如下特点：布局形式因地制宜；多采用单层次防御；居住单元多为通廊式布局；封火山墙形式多样。

（1）布局形式因地制宜

龙川古邑客家文化区内地形地貌以中小起伏的山地和丘陵为主，变化较多，故传统村落建筑的布局形式多因地制宜：山坡的地势起伏大，其建筑多沿等高线排布，即以建筑面宽方向平行于等高线走向，组成建筑的各进正屋循地势升高而逐步抬升，有时还需将坡地整合为数级台地，需拾级而上方能入户；谷地位于山形的内凹之处，坡度平缓，同时也具有相对封闭的围合性，用地较为富余，其建筑占地面积往往稍大，

123

且有横向发展的趋势。

（2）多采用单层级防御

该区域内部分较大型村落建筑会采用角楼和围墙等建构构成防御系统，且多为单层级防御，最常见的形式是建筑四角设四个角楼，前面两个角楼向外伸出两个侧斗门，其封火山墙与前围墙相连形成一个封闭前院，墙前紧邻月池，外围的承重墙是整座建筑的防卫围墙，对外基本不开窗，围墙和角楼上分布可以涵盖各个射击角度的枪眼。

（3）居住空间多为通廊式布局

该地区的传统村落建筑多为以厅堂系统在中轴、居住系统位列两侧的"宅祠合一"整体布局，而居住单元的横屋部分往往是简单的通廊式布局，这种形式有利于大家族的管理和团结。横屋前往往是一方长条形天井，也会被称为"青云巷"，多数时会被带花窗的间隔墙分隔。

（4）封火山墙形式多样（见图5-13）

该地区的传统村落建筑屋顶一般都为硬山顶，部分角楼设悬山顶，棱角牙砖叠涩出檐，四垂脊饰灰塑跃鱼鸱吻。两侧横屋伸出部分的封火山墙往往形式多样，有的围合前院时还会与前院墙连为一体。封火山墙大多采用五行式，以其中的大幅水式最为常见，也有采用木式或土式的情况，极少会采用火式，应与住宅"厌火"和"吐水"相关。有一些较大体量的建筑横屋山墙同时采用多种样式，这应是部分结构为后期加建的缘故。

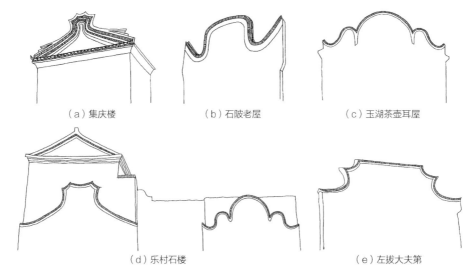

（a）集庆楼　　　　　　　　（b）石陂老屋　　　　　　　　（c）玉湖茶壶耳屋

（d）乐村石楼　　　　　　　　　　　　　　　（e）左拔大夫第

图5-13　形式多样的封火山墙

5.2
惠府腹地客家文化区——人文蔚起的南洋客埠

惠州地处东江中下游，毗邻港澳穗，靠山临海得天独厚，是重要的客家人居住腹地。从明中叶开始，至清初朝廷先下令"迁海"，后又"复界"，鼓励内陆人士前往沿海地区开垦，嘉应州一带人民大举迁移前往新安、归善、东莞一带。惠州是明代客家理学中心，一时人才济济，理学发展至顶峰，是广东客家属地中最早形成的文化中心。宁化伊秉绶在惠州知府任上，曾创建丰湖书院，一时成为培育客家人才的重要摇篮❶。出自惠州的徐旭曾所作《丰湖杂记》也被誉为第一个客家宣言。

惠府腹地客家文化区的传统村落建筑与龙川古邑客家文化区的传统村落建筑具有很多共性，多为堂横屋或以堂横屋为基础的围龙屋、枕杠屋等，此外还有防御性更强的城堡式围楼，体量较前者更大，外围层数可能更多。

5.2.1 规模和场地

惠府腹地客家文化区的村落建筑多以中小型体量为主，但在局部地区分布着大体量的城堡式围楼，在堂横屋的基础上四周被二层或三层的围楼包围，四角除了角楼还会设置望楼以消除视觉盲区，是客家族群从山区走向平原、从内陆走向沿海途中创造性发展出来的村落建筑新模式。笔者选取现存村落建筑实例较多的惠阳秋长街道周田村、铁门扇村，良井镇霞角村，惠城区横沥镇墨园村进行具体分析（见表5-3）。

惠府腹地客家文化区的村落建筑规模跨度较大，既有占地面积在5000平方米以下的堂横屋，也有近10000平方米的大型围楼，例如桂林新居、南阳世居等。到了东江流域中段，山地逐步化为平原，用地限制逐步解除，人口密度也逐步增大，所以该区域村落建筑布局呈现出一种过渡性：处于山间谷地的聚落建筑具有与龙川古邑客家文化区相同的特征，比如周田村的碧滟楼、瑞狮围枕靠于山前谷地，具有与等高线平行

---

❶ 谭元亨. 梅州世界客都论［M］. 广州：华南理工大学出版社，2005：60.

惠府腹地客家文化区四个村落建筑的规模与场地　　　　表5-3

村落	建筑	建造时期	占地面积（平方米）	场地	朝向	基本形制
周田村	周田老屋	1662年	2414	谷地	东	三堂两横一倒座一围龙
	会水楼	1825年	2100	谷地	西南	三堂两横一枕杠
	瑞狮围	1893年	3380	谷地	东南	三堂两横一倒座四角楼
	碧滟楼	1884年	3798	谷地	南	三堂两横四角楼
	会新楼	1936年	1100	谷地	东南	两堂两横两角楼
铁门扇村	桂林新居	1736年	9266	平地	东北	三堂八横一倒座两后围四角楼
	铁门扇石狗屋	1762年	5083	平地	西北	三堂两横一倒座一围龙
	黄竹沥围屋	1889年	4478	平地	西北	三堂四横一倒座一围龙
	南阳世居	1908年	8528	平地	东南	三堂六横一倒座两枕杠八角楼
霞角村	城内十三家祠堂	1755年	4464	平地 滨水	西南	三堂两横一围龙三角楼
	大福地围屋	1785年	5003	平地 滨水	北	三堂四横一倒座一角楼
	忠心屋	1790年	2829	平地 滨水	东南	三堂两横
	乌洋福围屋	清嘉庆	1969	平地 滨水	东北	三堂两横
墨园村	墨园大夫第	清乾隆	4000	平地 滨水	西南	三堂两横
	荣记大屋	清同治	1177	平地 滨水	西南	两堂两横
	茂记大屋	清同治	1178	平地 滨水	西南	两堂两横
	二记大屋	清	832	平地 滨水	西南	两堂两横

的发展趋势；而随着向平原区域的扩展，失去了山形依靠，用地更为开阔，村落建筑呈现纵向与横向的双向发展（见表5-4）。此外，用地的开放性与社会环境的复杂性也促使村落建筑的防御性需求增大，从而衍生出前有倒座、后设围龙，两侧横屋不断扩张的超大型围楼，而建筑密度增大的需求也使得原半圆形后围开始向更经济有效、有利于高密度建筑布局的方形后围演化（见图5-14）。

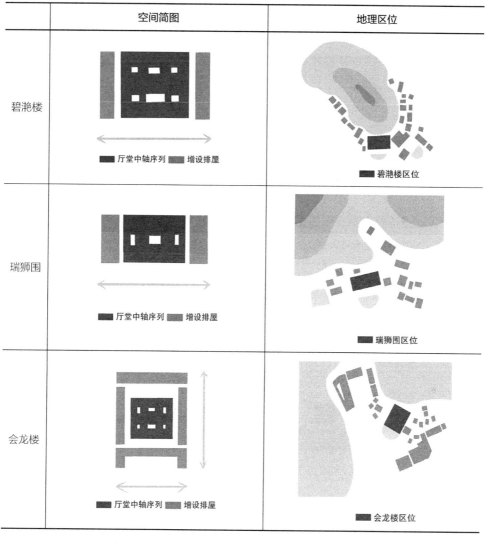

村落建筑横向发展向双向扩展的过渡　　　　　　　　表5-4

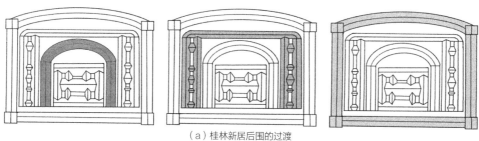

（a）桂林新居后围的过渡

图5-14　半圆形后围向方形后围的过渡

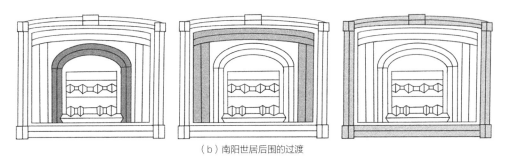

（b）南阳世居后围的过渡

图5-14　半圆形后围向方形后围的过渡（续）

　　对于多数平地滨水区域的村落，其建筑布局也同样沿水系方向均匀分布，但龙川古邑客家文化区的滨水村落多受到山体的影响，故而呈现以水系和山形为依托的强调横向结构的排式分布（见图5-15）；人口密度的加大及用地限制的解除则使得惠府腹地客家文化区的村落建筑布局更为自由，同时受邻近广府文化的影响，一些村落建筑的体量开始缩小，总体呈现为具有横纵兼顾的排列式分布。以邻近东江的墨园村为例。村内形制最大的为三堂两横式的墨园大夫第，其他多为两进式小型建筑，自北向南整齐排布，村内道路也错落有致（见图5-15）。

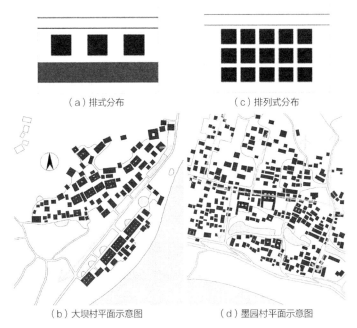

（a）排式分布　　　　　　　　　　（c）排列式分布

（b）大坝村平面示意图　　　　　　（d）墨园村平面示意图

图5-15　排式分布向排列式分布的过渡

5.2.2 平面和立面

惠府腹地客家文化区的传统村落建筑平面多为一明两暗和三合天井为基本型的单一型或组合型，堂横屋也较为常见，在此基础上有前设倒座、后设枕杠、四围设角楼和望楼等多种做法，具有横纵双向的扩张趋势，也产生了多横多外围的大型围楼。其平面基本形制遵从了客家村落建筑"宅祠合一"的特征，堂横屋的"堂"与龙川古邑客家文化区村落建筑平面形制相同，一般有两进或三进房屋，最前面的是门厅，最后面的是祭祀祖先的后堂。堂屋两侧的横屋和前后围则略有不同：早期所建的居住用房仍为与龙川古邑客家文化区一致的通廊式，具有公共性与群居性；后期开始向一种两堂式单元式过渡，显现出一定的独立性与私密性。从铁门扇村石狗屋和与其相邻的黄竹沥老屋的对比来看，石狗屋两侧横屋为两堂单元式布局，而黄竹沥老屋两侧横屋为通廊式布局（见图5-16）。据考究，虽然石狗屋始建时间早于黄竹沥老屋，但其当初仅建了正屋间部分，外围是在乾隆时期扩修时所建，采取了当时本地盛行的两堂式单元房作横屋。再如南阳世居，其最外围为通廊式布局，而内围则为两堂单元式布局。据统计，归善境内康熙年间所建围屋内横屋多为通廊式布局（见图5-16），至乾隆年间，所建横屋开始流行两堂单元式，这种形式一直持续到清道光年间，其中最晚的为惠阳新圩镇的大塘世居（1831年，即道光十一年）❶（见图5-17）。

惠府腹地客家文化区的单层建筑立面形制与龙川古邑客家文化区的立面形制类

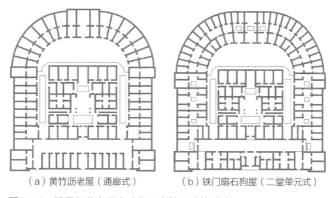

（a）黄竹沥老屋（通廊式）　　　　（b）铁门扇石狗屋（二堂单元式）

图5-16　横屋部分由通廊式向两堂单元式的过渡

---

❶ 杨星星. 清代归善县客家围屋研究［D］. 广州：华南理工大学，2011：134.

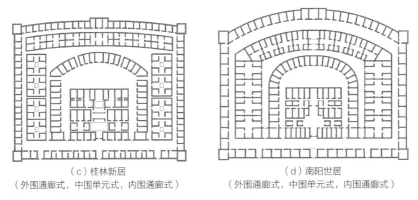

（c）桂林新居
（外围通廊式，中围单元式，内围通廊式）

（d）南阳世居
（外围通廊式，中围单元式，内围通廊式）

图5-16　横屋部分由通廊式向两堂单元式的过渡（续）

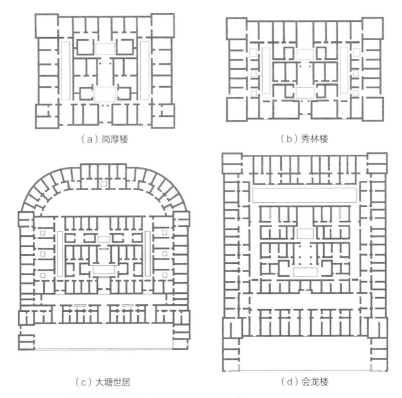

（a）岗厚楼

（b）秀林楼

（c）大塘世居

（d）会龙楼

图5-17　惠府腹地客家文化区的村落建筑平面实例

同，厅堂部分居中，居住部分位于两侧，其中部厅堂部分的屋面略抬高，整体为中间
高两侧低的形制。其入口常为门廊式和门斗式的做法（见图5-18）。因防御需求增加
而衍生的多层、大规模建筑立面形制更为雄伟坚实，外围多为两层以上，前楼外墙高

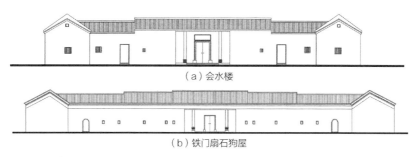

（a）会水楼

（b）铁门扇石狗屋

图5-18　惠府腹地客家文化区的单层建筑立面实例

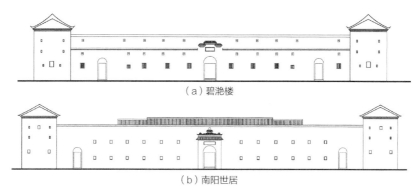

（a）碧滟楼

（b）南阳世居

图5-19　惠府腹地客家文化区的多层建筑立面实例

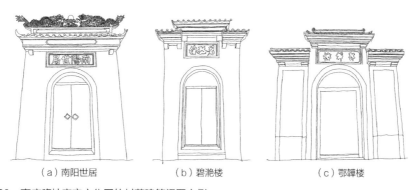

（a）南阳世居　　　　　（b）碧滟楼　　　　　（c）鄂韡楼

图5-20　惠府腹地客家文化区的村落建筑门匾实例

度一般都在5米左右，墙体上广设枪眼，早期枪眼均设于一层位置，后逐步上移至二层以上，这也是居民实战经验所致。此外，正立面多有三个大门，中间为正大门，两侧各一个横大门，多为平开式，采用花岗石门框，常处理为外框圆拱、内框矩形的形式，上方设石刻的楼名牌匾，比如碧滟楼、会龙楼，有的还会在牌匾上方设门罩，石构件从墙面伸出，再以瓦檐覆盖（见图5-19、图5-20）。

5.2.3　构造和装饰

　　惠府腹地客家文化区的村落建筑基础构造与龙川古邑客家文化区的基本无异（见图5-21），外墙除了夯土墙和土坯墙外，还因该区域多雨喜潮的气候特征演化出一种名为"金包银"的混合墙体，外皮青砖砌筑，内皮土坯砖砌筑。这种做法有更好的防雨防潮功能，多用于角楼的砌筑。内部大木构架也多为与龙川古邑客家文化区类同的插梁式结构（见图5-22），常见为瓜柱式中的穿式样式（区别于沉式），在此不作赘述。稍有不同的是，该区域在清晚期出现了驼峰斗栱的形式，位于村落建筑梁架中的前檐部位。以碧滟楼为例。前檐构架为三步梁上承驼峰斗栱再承双步梁，再承驼峰斗栱，上承一檩（见图5-23）。这种驼峰斗栱的制作工艺更为复杂，外观更为华丽精致，也是广府地区常见的一种应用形式。

　　该区域的装饰艺术开始受到广府文化的影响，可见镬耳式封火山墙的运用，也出

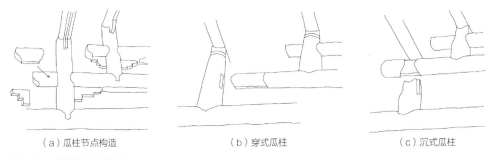

（a）瓜柱节点构造　　　　　　（b）穿式瓜柱　　　　　　（c）沉式瓜柱

图5-21　瓜柱节点示意图

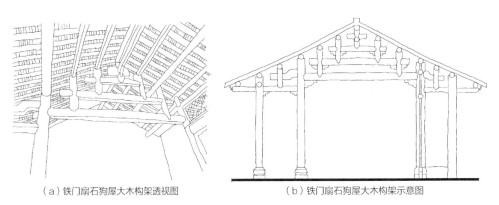

（a）铁门扇石狗屋大木构架透视图　　　（b）铁门扇石狗屋大木构架示意图

图5-22　大木构架实例

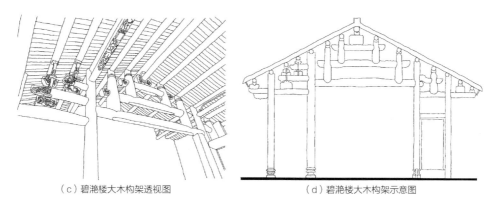

（c）碧滟楼大木构架透视图　　　　　　　　　　（d）碧滟楼大木构架示意图

图5-22　大木构架实例（续）

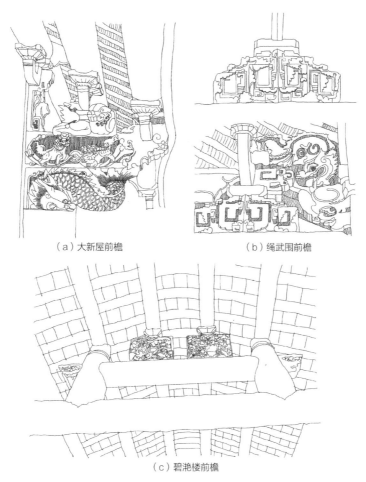

（a）大新屋前檐　　　　　　　　（b）绳武围前檐

（c）碧滟楼前檐

图5-23　前檐的驼峰斗栱实例

现了飞带式垂脊这种惠府腹地客家文化区独有的特色（见图5-24）。木雕和石雕的装饰风格渐趋繁复，中堂梁架与瓜柱相交出头部位被雕刻成龙头形状，多以高浮雕技法呈现，是广府地区的一种常见做法；雀替的幅面加大，雕刻题材更为丰富；驼峰的雕刻纹样精美繁复，使得梁架显得更为华丽（见图5-25），等等。此外还有广府地区盛行的灰塑、彩描等建筑装饰的引入。总体来看，相较于龙川古邑客家文化区的村落建筑，惠府腹地客家文化区的建筑装饰有着向繁复华美过渡的趋势。

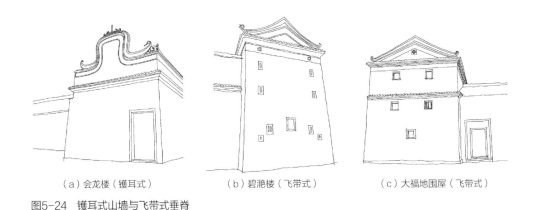

（a）会龙楼（镬耳式）　　　　（b）碧滟楼（飞带式）　　　　（c）大福地围屋（飞带式）

图5-24　镬耳式山墙与飞带式垂脊

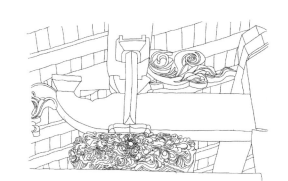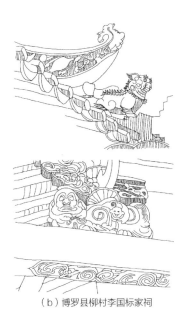

（a）博罗县桔龙村谭氏大宗祠　　　　　　（b）博罗县柳村李国标家祠

图5-25　木雕装饰渐趋繁复

5.2.4 总结

惠府腹地客家文化区的传统村落建筑以在堂横屋基础上架设倒座和枕杠的围屋较为常见，也广泛分布着较大型的围楼，具有如下特点：体量跨度较大，布局形式较为规整；采取多层级、高规格的防御系统；居住空间同时具有通廊式和单元式；有独特的屋顶形式和做法。

（1）体量跨度较大，布局形式较为规整

该地区多为平原、台地或谷地，传统村落建筑建造过程中受地势限制较小，有更大的扩展空间，故传统村落建筑的体量跨度较大，既有两进式的小型传统村落建筑，也有体量巨大的城堡式围楼。该地区村落建筑布局更为密集，结合较为平缓的地势条件，曾适应于山地的半圆形后围逐步转变为方形枕杠后围，传统村落建筑平面布局更显规整。

（2）采取多层级、高规格的防御系统

该地区的村落自然围合有限，往往会在环绕村落的水道内侧植竹篱以弥补自然围合的空缺。再加上历史上"迁海复界"等事件的影响，多数传统村落建筑都会在可行范围内采取多层级、高规格的防御系统：大型传统村落建筑采用倒座结合枕杠的多层外围结构，上设走马廊，四角设角楼、望楼，并做射击口进行必要时的对外攻击；小型传统村落建筑聚落也会用砖、石、土等材料建造村围，依附村围设置瞭望塔以观察敌情等。单体住宅将对外的窗口做成内大外小的斗窗，使外墙更加封闭，不让匪贼有破窗而入的可能。

（3）居住空间同时具有通廊式和单元式

该地区传统村落建筑内部空间组织有从通廊式向两堂单元式转变的趋势，每个单元中间为天井，前有门廊，后为堂屋，其他用房围绕天井布置，每一个单元为一个小家庭居住。从公共性与群居性开始向独立性与私密性过渡。

（4）有独特的屋顶形式和做法

镬耳式山墙是广府地区传统村落建筑的一大特色，最早为皇帝特许、考取功名的官宦人家的特权，蕴含富贵、独占鳌头之意。到清中后期逐渐变为大富大贵人家常使用的山墙形式。该地区不少大型传统村落建筑都采用镬耳式封火山墙，以水磨青砖做墙身，从檐口至顶端用两排筒瓦压顶，并用灰塑封固。还有部分角楼山墙采用独特的

飞带式垂脊，在人字形山墙基础上，两条垂脊的上部相交于山墙的顶端，尖锐的顶部
以倒置的抛物线向下延伸。大式飞带在接近檐口处上翘，以蹲兽收束；小式飞带在中
下部由抛物线转变为直线直至檐口。

5.3
深港复界客家文化亚区——迁海复界后的求同存异

清初的禁海令使得彼时居住在东南沿海一带的居民遭受了重大的磨难，"越界者
解官处死，归界者粮空绝生"，当年新安（今宝安）域内被迁的地界就达到70%，包
括县治南头；今香港部分地区都是迁界一空，只丁不留❶。随后二十余年，清统治者
迫于义军反抗，为了政权的稳固，又提出"展界复乡"，新安县撤而复置，除了原定
居的客家人，还有粤东大批客家人也纷纷至此。迁海复界为客家人带来了数不尽的困
境与祸难，也深化了客家文化中坚忍不拔、万难不屈的内涵。深港复界客家文化亚区
传统村落的建筑留存中很多都是防御性极强的城堡式围楼，此外还有以三间两廊为单
元，外设一围的围村等。

5.3.1 规模和场地

深港复界客家文化亚区的村落建筑形制与惠府腹地客家文化区有很多类似的地
方，由于更靠近广府文化核心区域，其村落布局和建筑形制呈现出更多广府村落建筑

---

❶ 谭元亨. 华南两大族群文化人类学建构——重绘广府文化与客家文化地图 [M]. 北京：人民出版社，
2012：188-189.

的特点，并衍生出了同时具有客家和广府双重特色的性质特征。除了堂横屋、围楼外，既分布着一些更大体量的城堡式围楼，也存在着更小体量、更独立的宅第、祠堂、炮楼等，还出现了由类似"三间两廊"的单元排布而成的围村。随着改革开放后城镇化高速发展，该区域现存的村落建筑数量较少，以市政区为划分依据，现存较完好的案例如表5-5所示。

深港复界客家文化亚区村落建筑的规模与场地						表5-5
地区	建筑	建造时期	占地面积（平方米）	场地	朝向	基本形制
坪山	新乔世居	1753年	8200	平地	西南	三堂四横一倒座一围龙四角楼
	大万世居	1791年	15376	平地	西南	三堂六横一倒座三后围八角楼
	丰田世居	1799年	8265	平地	东南	三堂两横一倒座一枕杠四角楼
	吉坑世居	1824年	4620	平地	西南	三堂四横一倒座一枕杠四角楼
	龙田世居	1837年	4745	平地	西北	三堂两横一倒座一枕杠四角楼
龙岗	田丰世居	清康熙	10287	平地	东南	围村（内斗廊式单元）
	鹤湖新居	1780年	14538	平地	东北	三堂六横一倒座两后围四角楼
	正埔岭	1803年	4275	平地	东北	三堂六横一倒座一围龙五角楼
	梅冈世居	清光绪	4093	平地	东北	三堂两横一倒座一枕杠四角楼
大鹏	振威将军第	清道光	2500	平地	东南	两组三进式组合
	刘起龙将军第	清道光	700	平地	东南	三组两进式组合
	荃湾三栋屋	1756年	1394	平地	西南	三堂两横一枕杠
	沙田山厦围	1847年	6302	平地	西南	三堂四横一倒座
南山/宝安	曾氏大宗祠	清乾隆	1050	平地	东北	五开间四进式
	东莞会馆	清同治	270	平地	东北	三开间二进式

深港复界客家文化亚区的村落建筑规模跨度更大，既有占地面积不足千方的小型宅邸，也有上万平的城堡式围楼如鹤湖新居、大万世居等。除了受地理环境的影响，邻近广府文化的浸染以及迁海复界等特殊历史事件的影响也促使该区域村落建筑形制呈现多样性。这当中最具特色的当属围村，在深港一带多见（见图5-26）。清代中国南部沿海地区常有土匪及海盗，为免受其滋扰，居民建造了一定高度的围墙以自保。这些围村规模一般都较大，形式具有一定的相似性。城墙均以青砖砌造，墙上设有枪

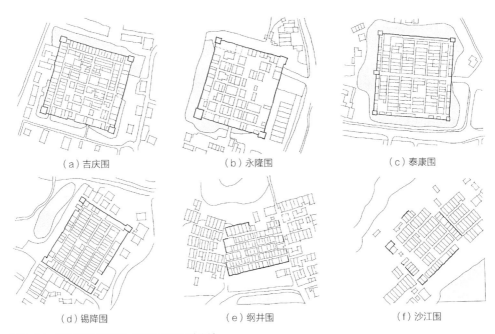

（a）吉庆围　　　　　　　　　　（b）永隆围　　　　　　　　　　（c）泰康围

（d）锡降围　　　　　　　　　　（e）纲井围　　　　　　　　　　（f）沙江围

图5-26　围村的空间布局（以香港地区为例）

眼，四角设炮楼，外围还设有一圈护城河。城墙顶部设有通道，可以直接通向炮楼。整个围村只有一个出入口，并有铁门防卫，内里布局十分有序❶。总的来看，村内建筑倾向于为小体量单元式建筑整齐排列，建筑密度较大。

　　由于缺乏山形水势的引导，该区域场地建造往往需要借助堪舆术数来确定方位和朝向。比如香港的上水客家围，村北远处为虎地坳，坳旁为"双鱼戏水"地形，从堪舆和术数角度而言，北面"双鱼戏水"的隘口直冲村围，并非好方位，故村北围墙被建造得特别高，比其余三面更高，以作遮挡之用。同时，整个围村的主要进出口被设置于东北角，围门向东，避开北向，也顺应了"紫气东来"的吉祥寓意。

5.3.2　平面和立面

　　深港复界客家文化亚区的传统村落建筑既有上述常见的堂横屋、前后设围的四角楼、城堡式围楼等，也有受到广府三间两廊形制影响的斗廊式单元屋组合而成的围村

---

❶　吴庆洲. 中国客家建筑文化：下［M］. 武汉：湖北教育出版社，2008：516.

等。该地区的村落居住建筑模式经历了一个由通廊式向两堂单元式再向斗廊单元式的
转变。以龙岗坑梓的新乔世居、龙湾世居和龙田世居为例，它们均为黄氏宗族在不同
时期建造的（见图5-27）：新乔世居的外两列横屋为通廊式布置，内两列横屋则为两
堂式单元；龙湾世居的横屋部分均以两堂式单元式排列。龙田世居的横屋则采用了具
有广府特色的斗廊单元式平面布局：从天街进入大门，正对照壁，内为一天井，两侧

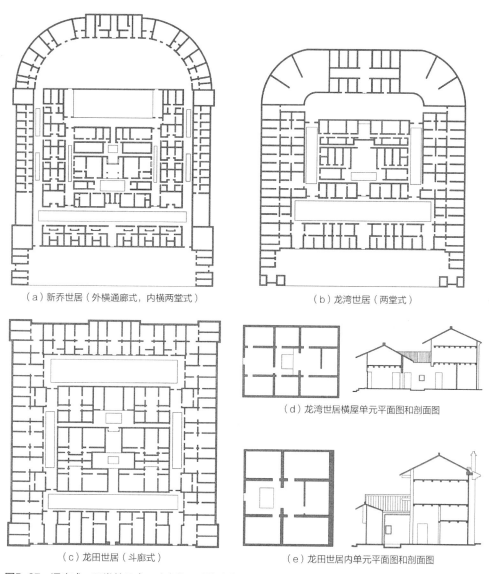

（a）新乔世居（外横通廊式，内横两堂式）　　　（b）龙湾世居（两堂式）

（c）龙田世居（斗廊式）

（d）龙湾世居横屋单元平面图和剖面图

（e）龙田世居内单元平面图和剖面图

图5-27　通廊式—两堂单元式—斗廊单元式的演变

是厨房和杂物间，正对的即堂屋，两侧为卧室。堂屋一般有两层，上设夹层，一般作堆放杂物用。此外，从龙岗正埔岭的扩建中也能看出该地区居住空间由通廊式向单元式的转变（见图5-28）：正埔岭由李氏于嘉庆年间自兴宁迁入龙岗时始建，最初为三堂两横一围龙，为早期围龙屋典型形式，横屋与围龙部分均为通廊式布局，而到后期扩建的外侧横屋则为两堂单元式布局。

该地区分布着的城堡式围楼与惠府腹地文化区的形制类似，且在后围处理上进一步弱化了后围弧状的形式，而向直线形转变。如龙岗的鹤湖新居、大万世居等（见图5-29）。这类大规模围楼因其较高的防御需求，仅靠四角的炮楼无法完全覆盖所有瞭望视区，所以还会在后围龙厅处作墙体突出的设计，并加建望楼（见图5-30），与后部角楼构成一个立体的防卫网，以消除防卫盲区和死角。

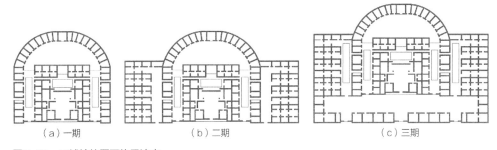

（a）一期　　　　　　　　　（b）二期　　　　　　　　　（c）三期

图5-28　正埔岭的平面格局演变

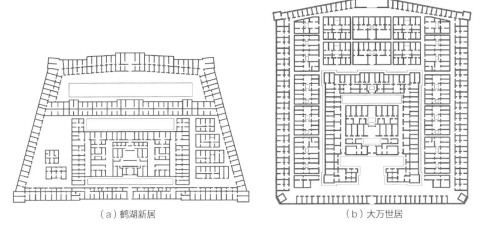

（a）鹤湖新居　　　　　　　　　（b）大万世居

图5-29　鹤湖新居、大万世居平面示意图

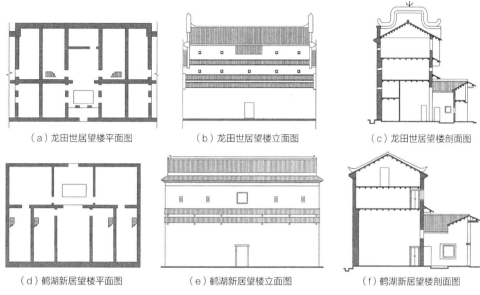

| （a）龙田世居望楼平面图 | （b）龙田世居望楼立面图 | （c）龙田世居望楼剖面图 |
| （d）鹤湖新居望楼平面图 | （e）鹤湖新居望楼立面图 | （f）鹤湖新居望楼剖面图 |

图5-30　龙田世居、鹤湖新居的望楼

此外，该地区的小型村落建筑平面多采用三开间布局，多为三间两廊式（也有两开间、单开间的情形），如龙岗的田丰世居内部，整齐排列的单元式住屋多为三间两廊式，平面近似正方形，面阔和进深约10米，大门浅凹进，进门为天井，二进为主屋，天井左右为厨房和杂物间，主屋两侧为厢房。此外，还有在此基础上减去单边一侧部分空间，就是两开间的类明字屋，再减去一单边即为单开间的金字廊。如香港荃湾三栋屋，其三厅两侧排屋均为三间两廊式组合布局。柴湾罗屋也是保存完好的一座典型的斗廊式住屋（见图5-31）。

深港复界客家文化亚区的多层式大规模建筑立面形制与惠府腹地客家文化区的类同，在此不作赘述，有区别的是部分围楼的角楼部分山墙面不再与大门平行，而是与侧面平行，如龙田世居、茂盛世居，有设置望楼的也会为整个立面形态增加层次感（见图5-32）。主入口还出现了仿牌坊式的做法，以扩大门的体量来显现家族的声势与威望。如丰田世居入口做嵌入墙体式的四柱三间三楼式牌坊；大万世居入口采用四柱三间三楼式牌坊（见图5-33）。

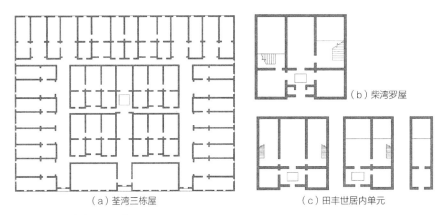

（a）荃湾三栋屋

（b）柴湾罗屋

（c）田丰世居内单元

图5-31　斗廊式平面示意图

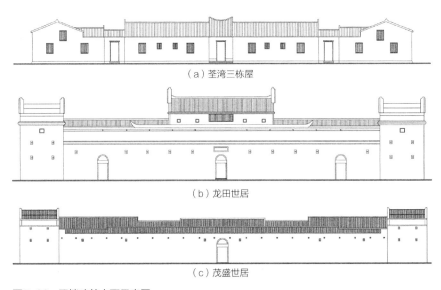

（a）荃湾三栋屋

（b）龙田世居

（c）茂盛世居

图5-32　围楼建筑立面示意图

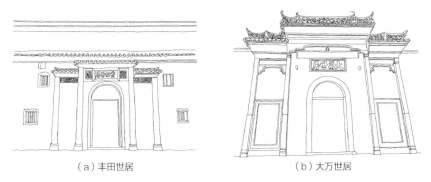

（a）丰田世居

（b）大万世居

图5-33　牌坊式大门实例

5.3.3 构造和装饰

　　牌坊这一具有广府文化特色的结构，一般常见于围楼前倒座，与倒座内围墙相连。平面常见为一字形，四柱三间三楼式，功能类似照壁，无内部空间，心间开洞，多为单券拱门，次间封闭。牌坊上的匾额多为横排，四字，内容多寄托了族人的美好愿景（见图5-34）。这种带牌坊的大门一般为多层结构，以加强整座围楼的防御功能。以鹤湖新居为例（见图5-35）。大门有内外四层：第一层为栅板门；第二层是凹向房间的槽中伸出菱形包铁横木的栏栅门，由插销固定；第三层是两扇厚达6.5厘米的实榻大门；第四层是两根边长达18厘米的方木横闩。

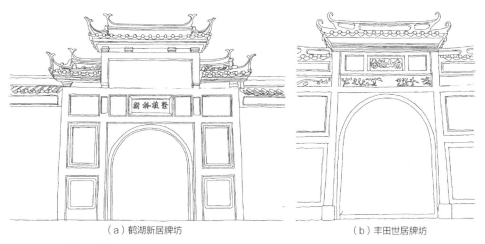

| （a）鹤湖新居牌坊 | （b）丰田世居牌坊 |

图5-34　深港复界客家文化亚区围楼内的牌坊

| （a）鹤湖新居大门剖面 | （b）鹤湖新居大门外观 |

图5-35　鹤湖新居的大门结构

　　深港复界客家文化亚区还常见炮楼这一结构形式。炮楼是一种高高耸立的塔式防御性建筑，在外观轮廓上一般为矩形桶式，建筑材料大多数为三合土夯筑，少量为砖砌和石砌，屋顶形式有可以露天或部分露天的平台式，以及不露天的瓦坡顶式。装饰风格主要有三种：天台彩带式、中西合璧式和双坡飞带式❶。该地区的炮楼最常见的平面形式是一拖一屋，在门斗、排屋或斗廊屋基础上加盖炮楼（见图5-36）。也有炮楼与院落组合的复杂形式，类似于大型传统村落建筑的角楼。此外还有分布于一个村落各个方位的独立炮楼等。

　　在细部装饰方面，深港复界客家文化亚区的村落建筑吸纳了诸多广府建筑文化，其中最典型的当为灰塑和彩描。村落建筑角楼的搏风面和檐口处多有"平面做"和

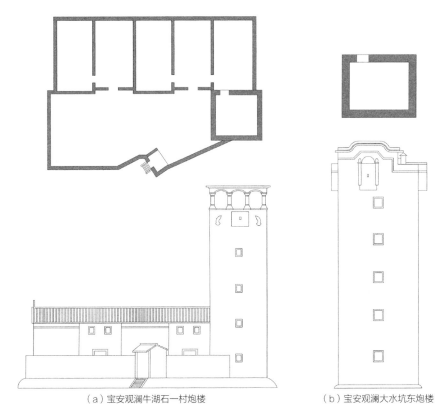

（a）宝安观澜牛湖石一村炮楼　　　　　　　　（b）宝安观澜大水坑东炮楼

图5-36　深港复界客家文化亚区的炮楼

---

❶　深圳市文物考古鉴定所. 深圳炮楼调查与研究［M］. 北京：知识出版社，2008：286.

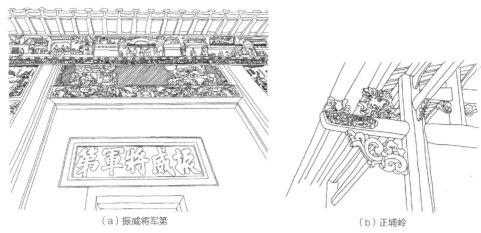

（a）振威将军第　　　　　　　　　　（b）正埔岭

图5-37　深港复界客家文化亚区村落建筑中的细部装饰

"半边做"的繁复装饰图案，在屋檐与墙体间的墙楣也常见有一条灰塑装饰带，常用花卉草木的纹样，以显示屋主的身份与地位。屋脊也是装饰的重点部位。该地区常常可以看到建筑正屋脊采用龙船脊或龙舟脊，两侧做卷草纹灰塑。此外，在外檐下、室内墙楣上还常见彩描装饰，墙楣彩描呈带状，约50～60厘米，外檐下因画幅较长被分为多个独立画面，题材为历史人物、神话故事、山水风景和花鸟等题材（见图5-37）。总的来看，本地区村落建筑细部装饰逐渐展露出与广府建筑文化趋同的特征，也部分吸纳了潮汕文化和西洋文化的特色，从早期的朴素逐步发展为富丽和繁琐，展现出了较强的包容性和创新性。

5.3.4　总结

深港复界客家文化区的村落建筑中既有城堡式围楼，还分布着极具特色的围村或围城。具有如下特点：常采用斗廊式单元布局；建筑功能开始分化；常见各类炮楼分布；细部装饰工艺精美繁复，有广府特色的引入，也有西洋风格的借鉴。

（1）常采用斗廊单元式布局

该地区无论是大型围村或围楼，还是小型传统村落建筑，大多采用以三间两廊为基本型的单元式布局，很少出现通廊式布局。一个三间两廊单元的平面一般是厅堂居中，厅堂前为天井，两廊屋面坡要斜向内天井，名曰"财水内流"。卧房在厅的两侧，后半部上空都设置阁楼作储存稻谷或堆放杂物之用。

（2）建筑功能开始分化

伴随着外部环境的变化、建筑规模的减小，建筑功能开始逐步分化，原有的"居祠合一"开始转向公共、居住、其他功能的分割，比如围村内有独立祠堂和单元式住宅，以及独立的书院和会馆等。

（3）常见各类炮楼分布

这当中既有具有综合性和我国本土文化特征的炮楼，也有源于西洋文化的"碉楼"；既有作为村落建筑的组成部分，如一拖一屋式的角楼，或是大型围楼的角楼，也有独立于村围之外的独立炮楼。常见形式为矩形桶式。作为大型围楼的角楼的，多为瓦坡顶式；作为独立炮楼的，也见有露天平台式。

（4）细部装饰工艺精美繁复，有广府特色的引入，也有西洋风格的借鉴

该地区吸收了广府传统村落建筑的装饰工艺特点，在大门上有做假檐的情况，以灰塑、彩描装饰；也有在门廊式大门的檐柱、门框作精美木雕、石雕或砖雕；还有在入门后设立广府传统村落建筑中常用的牌坊，以石雕、灰塑或彩描装饰。此外，一些侨乡也将西方的建筑艺术带入此地，在立面造型和细部处理上，将西洋的建筑手法引用或融合进来，大量使用于窗框、栏板、柱、檐部、女儿墙等易于观赏的部位。

5.4
东莞水乡广府文化区——多元兼容的岭南水乡

东莞位于东江下游的珠江三角洲，最东与惠阳接壤，最南与宝安、龙岗相连，最西与广州番禺隔海相望，最北与增城、博罗隔江为邻，系典型的岭南水乡。两宋以降，南下的汉族移民带来先进的治水经验和生产技术，这里水土日渐丰沃。清代人口

急剧增长，珠三角范围内的人口流动再次带动了东莞的发展，人工围垦快速拓展了冲积平原农田面积。东莞作为广府民系的一支分流，受到了来自东江流域客家文化的诸多影响，比如有广府村落保留客家村落建筑的名称，比如"围""屋""厦"等。东莞地区以广府系传统村落建筑为主，以三间两廊最为典型，也有在此基础上增加或减少一个开间的变体。村落以梳式布局为主流，不少村落外围都设有村围，围墙形式各不相同，有的还有炮楼。大多依山就势，随地形变化。

5.4.1　规模和场地

东莞水乡广府文化区的村落建筑具有典型的广府建筑文化特性。区域内河网密布，历史上形成了民田区和沙田区。民田区众多的河涌将村落建筑切割划分，形成既相互独立又密切联系的聚落组团，村落多呈团块形态；旧时沙田区的居民多为疍民，住屋多建于堤围之上，尺度一般只能容纳单排房屋的进深，聚落呈现线性形态[1]。随着生活的改善，渔民都已陆续搬进陆上的新村，所以沙田区的村落建筑形式逐渐式微，在此更多讨论的是民田区的情形。该区村落建筑规模一般以中小型为主，异于客家村落建筑多以居祠合一的形式呈现，其建筑功能完全分化，主要包括祠堂和居住建筑等。以东莞南社村为例，村落建筑统计情况如表5-6所示。

东莞水乡广府文化区村落建筑的规模与场地　　　　　表5-6

类别	名称	建造时期	占地面积 （平方米）	场地	朝向	基本形制
祠堂建筑	谢氏大宗祠	1555年	306	平地	东南	三开间三进
	百岁坊	1592年	151	平地	东南	三开间两进
	百岁翁祠	1595年	237	平地	西北	三开间三进
	晚节公祠	1617年	266	平地	东南	三开间三进
	谢遇奇家庙	1898年	294	平地	西北	三开间两进

---

[1]　郭焕宇，广东省民间文艺家协会. 中堂传统村落与建筑文化［M］. 广州：华南理工大学出版社，2016：24.

续表

类别	名称	建造时期	占地面积 （平方米）	场地	朝向	基本形制
书塾建筑	资政第	1882年	800	平地	西北	三开间三进
居住建筑	谢汝镠故居	1884年	202	平地	西北	三组三进式组合
	谢遇奇故居	1887年	600	平地	西北	三组三进式组合
	谢赝书故居	清	141	平地	东南	三间两廊

东莞地区是大量水田和农田共同呈现的冲积平原的状态，受线性水域因素影响不大，因此在村落布局上多呈现为梳式布局和块状布局，较少见线性布局。梳式布局是广府村落典型的布局形态，村落建筑沿着梳齿南北向整齐排列，村落建筑两列间称为"里巷"，宽1.2～2米，麻石铺设，是村落内主要的交通通道。建筑大门一般位于侧面，面向巷道，村前设一禾坪，村口有门楼。西溪古村就是东莞地区较为典型的规则梳式布局村落，巷道整齐、布局统一，村内有11条宽1.8米的纵巷、15条1.1米的横巷，一条4.8米主横巷；村内建筑均为三开间或两开间的硬山顶合院，入口均在侧面。整体再以1.5米高的围墙为界，均匀分布8个谯楼以作防卫。再如龙背岭村呈现出不规则梳式布局形态。前七排以叶氏宗祠为轴线左右延伸，纵巷整齐排列，最宽2.2米，横巷0.8～1米；后半部分因坡地缘故，呈现与等高线平行的不规则排布，但整体朝向仍依从前半部的坐北朝南的梳式布局。此外还有像南社村这种因周围水塘、农田和道路的限制，由中心条状水塘引导构成南北"合掌"的块状布局（见图5-38）。

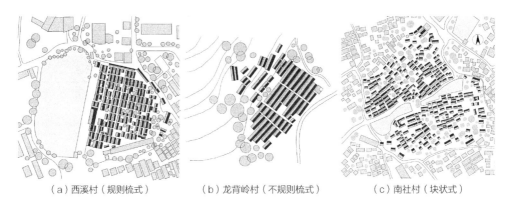

（a）西溪村（规则梳式）　　（b）龙背岭村（不规则梳式）　　（c）南社村（块状式）

图5-38　规则梳式布局、不规则梳式布局及块状布局

5.4.2 平面和立面

东莞水乡广府文化区的村落建筑平面多为广府常见平面形制，主要以"间"为基本单位，有单开间、三开间的屋，也有在屋的基础上围合成的合院。最常见的类型有单开间的"竹筒屋"、双开间的"明字屋"，还有三开间的三间两廊一天井，也有几种单体组合的建筑组团。

东莞水乡广府文化区的祠堂建筑大多以三间两廊为基础，通过一个或者若干个三间两廊，加上头门，沿着纵深方向组合而成。这里以三开间三进最为典型，沿着纵深方向，呈头门—天井—中堂—天井—后堂的布局模式，入头门后两次间均设耳房以存放杂物；中堂是宗族举行祭祖仪式和集会的场所，也是祠堂中使用频率最高的建筑空间，常为敞厅，与第一进的天井直接连通；后堂心间是放置祖先牌位的地方，进深小于中堂，两侧设侧室。南社村谢氏大宗祠即为这种设置。三开间两进也较为多见，呈头门—天井—后堂的布局模式，比三进式少了中堂的设置，将中堂与后堂功能合而为一，南社村的百岁坊、谢遇奇家庙均为这种三开间两进式（见图5-39）。上述几座村落建筑具体的进深、面阔尺寸汇总如表5-7所示。

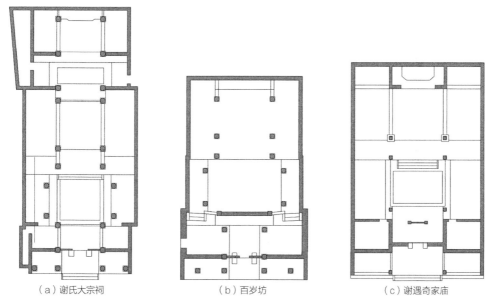

|（a）谢氏大宗祠 |（b）百岁坊 |（c）谢遇奇家庙 |

图5-39 谢氏大宗祠、百岁坊、谢遇奇家庙平面示意图

南社村村落建筑平面尺寸汇总　　（单位：毫米）　　表5-7

建筑名称		谢氏大宗祠	晚节公祠	百岁翁祠	谢遇奇家庙	百岁坊
平面形制		三开间三进	三开间三进	三开间三进	三开间两进	三开间两进
头门	面阔	9810	11770	10700	13370	10350
	进深	4005	3065	3075	6795	5280
前天井	面阔	5610	7610	6850	6770	5790
	进深	5615	4810	5075	5255	4620
中堂	面阔	11030	11770	10700	—	—
	进深	6250	6890	6745	—	—
后天井	面阔	5610	4260	6940	—	—
	进深	3305	3070	2865	—	—
后堂	面阔	5610	4260	6940	13370	10350
	进深	4305	4210	4085	9285	6235
总面阔	面阔	6745	4260	6940	13370	10350
总进深	进深	23480	22045	21845	21335	16135

　　该地区的居住建筑也是以三间两廊为基础而演化的（见图5-40），以谢膺书故居为例。其在三间两廊的基础上加设了一头门和前院，在凹斗门后心间设有一"挡中门"。书院建筑资政第也类同，头门前增设有拜台。此外还有在此基础上由几座组合而成的建筑组团平面（见图5-41），如谢汝镠故居，是由三座单体并联组合而成，最左侧是一单开间竹筒屋，作厅堂用；中间为一双开间明字间并一竹筒屋，前设一天井；

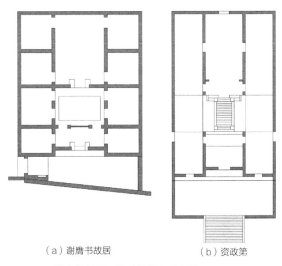

（a）谢膺书故居　　　　（b）资政第

图5-40　谢膺书故居、资政第平面示意图

最右侧是三间两廊加头门，也是整座住宅组团最主要的部分。再如谢遇奇故居，也是由三座单体组合而成，右侧为主屋，由两个三间两廊对合而成，左侧为类似明字间，与一、三开间单体拼合而成，以侧廊相连。

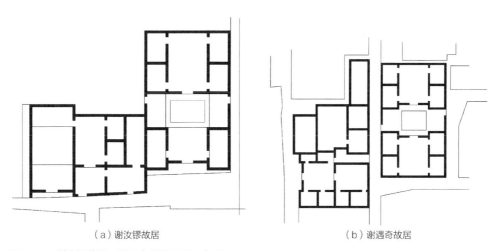

（a）谢汝镠故居　　　　　　　　　　　　　　（b）谢遇奇故居

图5-41　谢汝镠故居、谢遇奇故居平面示意图

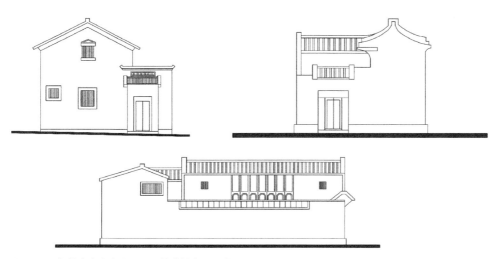

图5-42　东莞水乡广府文化区居住建筑立面示意图

　　在立面上，该地区祠堂建筑的头门是整个建筑序列的开端，其尺度大小与华美程度代表了祠堂建筑的等级与规模，也是祠堂所属家族兴旺与繁荣的象征，所以祠堂头门的营造尤为重要。头门一般有门廊式和门斗式两种做法，门廊式的等级高于门斗式，比如南社村的谢氏大宗祠和晚节公祠均为门廊式头门，百岁翁祠则为门斗式头门。居住建筑因大门出入口多设于侧向，所以多会利用山墙墙头的样式和花纹、入口大门的飘檐和凹凸处理，使得山墙立面显得灵活自由和丰富多变（见图5-42）。

5.4.3　构造和装饰

东莞水乡广府文化区的村落建筑大木构架一般有三种类型：瓜柱式、驼峰斗栱式和博古式。瓜柱式与上述客家地区的形式大抵相同，在此不作赘述。该地区祠堂建筑中级别最高和最为讲究的是驼峰斗栱式，一般多见于总祠，梁上立驼峰，上再置一两层斗栱承托，桁间由构件联系，一般用于头门前檐、中堂等重要位置（见图5-43）。博古式则是出现时间较晚的一种做法，由多层的木雕厚板叠加组成，每两层板之间用垫木做成博古架的形式，因承载力较为有限，一般使用于天井的侧廊和正厅的前檐部位。以南社村谢氏大宗祠为例。其中堂和前檐使用了驼峰斗栱式梁架，后檐则使用了瓜柱式；再如百岁坊，其头门梁架将牌楼与门廊结合起来，以牌楼下檐的四根立柱作檐柱，柱上穿插木系梁与如意斗栱挑出以承托屋顶；一般祠堂建筑梁架形式级别较其他普通建筑要高，中堂采用驼峰斗栱式，后堂则采用瓜柱式，侧廊使用博古式或瓜柱式。如晚节公祠，其中堂前檐是驼峰斗栱式，后檐则是瓜柱式，整体而言是依循空间等级进行混合使用的（见图5-44）。

图5-43　东莞水乡广府文化区村落建筑中的驼峰斗栱式做法和博古式做法

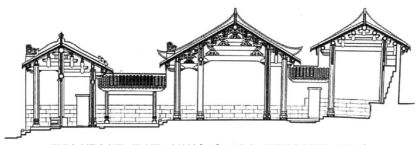

谢氏大宗祠（来源：楼庆西. 南社村［M］. 石家庄：河北教育出版社，2004.）

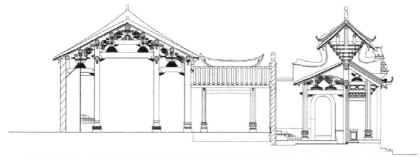

百岁坊（来源：陈璧璇. 东莞南社村文物建筑特色与修缮研究［D］. 广州：广州大学，2020.）

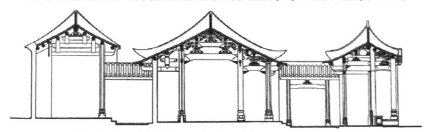

晚节公祠（来源：楼庆西. 南社村［M］. 石家庄：河北教育出版社，2004.）

图5-44　谢氏大宗祠、百岁坊、晚节公祠剖面图

　　东莞水乡广府文化区的村落建筑装饰具有典型的广府建筑装饰文化特征，屋顶是装饰的重点，尤其是屋脊，有陶塑脊、灰塑脊的做法，整体做工精细繁复。陶塑脊在塑形好的陶器上使用琉璃釉彩，做工细腻、表面光滑，内容多为神话故事、人物建筑、花鸟鱼兽等题材，谢氏大宗祠和谢遇奇家庙正屋脊上即为这种做法（见图5-45）。灰塑脊直接在屋顶施工，常见有龙船脊、博古脊、牛角脊等，色彩较为艳丽，内容上多为神兽祥禽、花卉水果、卷草纹、博古纹等。梁架的装饰工艺以木雕为主，主要在驼峰和封檐板等处，以头门前檐部位的梁架木雕最为华丽；封檐板上的木雕也十分繁杂精美，并漆以鲜艳的色彩。该地区部分村落建筑的墙体最外侧还做有一条或两条红

砂岩，依附于砖墙，在搏风头横向位置放置一条挑石，在挑石突出附角石约一尺见方内做精美雕刻，也被称为红石堰头，是当地装饰的一个特色（见图5-46）。墙身的搏风带也是装饰的重点之一，往往为黑底白纹的灰塑做法。室内也有彩画。

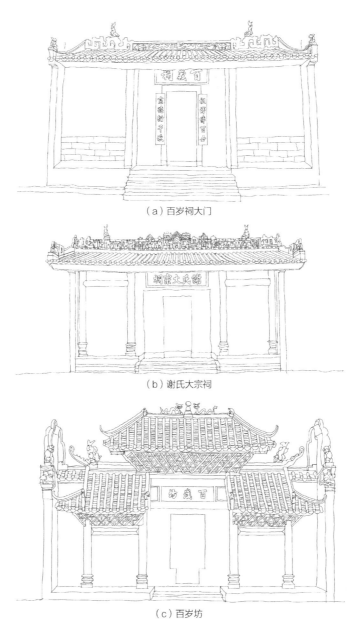

（a）百岁祠大门

（b）谢氏大宗祠

（c）百岁坊

图5-45 东莞水乡广府文化区村落建筑的屋脊

图5-46　东莞水乡广府文化区村落建筑的细部装饰（红石墀头）

（来源：罗意云. 岭南传统民居封火墙特色的研究［D］. 广州：华南理工大学，2011.）

5.4.4　总结

东莞水乡广府文化区的传统村落建筑具有广府传统村落建筑的诸多特征，与上述几类对比的特点有：体量较小，多以三间两廊为基本型；梳式布局，防御性相对减弱；灰塑、陶塑、彩描等广府装饰文化技艺精湛。

（1）体量较小，多以三间两廊为基本型

该地区传统村落建筑体量较小，极少能见到惠州深港地区的围楼等形式，多为以三间两廊为基本型的三开间，也有单开间或双开间的情况（又称直头间和明字间）。也会有几座住宅组合而成的建筑组团，单元也往往有单开间、双开间和三开间的不同形式，既有左右相连的情况，又有对合而成的情况。

（2）梳式布局，防御性相对减弱

该地区村落常采用梳式系统布局，整齐排列着顺着风向和坡势的巷道。由于地处低洼地带，经常遭遇水浸，梳式布局可有一定的防洪功能。有的在整村外围设一圈围墙，围墙形式各不相同，大多依山就势，平面形式相对自由，高度一般在5米左右。除了门楼，沿围在转折点或一定间距处还会设立诸多谯楼作防守用，一般为矩形平面，向外的一侧或两侧均设枪眼。总的来看，其防御性相较于惠州、深港等地区有所减弱。

（3）灰塑、陶塑、彩描等装饰技艺精湛

该地区村落建筑的入口立面是装饰的重点，经常集合了灰塑、木雕、石雕等多种工艺。平开式门的上方常做门罩，有斗栱或砖砌叠涩等多种形式出挑。屋顶的接驳处

常装饰灰塑，既能免受雨水侵蚀，又能压住瓦片以对抗台风，后期也发展出陶塑屋脊
的做法。屋顶的正脊常有博古脊和龙船脊的做法，垂脊则有直带、直带博古、飞带等
做法。在脊额、脊耳和脊眼处亦会有精美的陶塑装饰。此外在山墙面的搏风带也会有
灰塑、彩描等装饰，整体而言装饰技艺精湛多样。

5.5
粤东潮客文化交汇区——"耕山"走向"耕海"的潮客交锋

东江流域中部的紫金和惠东部分地区靠近揭西—陆丰—海丰这一潮客锋线，代表
以耕山或耕海为主的两种文化皆以此为轴线开展交锋，使得这一区域带有一定的文化
过渡性质❶。潮客两大民系向来具有极强的关联性，从半山客、半福客，到客转潮、
潮转客，文化的交融始终在进行，在相互渗透，拜祭"三山国王"的客家人也有多处
"妈祖庙"；视妈祖为最高神灵的潮人也拜"三山国王"。此区的传统村落建筑不少与
前文所述的围楼或围村极为相似。也有以一明两暗（三间过或五间过）、三合天井型
（下山虎）或中庭型（四点金）为单元的独立的传统村落建筑组成的围寨。

5.5.1 规模和场地

粤东潮客文化交汇区较多见采用密集式布局系统的村落，一般呈一村一寨、一村

---

❶ 司徒尚纪. 岭南历史人文地理：广府、客家、福佬民系比较研究 [M]. 广州：中山大学出版社，
2001：378.

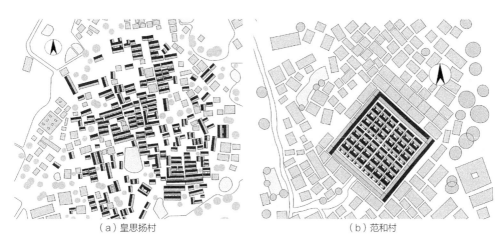

（a）皇思扬村　　　　　　　　　　　　（b）范和村

图5-47　范和村、皇思扬村总平面示意图

一图库或一村一大型住宅的特点。建筑密集，外有高墙，封闭性强，是同族或同宗人为了团结聚居和防御而建成的。该地区的传统村落建筑布局有趋同于潮汕民系传统村落建筑的密集式布局特征，整体呈规整与凌乱相结合的密集式布局。如惠东稔山镇范和村、多祝镇皇思扬村，这些建造年代较早的较大规模聚落都能体现出这样的特征（见图5-47）。所以在建筑规模上，该地区以中小型建筑最为常见。

宏观上，该地区村落建筑与中上游客家文化区形制并无大异，也因距离潮汕文化核心辐射稍远，所以很少见潮汕村落建筑中常见的图库、围楼等大型传统村落建筑。在场地方面，潮汕民系与客家民系同样都十分讲究风水堪舆，但更受"理气派"影响，强调依据地理形势的变化而采取不同的营建形式，力求与环境和谐：靠山则利用山岳作靠山，远峰作朝向，坐实朝空、负阴抱阳；近水则利用水龙作为护卫，"身之血以气而行，山水之气以水而运"，以水为龙脉，坐空朝满❶。这也与前面所述分区大抵类同。

5.5.2　平面和立面

在平面形制上，该地区村落的建筑形制与客家文化区建筑形制基本类同，多是以堂横屋为基本型演化而成的，这也是因为潮汕村落建筑与客家村落建筑本身就具有同

❶　戴志坚. 闽台民居建筑的渊源与形态［M］. 福州：福建人民出版社，2003：66-71.

构性，是"中轴对称"和"以中为尊"的以祠堂序列为核心的基本布局，都具有极强的向心性。在这种堂横式基本型的基础上，依托于两种族群文化的建筑却也有一些微妙的区别：客家村落建筑以堂屋序列为中轴，两侧设横屋，后设围龙，整体呈现为轴对称式；潮汕村落建筑平面更倾向于呈现以中厅为核心的中心对称式，如常见的下山虎、四点金等。而在扩展过程中，客家常采取的措施是增加横屋，层层包裹着中轴堂屋序列，后再设枕杠屋或围龙以形成不同变体；潮汕则会采取增加堂屋的方式，最终形成以堂屋为核心的小型单元组合，最外围采用横屋的形态。客家村落建筑表现出明显的包围式，而潮汕村落建筑则表现出更为强烈的棋盘式。这种区别也体现在了粤东潮客文化交汇区的村落建筑之中。惠东县茗教村的尧民旧居上楼，就是一座类五间过式建筑，由四点金横向发展，中间天井较大，四周房屋都围住天井，前后除了正中为大门和厅堂外，其余都是卧房，天井两侧小房作厨房和储物间，此外四角设有歇山顶碉楼，又具有客家四角楼的特征。再如惠东县多祝镇东新村，其平面也可以看作类三座落两从厝式，在三座落基础上旁加从屋（见图5-48）。总的来看，平面呈现出更强的四厅相向的倾向。

在立面形制上，其外形规则严谨，外墙一般只在山墙面上开气窗或其他小窗，具有对外封闭的特征，一般较强调正立面的完全中轴对称。该地区村落建筑的厝角头呈现出了建筑文化的多元杂糅，除了常见的人字墙外，也有广府常见的镬耳式山墙，还有潮汕地区盛行的五行山墙，具有多民系建筑文化特征。

5.5.3　构造和装饰

粤东潮客文化交汇区的大木构架基本构造与上述区域大体无异，但在大木构架中存在的隔架方式上出现了潮汕地区传统大木构架的诸多做法，最显要的则属叠斗做法和木瓜做法。叠斗做法（见图5-49）是在柱头或梁枋顶面使用多个斗上下层叠来承托，并可以在斗的竖向层叠过程中组合水平方向的构件。这种做法常见于潮州地区，如潮州开元寺天王殿，其心间金柱，从栌斗开始层叠了十二层大斗直达檩底，叠斗高度与柱身高度相约，可谓十分震撼。在粤东潮客交汇文化区也有这样的实例，如惠东县盐洲社区李甲村李氏宗祠上厅构架，金柱上层叠了四层斗至檩底。而木瓜是明代以后潮州地区逐渐流行的一个重要的标志性构件，即将桐柱（梁上短柱）柱身形象复杂

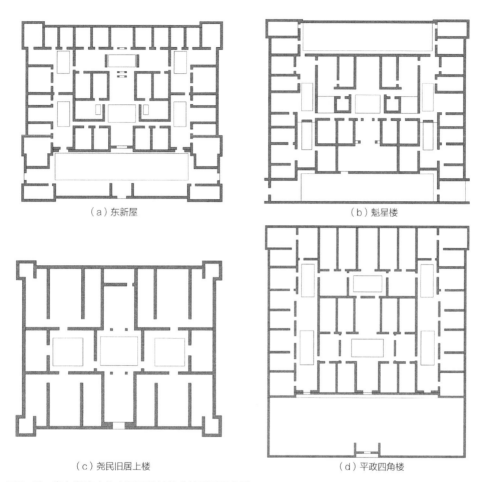

（a）东新屋　　　　　　　　　　（b）魁星楼

（c）尧民旧居上楼　　　　　　　（d）平政四角楼

图5-48　粤东潮客文化交汇区的村落建筑平面示意图

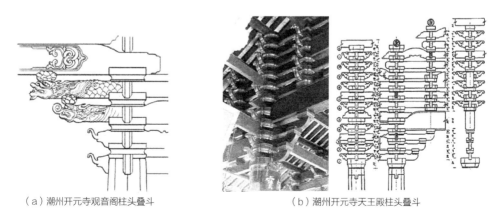

（a）潮州开元寺观音阁柱头叠斗　　　　（b）潮州开元寺天王殿柱头叠斗

图5-49　潮州地区的叠斗做法

（来源：李哲扬. 潮州传统大木构架的分类与形制［J］. 古建园林技术，2014（2）：7-13，54-55.）

化，加工成金瓜形，具有瓜形、带爪的特征，一般只出现在抬梁式梁架中，其作用类同于驼峰，一般是以多个成组的形式配套使用，以彰显其重要地位。在潮州地区木瓜上配置一斗以承梁头，梁头上也常设叠斗承托檩条，形成"木瓜—叠斗"的组合形式，前述李氏宗祠内即为这种做法（见图5-50）。"五脏内"是较为流行的一种定式，大梁跨七架，其上使用五个木瓜依次架起五架梁与平梁，金柱柱头及木瓜上以叠斗承檩并组织弯板、花块等横向的枋材❶。惠东县洋潭村曾氏宗祠上厅心间梁架就采用了这种"五脏内"形式（见图5-51），但梁头上没有采用叠斗，而是木瓜上斗直接接桐柱支檩，这可以看作是交汇区域的一种非完全借鉴。

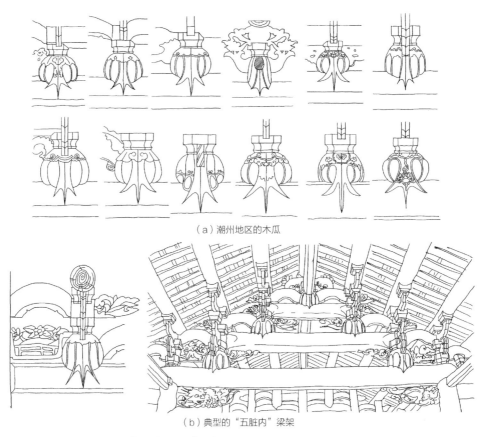

（a）潮州地区的木瓜

（b）典型的"五脏内"梁架

图5-50　潮州地区的"木瓜"及"五脏内"梁架

---

❶ 李哲扬. 潮州传统大木构架的分类与形制 [J]. 古建园林技术，2014（02）：4-9+3+50-51.

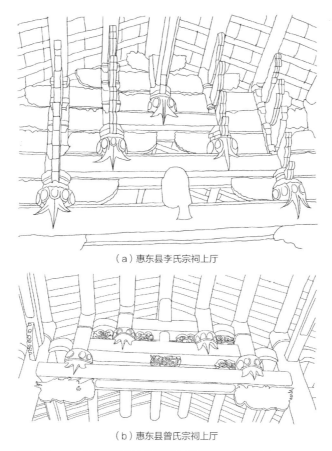

（a）惠东县李氏宗祠上厅

（b）惠东县曾氏宗祠上厅

图5-51　惠东县李氏宗祠上厅梁架与曾氏宗祠上厅梁架

粤东潮客文化交汇区的村落建筑装饰文化极其多元，尤其是以精细著称的潮汕美学。不论是何种装饰做法，都喜用鲜明色彩以凸显装饰：木雕遵从"匀匀、杂杂、通通"的原则，以金漆粉刷，与周边暗黑的梁架对比，更显金碧辉煌；石雕也有彩色加工，更显层次；嵌瓷更是由五彩斑斓的彩瓷拼接而成，整体装饰凸显了建筑屋主的财富与地位。

5.5.4　总结

粤东潮客文化交汇区的村落建筑汲取了部分潮汕传统村落建筑的特色，具体表现如下：规整与凌乱结合的密集式布局；潮汕木构架做法的引入；建筑装饰文化多元杂糅。

（1）规整与凌乱结合的密集式布局

在粤东区域有趋同于潮汕民系建筑密集式布局的特征，整体规模相对于潮汕地区较小，一般由多个不同姓氏的族人共同建成。为了共同防御，多个姓氏联合起来在村中四周建起高大的围墙和围门，围内各姓氏各占一处，相对集中建房，一般以一明两暗、爬狮、四点金等为基础单元，附属建筑齐全。随着族人的繁衍，亦会出现在旧房旁兴修新宅的情况，长期增加后，就会显得凌乱，有时还会有少量大型的组合护厝式传统村落建筑加建，故整体呈规整与凌乱相结合的密集式布局。

（2）潮汕木构架做法的引入

该地区部分建筑大木构架引入了潮汕地区常见的做法，主要体现为叠斗和木瓜的采用。叠斗是在柱头或梁枋顶面使用多个斗自下而上地层叠来承托起上部结构；木瓜是将桐柱柱身形象复杂化，加工成金瓜形，具有瓜形、带爪的特征。七架梁上五个木瓜依次架起五架梁与平梁，金柱柱头及木瓜上以叠斗承檩，这种潮汕地区流行的"五脏内"形式，也出在了该地区一些村落建筑上厅之中。

（3）建筑装饰文化多元杂糅

该地区的传统村落建筑吸取了潮汕地区擅长的豪华壮丽、色彩斑斓的装饰技艺，并且杂糅了岭南民系多元的建筑装饰文化，与其他地区的客家传统村落建筑对比会显得更加精美非凡。木雕、石雕还有嵌瓷都喜用鲜明亮丽的颜色以凸显装饰；木雕喜用金漆粉刷，更显金碧辉煌；嵌瓷以五颜六色璀璨夺目的彩瓷拼成，与黝黑的屋面形成强烈的对比；屋脊的做法不仅使用潮汕常用的平脊，还会使用受广府文化影响的龙船脊、博古脊做法。除了五行山墙外，也会采用镬耳山墙这种广府文化的产物。总体的装饰装修充分体现了岭南地区的多元文化杂糅。

第 6 章

东江流域传统村落建筑的
多维度形态演变

6.1
多维度思维方式与逻辑架构

6.1.1 多线进化思想

多线进化思想建立在两个重要基础上：一是形态与功能的相似可以发生在并没有历史关联的多个不同的文化传统或阶段里；二是这些相似可以用相同的因果论来解释于不同的个别文化。多线进化思想在很大程度上是强调实证，而非演绎推理，它关注在形式、功能和序列上能得到实证支持的文化事实，注重其处于并行发展的状态，强化了文化事实的具体性和特殊性。在多线进化思想的观点中，独特文化总是从多个具体文化中显著并行演化，并非单线的。这对东江流域传统村落建筑形态的多维度演变研究有着重要的启示。

6.1.2 多维逻辑架构

东江流域传统村落建筑形态特征演化规律的归纳是基于时间、空间和意识多维度交叉作用的结果，既有其内涵的稳定性，又受外部因素影响表现出一定的差异性。这在地理、时间和文化多维度体系中具有诸多可进行比较分析的情况。同一个民族不仅可以被划分在不同的类型之中，同一个民族的不同文化类型也可以处于不同的社会文化整合层次之中，以此延伸到村落建筑形态的演化中，置于时间（T轴）、地理（G轴）和文化（C轴）三轴的坐标系当中（见图6-1）。本节首先以不同文化（C轴）为研究基准，探讨当T轴固定，同一时间节点，不同文化（C轴）的村落建筑形态的比较；以及当G轴固定，同一地理条件，不同文化（C轴）的村落建筑形态的比较。而后，再以相同文化（C轴）为研究基准，探讨C轴固定，村落建筑形态分别在历史进程中（T轴）或地理变化中（G轴）的形态变化。最后，对于处于文化区划过渡区间的、不同文化交汇区的村落建筑形态也进行了形态比较分析。

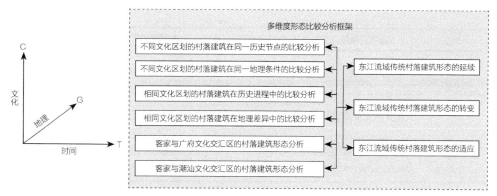

图6-1 多维度形态比较分析框架图示

6.2
不同文化区的村落建筑形态比较

6.2.1 不同文化区的村落建筑在同一历史节点的比较分析

本节主要探讨处于相同时间维度的不同文化区的村落建筑形态比较。通过对调研及相关文物普查名录的筛选，分别在清中乾隆时期和清末光绪时期两个历史节点，选取了前文所述的五个不同文化区中同一时期建造的传统村落建筑（见表6-1）。

不同文化区中同一时期建造的传统村落建筑　　　　　　　　　　表6-1

地区	清中期康乾年间（1662~1795年）	清末期光绪年间（1875~1908年）
龙川古邑客家文化区	东源县黄田村 铁门省斋公祠（1723年） 连平县石陂村 石陂老屋（乾隆年间）	连平县溪南村 溪南大夫第（光绪年间） 连平县夏田村 谦吉楼（清末）
惠府腹地客家文化区	惠阳区霞角村 城内十三家祠堂（1755年） 惠阳区象岭村 牛郎楼（1776年）	惠阳区官山村 会龙楼（1888年） 惠阳区秋田村 碧滟楼（1889年）

续表

地区	清中期康乾年间（1662～1795年）	清末期光绪年间（1875～1908年）
深港复界客家文化亚区	龙岗区坑梓镇 新乔世居（1753年）	香港上水松柏朗黄氏客家围（1905年）
东莞水乡广府文化区	东莞市清溪镇 铁场客家围（1764年）	东莞市南社村 资政第（1882年）
粤东潮客文化交汇区	惠东县多祝镇 魁星楼（1753年） 惠东县茗教村 尧民旧居上楼（1694年）	惠东县碧山村 昌源新屋（1876年） 惠东县佐坑村 下角五云楼（1895年）

6.2.1.1 清中期康乾年间

清顺治年间，因忌惮郑成功等沿海一带的反清势力，清政府下"迁海令"，强令南至广东惠州、连州一线沿海居民内迁三、四十里。直至康熙二十二年（1683年）台湾归降，才逐步恢复禁令。随后康熙、雍正推行文治武功，如放宽垦荒地、"滋生人丁，永不加赋"等，清王朝进入了前后持续一百多年的"康乾盛世"。随着生产的恢复、耕地面积的扩大，人口不断增长，东江流域也逐步形成了较为稳定的社会环境和人口格局。通过历史文献记录以及实地调研，笔者分别在五个文化区划中选取了八座建造于康乾年间（1662～1795年）的传统村落建筑（见表6-2、表6-3），对各个层级的形态要素进行比较分析。

清中期康乾年间（1662～1795年）传统村落建筑地形示意图 表6-2

地区	村落建筑地形示意图	
龙川古邑客家文化区	东源县黄田村 铁门省斋公祠（1723年）	连平县石陂村 石陂老屋（乾隆年间）

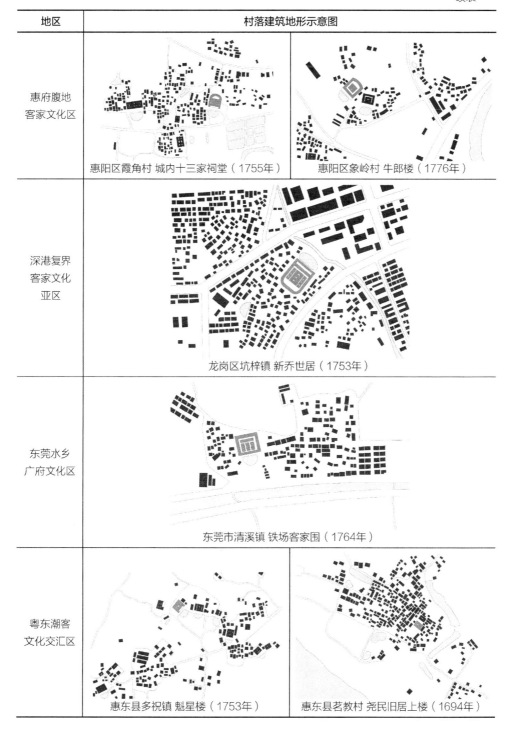

地区	村落建筑地形示意图
惠府腹地 客家文化区	惠阳区霞角村 城内十三家祠堂（1755年）　　惠阳区象岭村 牛郎楼（1776年）
深港复界 客家文化 亚区	龙岗区坑梓镇 新乔世居（1753年）
东莞水乡 广府文化区	东莞市清溪镇 铁场客家围（1764年）
粤东潮客 文化交汇区	惠东县多祝镇 魁星楼（1753年）　　惠东县茗教村 尧民旧居上楼（1694年）

清中期康乾年间（1662~1795年）村落建筑平面示意图　　　表6-3

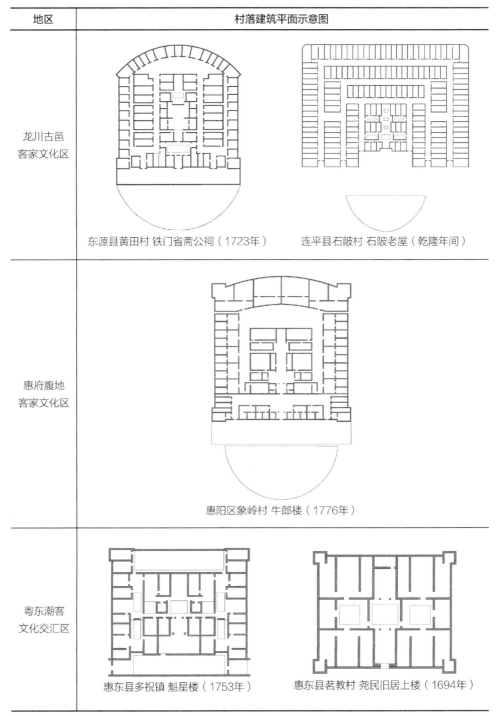

地区	村落建筑平面示意图
龙川古邑客家文化区	东源县黄田村 铁门省斋公祠（1723年）　　连平县石陂村 石陂老屋（乾隆年间）
惠府腹地客家文化区	惠阳区象岭村 牛郎楼（1776年）
粤东潮客文化交汇区	惠东县多祝镇 魁星楼（1753年）　　惠东县茗教村 尧民旧居上楼（1694年）

6.2.1.2　清末期光绪年间

　　清朝末期，统治者腐败无能，对外屈服于帝国主义，使中国逐步沦为半殖民地半封建社会，对内加紧压迫剥削，引起了中国人民的纷纷反抗。自1840年起的十年间，惠州府更是遭遇了接二连三的自然灾害，民不聊生。1895～1911年间，孙中山先生先后领导了较大的十次武装起义，其中两次都发生在东江地区的中心惠州。从清末到旧民主主义革命的过渡期间，东江流域的社会环境复杂多变，政局动荡不安，这也影响了该时期建造的村落建筑形态，本小节也在五个文化区划中选取了八座建造于清末光绪年间（1875～1908年）的村落建筑（见表6-4、表6-5）进行了比较分析。

清末期光绪年间（1875～1908年）村落建筑地形示意图　　　　　表6-4

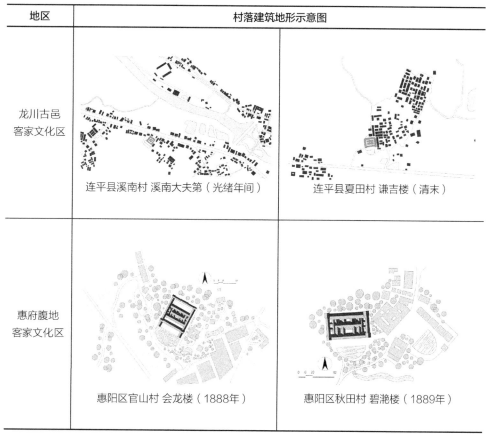

地区	村落建筑地形示意图	
龙川古邑 客家文化区	连平县溪南村 溪南大夫第（光绪年间）	连平县夏田村 谦吉楼（清末）
惠府腹地 客家文化区	惠阳区官山村 会龙楼（1888年）	惠阳区秋田村 碧滟楼（1889年）

地区	村落建筑地形示意图
深港复界 客家文化 亚区	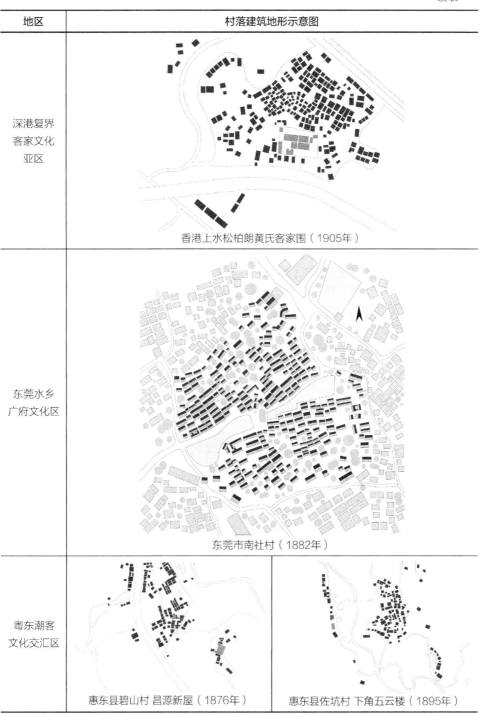

香港上水松柏朗黄氏客家围（1905年）

东莞水乡
广府文化区

东莞市南社村（1882年）

粤东潮客
文化交汇区

惠东县碧山村 昌源新屋（1876年）　　惠东县佐坑村 下角五云楼（1895年）

清末期光绪年间（1875～1908年）村落建筑平面示意图　　　表6-5

地区	村落建筑平面示意图

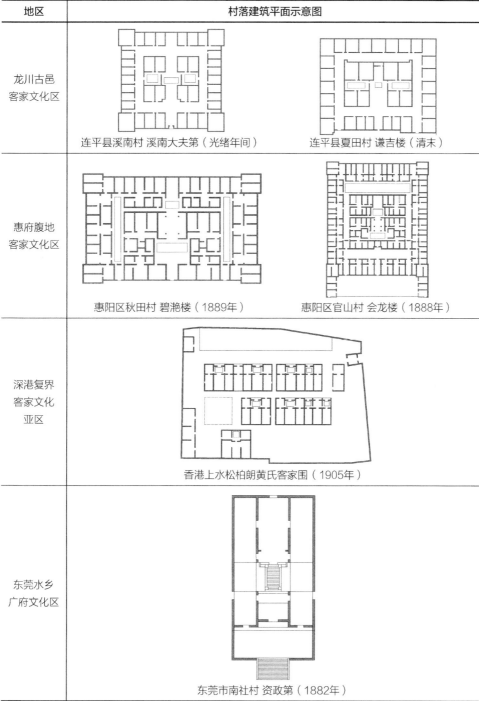

龙川古邑 客家文化区	连平县溪南村 溪南大夫第（光绪年间）　　连平县夏田村 谦吉楼（清末）
惠府腹地 客家文化区	惠阳区秋田村 碧澹楼（1889年）　　惠阳区官山村 会龙楼（1888年）
深港复界 客家文化 亚区	香港上水松柏朗黄氏客家围（1905年）
东莞水乡 广府文化区	东莞市南社村 资政第（1882年）

续表

地区	村落建筑平面示意图
粤东潮客文化交汇区	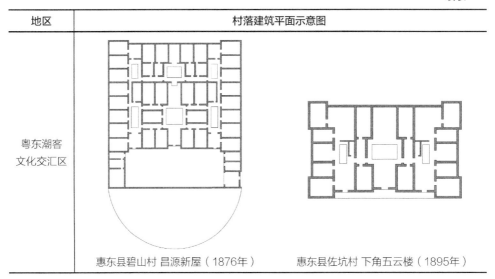 惠东县碧山村 昌源新屋（1876年）　　　惠东县佐坑村 下角五云楼（1895年）

6.2.1.3　相似性与差异性

通过以上16个案例的调查与比较，以相同时期的村落建筑为样本，可以初步总结出不同文化区传统村落建筑形态的一些相似性特征：功能划分的相似性和布局形式的相似性；而依循不同文化区的传统村落建筑在同一历史节点的比较，也可以看出其村落建筑形态存在差异性特征：建造规模的差异性、边界空间的差异性以及发展方式的差异性。

（1）功能划分的相似性

传统村落建筑的功能构成是受聚落生活方式和传统习俗的制约的。东江流域的人口结构以南迁的中原汉族族群为主，根源于中原文化的家庭组织、宗族制度、生活习俗等都影响了村落建筑的功能划分。传统村落建筑的功能可以被划分为居住功能、礼制功能、生产功能、交通功能和防御功能。从东江流域不同文化区划的村落建筑比较中可以看出，其在功能划分上是具有相似性的：客家文化区的村落建筑多呈现为"宅祠合一"的围屋形式，包含了礼制功能和居住功能；此外还会在建筑前设禾坪和池塘，作晒谷、灌溉等生产生活；中大型建筑中的天井或廊道则起到了交通的作用；在不同文化区，有防御需求的村落建筑中还有设置角楼（或望楼）的，以作防御（见图6-2）。

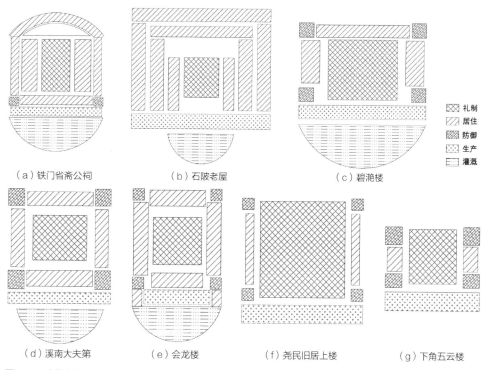

图6-2　功能划分的相似性

（2）布局形式的相似性

在东江流域的传统社会中，居民的生活已经随着社会结构的不断稳定而类型化或模式化。人的行为、空间的用途、空间的位置等也会因为这种模式化而表现出一个相似和普遍的模式。罗西认为："一种特定的类型是一种生活方式与一种形式的结合，尽管它们的具体形态因不同的社会而有很大的差异。"建筑平面布局主要可以分为三个构成要素：住房、厅堂和庭院。建筑空间的布局组织就是依据使用者的意图和行为去对应不同的空间单元，再依据行为习惯将这些单元或串联或并联组成一个具有一定秩序的整体布局。这就是有序组织的社会生活向实质的空间形态的演化。所以说传统村落建筑当中厅堂、住房和庭院这三个要素的不同组合模式，对应的是不同的族群文化、宗族制度和生活习俗。东江流域传统村落建筑属于东南系，其建筑空间布局形式上具有相似性特征，无论是客家文化区、广府文化区，还是潮客文化交汇区，建筑在布局形式上大体都遵从了以一明两暗为基本型向外对称式展开的原则。

厅堂一般位于中轴线上最核心的位置，是所有礼制相关公共活动发生的场所，为了配合这些活动，厅堂前的庭院或天井也共同承担着公共活动的功能。若是中轴线上有上、中、下三个厅堂，则中堂的等级和开间最大，形制最高，厅堂与天井庭院共同构成整个建筑最核心的主轴序列。住房一般位于厅堂的左右次间，称上房。此外还有称为"横屋""护厝""倒座""枕杠""围龙"等连排组合的串联住屋序列，位于厅堂序列的不同方位。住房的不同位置和组合方式共同促成了不同类型的建筑平面格局，而庭院（天井）联结着不同的功能空间，使得住屋和厅堂有机结合。这当中有三合式，也有四厅相向的中庭式格局，让建筑空间的组合更具有灵活性（见图6-3）。

（3）建造规模的差异性

以上两点均为不同文化区村落建筑形态的相似性特征，通过在相同历史时期不同文化区传统村落建筑的比较，可以看出其存在着诸多差异性，其中最为显著的是建造规模上的差异性（见表6-6）。处于龙川古邑客家文化区和惠府腹地客家文化区的传

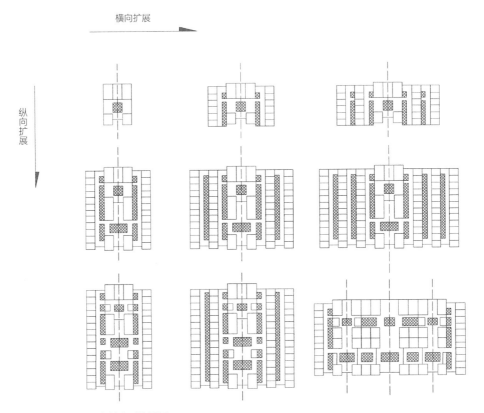

图6-3　以一明两暗为基本型的扩展

统村落建筑在相同历史时期规模大体相似，同期，在深港复界客家文化亚区的村落建筑则会出现稍大的规模，这也与该地区大量留存的大型城堡式围楼的情况相对应。东莞地区的客家围屋也与客家文化区的围屋案例规模相似，但内部已经开始呈现出单元式独立建筑的分化，到了清末期，较常见的是占地面积不足千平甚至更小的小型开间式建筑。而在粤东潮客文化交汇区，较为常见的也是稍小规模的体量或是以独立建筑密集组合的围寨或围村。

选取案例占地面积汇总（单位：平方米）　　　　　表6-6

地区	清中期康乾年间（1646~1796年）	占地面积	清末期光绪年间（1875~1908年）	占地面积
龙川	东源县黄田村 铁门省斋公祠（1723年） 连平县石陂村 石陂老屋（乾隆年间）	4866 5500	连平县溪南村 溪南大夫第（光绪年间） 连平县夏田村 谦吉楼（清末）	1560 1584
惠府	惠阳区霞角村 城内十三家祠堂（1755年） 惠阳区象岭村 牛郎楼（1776年）	4464 6468	惠阳区官山村 会龙楼（1888年） 惠阳区秋月村 碧滟楼（1889年）	4390 3798
深港	龙岗镇坑梓镇 新乔世居（1753年）	8200	香港上水松柏朗黄氏客家围（1905年）	5100
东莞	东莞市清溪镇 铁场客家围（1764年）	4800	东莞市南社村 资政第（1882年）	800
粤东	惠东县多祝镇 魁星楼（1753年） 惠东县茗教村 尧民旧居上楼（1694年）	1270 583	惠东县碧山村 昌源新屋（1876年） 惠东县佐坑村 下角五云楼（1895年）	1428 496

（4）边界空间的差异性

边界是界定领域的特殊界面。它有实质性边界和象征性边界两种形式，实质性边界包括自然边界（山脉、水体）和人工边界（围墙、栅栏、篱笆等）这样连续性的；象征性边界则有牌坊、村门等非连续性的。在建筑营建过程中还常常会利用人造边界与自然边界相结合的方式，以界定出居民生活的最大范围，强化使用者的归属感与领域性。东江流域传统村落建筑自身与外部环境的边界同时包含了自然、人工边界以及具有意识形态的象征性边界，在不同区域，其边界形态也具有一定的差异性。在平面维度上，从上游的龙川客家文化区至中游的惠府客家文化区，再到深港客家文化亚区，后围的边界形态从半圆向方形过渡。以清中期为例，铁门省斋公祠的后围是半圆形，牛郎楼的后围是一条更为平缓的弧线，新乔世居的后围则是在方形的基础上做圆弧倒角。在清末期，中上游的村落建筑后围边界也产生了这种变化，本节列举的清末期案例的后围都呈现为方形（见图6-4）。而在东莞水乡广府文化区和粤东潮客交汇

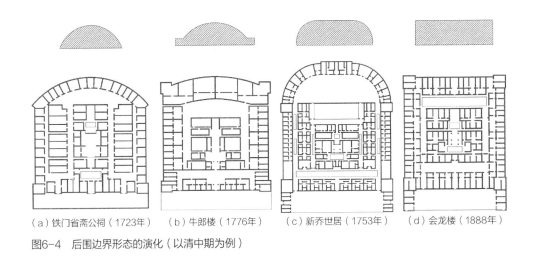

（a）铁门省斋公祠（1723年）　（b）牛郎楼（1776年）　（c）新乔世居（1753年）　（d）会龙楼（1888年）

图6-4　后围边界形态的演化（以清中期为例）

区的案例中，后围并不常见。在立面维度上，从上游的龙川客家文化区至中游的惠府客家文化区，再到深港客家文化亚区，外围边界形态逐步呈现出更高的防御性和围合性，直接表现为外围更高、与角楼和望楼的结合性更强。这在清末期与清中期的比较中也较显著，是与清末期社会环境动荡相关联的。

（5）发展方式的差异性

东江流域的汉民系族群受其文化根源和迁徙背景的影响，具有较强的"析居而聚"的属性。东江流域历史进程中人口的频繁迁徙、途中可能遭遇的风险促使人们寻求同宗血亲互帮互助，对于宗族的依赖比其他文化民系更为强烈，所以催生了满足聚族而居的围屋形式。同一祖先下三代左右的各房子孙共同聚居于同一座建筑当中的情形较为常见，各个小家庭的血缘关系也相当亲密。小家庭聚居一屋，累世同居，使得建筑在人口扩张过程中需要加建和扩建，这也是该地区常见同姓村落的重要原因。而且，无论如何扩张，开基的祖祠永远是整个宗族的核心建筑和拜祭的场所，维持着整个族群的团结力量（见图6-5）。一般来说，宗族每隔三代便会产生人地矛盾，较大的家庭往往会动员其中一个或者多个成员外迁，形成大家族、小家庭的格局。在相对安定的外部环境中，随着人口扩张，大家族一般会有其中一至两房在开基祖屋发展，其他族亲则选择"冲出"围屋，在附近再建大屋，这在龙川古邑客家文化区最为常见。这也是适应于其山区环境的，如和平县优胜镇的新联村。整个村处于长约4公里、宽约0.3公里的狭长河谷盆地，整村都由陈姓创建，一栋栋方形围屋散布在山水

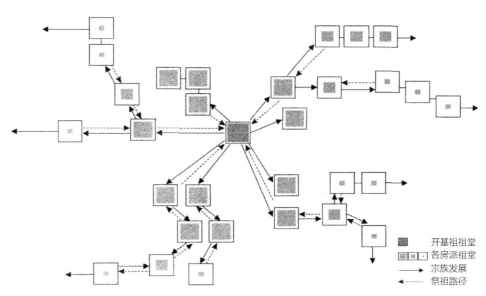

图6-5　宗族繁衍中祖堂的等级与祭祖的路线

（来源：吴卫光. 围龙屋建筑形态的图像学研究［M］. 北京：中国建筑工业出版社. 2010：39.）

之间，多为三堂两横或三堂四横形式，整体布局类似，错落有致。在惠府腹地客家文化区和深港复界客家文化亚区，地理限制小，又因历史上迁海复界的影响，部分有实力的宗族扩张更倾向于在开基祖祠基础上向外扩建，产生诸多城堡式围楼，如桂林新居、鹤湖新居、大万世居等。而到了东莞水乡广府文化区，受广府文化的影响，村落建筑的发展开始出现具有广府村落布局特征的围村，由多个规整布局的三间两廊，以及围墙、角楼共同围合而成，如铁场客家围和黄氏围屋，还有粤东潮客文化交汇区的范和村罗冈围，都开始展现出了这样的趋势。东莞广府文化区也开始呈现出趋同于广府村落的模式，采用规则和不规则的梳式布局。而从单体建筑的发展方向上来看，靠近中上游的客家文化区的村落建筑，受地形限制往往沿着等高线方向横向发展，如石陂老屋、九重门屋；而到了中下游靠近珠三角地区的客家文化区和文化交汇区，则具有纵向与横向双向的发展趋势（见图6-6）。

6.2.2　不同文化区的村落建筑在同一地理条件的比较分析

东江流域内迥异的地理条件使得建筑营造受到了不同的限制，本节主要探讨处于

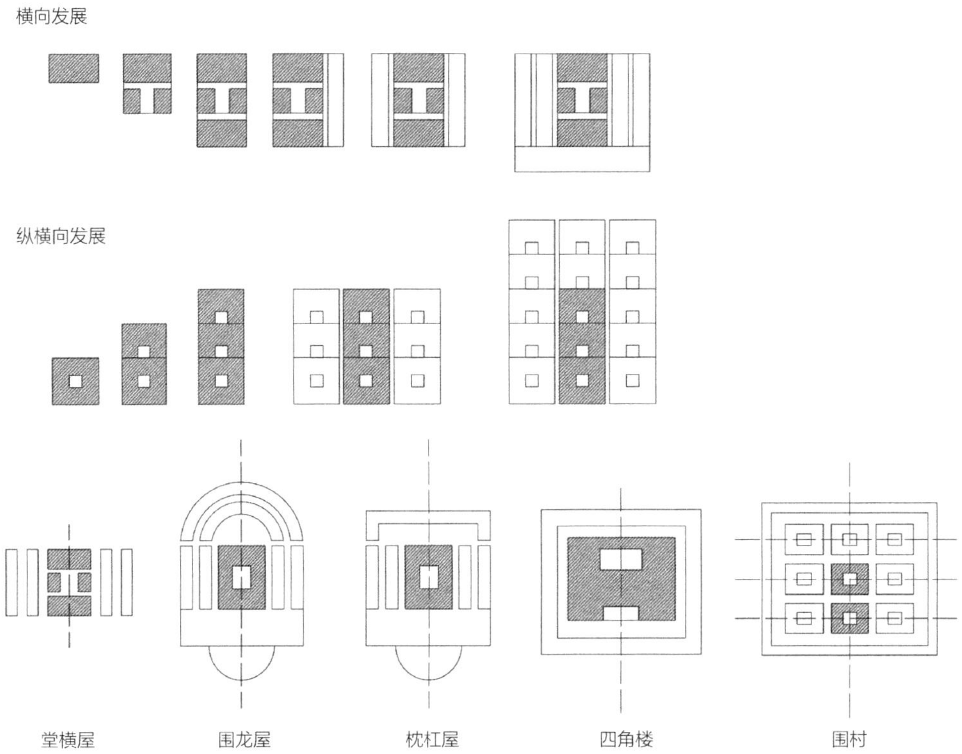

横向发展

纵横向发展

| 堂横屋 | 围龙屋 | 枕杠屋 | 四角楼 | 围村 |

图6-6 建筑发展方式的比较

相同地理维度的不同文化区的村落建筑形态的比较，意在排除地理因素。通过对调研结果及相关文物普查名录的筛选，分别从平原和山（谷）地两个方面选取了相关样本进行对比分析。

6.2.2.1 平原

东江流域上的平原地区主要分布于中下游段近珠三角地区，上游的平原区域较少。在进行处于类似地理条件的案例选取时，尽量选择了不同文化区具有相近规模的村落建筑（见表6-7）。中大型规模的，选取了位于东源县义合镇下屯村的九重门屋（占地7210平方米）、连平县大湖镇油村的何新屋（占地5175平方米），以及深圳市龙岗区的新乔世居（占地8200平方米）。

处于平原的村落建筑总平面示意图　　　　　　表6-7

建筑	总平面示意图	占地面积（平方米）
九重门屋		7210
何新屋		5175
新乔世居		8200

6.2.2.2 山（谷）地

东江流域上游处于山丘地带，直到下游才逐步呈现为平原。本节选取了龙川古邑客家文化区和惠府腹地客家文化区具有相似规模的几所处于山（谷）地的传统村落建筑（见表6-8）：龙川县丰稔镇左拔村大夫第、紫金县南岭镇高新村德先楼、惠阳区秋长街道周田村碧滟楼、东源县蓝口镇乐村石楼、惠阳区秋长街道官山村会龙楼。

建筑	总平面示意图	占地面积（平方米）
左拔村大夫第		2646
德先楼		2080
碧滟楼		3798

处于山（谷）地的村落建筑总平面示意图　　表6-8

续表

建筑	总平面示意图	占地面积（平方米）
乐村石楼	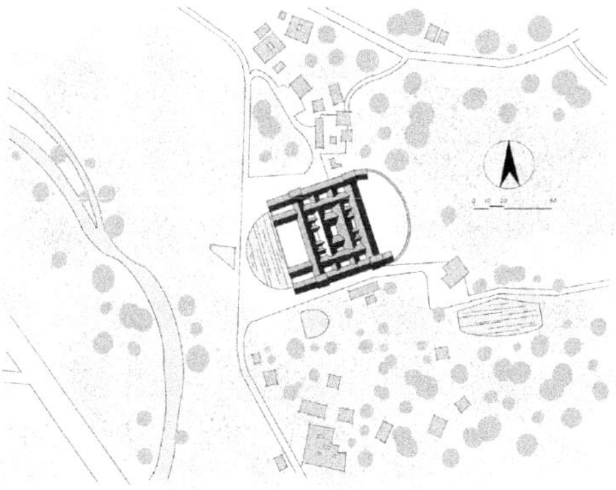	7860
会龙楼	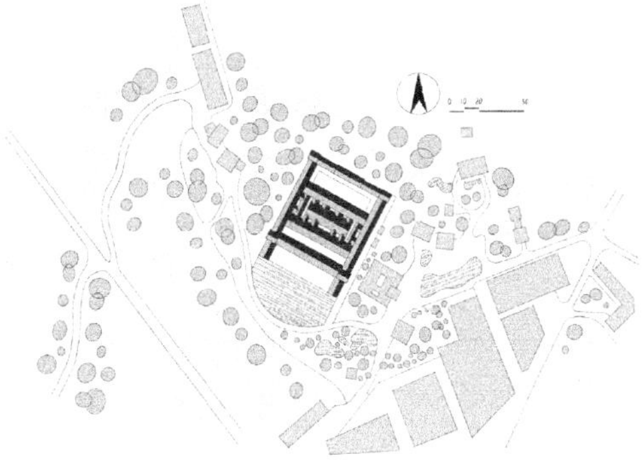	4390

6.2.2.3　相似性与差异性

通过对处于类似地理条件相似规模的传统村落建筑形态的横向比较分析，可以尽量避免地理条件因素的干扰，归纳不同文化区划的传统村落建筑形态依托于其民系文化的相似性和差异性。具体表现在以下几点。

（1）空间序列的相似性

无论是处于山地还是平地，不同文化区的传统村落建筑在空间序列的呈现上具有较强的相似性，这也与上节所述的功能划分和布局形式的相似性共通。无论是堂横屋、围龙屋、四角楼还是城堡式围楼，必有一条包含祠堂、公厅、天井及门堂的中轴序列，它象征着族群的龙脉，代表了极强的族群认同感，这种严谨秩序和强大向心力将分散的人心聚集起来，成为团结整个宗族、维系人伦秩序、延续家族血脉、强化家

族意识、提高族群自尊的核心载体，这也是东江流域以客家民系为主导的区别于其他
地域文化的重要特征之一（见图6-7）。

（2）构架形式的相似性

东南系建筑多采用穿斗式木构架，主要是以柱直接承接檩条，各柱之间以穿枋联
结，构成排架；而重要的大开间厅堂，则采用抬梁式构架。在东江流域还较常见一种
穿斗式与抬梁式相结合的插梁式构架，多用于中厅，后厅和住房往往采用山墙承重，
直接将檩木架于山墙之上，作楼板梁。以上构造形式无论是在平原地区还是山谷地
区，在各个文化区中都能见到。比如龙川县的丰豫围、和平县的庆梁草庐、惠州的铁
门扇石狗屋和碧滟楼，其中厅均为典型的三开间三进深形式，进深方向前后金柱间施
七架梁，前后金柱外再设前后檐柱，后檐多以墙体替代。其他如深圳的新乔世居、南
阳新居、牛郎楼等，东莞的百岁坊、谢氏大宗祠等中厅大木构架都是相似的构造形
式。而在粤东潮客文化交汇区偶有出现受到潮汕建筑文化影响的大木构架形式，不同
文化区在细部构造装饰上如驼峰斗栱等也具有一定的差异性，这都将在后文文化交汇

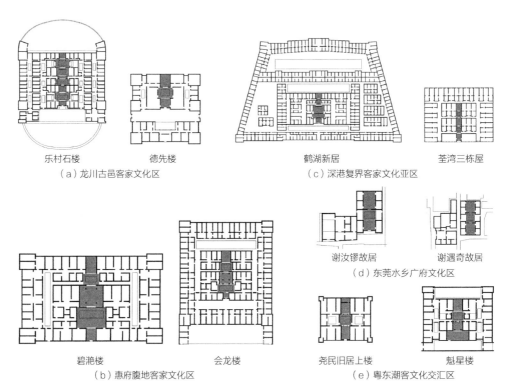

乐村石楼　　　　　　德先楼　　　　　　　　　　　　鹤湖新居　　　　　　　荃湾三栋屋
（a）龙川古邑客家文化区　　　　　　　　　　　　（c）深港复界客家文化亚区

谢汝镠故居　　　　　谢遇奇故居
（d）东莞水乡广府文化区

碧滟楼　　　　　　　会龙楼　　　　　尧民旧居上楼　　　　　魁星楼
（b）惠府腹地客家文化区　　　　　　　（e）粤东潮客文化交汇区

图6-7　各个文化区的传统村落建筑的祠堂序列

区村落建筑形态分析中作出具体阐释。总的来看，整个东江流域的村落建筑内大木构架的构造形式还是具有较明显的相似性特征的（见图6-8）。

（3）防御性能的差异性

地形地貌条件的差异会使得具有相似防御需求的村落建筑本身在营建过程中产生不同级别的防御性设计，自然山形的枕靠为建筑提供了天然的防护，而在平地则需要加设人工围合结构来达成相同级别的防御。通过对相同地理条件不同文化区的传统村落建筑形态的比较可以看出，即使是处于类似的地理条件下，不同文化区村落建筑的防御性能也是存在着一定的差异性的。如在平原区域，位于龙川古邑区的何新屋（康熙年间）和九重门屋（康熙年间），其整体围合性就没有深港复界区的新乔世居（乾隆年间）强。前者后设围龙，横屋的扩张中并没有显现出强烈的封闭性；新乔世居以一整个封闭的多层外围将内部建筑围合，前设倒座，后设围龙，四围还设有角楼和望楼（见图6-9）。这三座建筑都建造于康乾年间，规模也较为相近，防御性能的差异可能与该时期的迁海令有关。深港区域受到政策影响，外部社会环境更为动荡，可能促使建筑本身需要更高的防御性能。

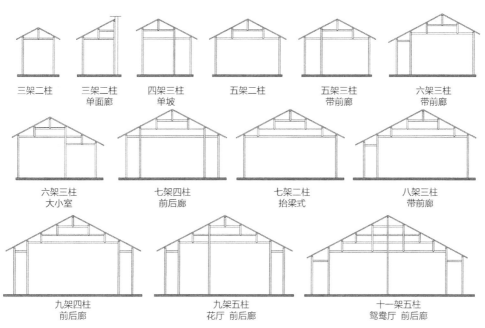

图6-8 常见的传统村落建筑中厅构架

（a）九重门屋正立面

（b）何新屋正立面

（c）新乔世居正立面

（d）何新屋主体为单层

（e）何新屋无角楼

（f）新乔世居前倒座为两层

（g）新乔世居的三层角楼

图6-9　相同地理条件下传统村落建筑的防御性能差异

（4）装饰审美的差异性

在装饰风格上，东江流域传统村落建筑不仅受到不同区域建筑材料的影响，更受到了来自不同民系的文化审美传统及其相对应的工艺技术的影响，这就使得建筑细部装饰审美具有较显著的差异性（见图6-10）。大部分传统村落建筑受客家文化影响，相较于广府和潮汕传统村落建筑，装饰风格稍显简朴，处于中上游的大多数中小型传

（a）玉湖茶壶耳屋（龙川）　　（b）碧滟楼（惠府）　　　　（c）新乔世居（深港）

（d）光辉承庆堂（粤东）　　　（e）大新屋（粤东）　　　（f）南社民居（东莞）

图6-10　传统村落建筑细部装饰审美的差异性（以正门前檐为例）
（来源：（e）惠州市第三次全国文物普查办公室. 惠州市不可移动文物名录 [M]. 广州：南方出版传媒，广东人民出版社，2015；（d）陈璧璇. 东莞南社村文物建筑特色与修缮研究 [D]. 广州：广州大学，2020.）

统村落建筑鲜有装饰，稍大体量的堂横屋或围屋会在正门的檐柱柱础、门槛等处稍做石雕或砖雕造型和装饰，在厅内大木构架的梁枋、子孙梁、驼峰、雀替和梁头等做木雕装饰，此外还有隔扇、门窗和封檐板等小木雕饰分布于室内各个区域。而到了中下游地区，受广府文化的影响以及广府传统村落建筑建造技艺的浸染，部分传统村落建筑出现灰塑或陶塑甚至嵌瓷等装饰做法，常见于屋脊、门窗楣、窗框、山墙墙头、搏风带等多处，造型和色彩也更显繁复多样。以屋脊为例，上游地区一般多采用平脊做法，而到了下游，受多民系文化的影响，则可见龙舟脊、燕尾脊、卷草脊、博古脊等样式；再以山墙为例，除了最常见的人字形山墙，这些地区广泛采用五行式山墙，在惠州有在人字形山墙基础上演化出的大小飞带式垂脊，在惠、深、港地区还有很多采用极具广府传统村落建筑特色的镬耳式山墙等。

6.2.3 总结

总的来说，历史因素和地理因素都对东江流域传统村落建筑形态的演化产生了相互交织的影响，通过对相同历史节点的不同文化区划的传统村落建筑形态的比较分析，以及对相同地理条件的不同文化区划的传统村落建筑形态的比较分析，能够相对直观和客观地归纳不同文化区划的村落建筑形态的相似性和差异性特征。具体总结如表6-9所示。

不同文化区村落建筑形态的相似性与差异性 表6-9

相似性特征	差异性特征
功能划分 布局形式 构架形式 空间序列	建造规模 边界空间 发展方式 防御性能 装饰审美

（1）在功能划分、布局形式、构架形式和空间序列上具有相似性

功能划分主要有居住功能、礼制功能、生产功能、交通功能和防御功能；布局形式上大体都遵从了以一明两暗为基本型向外对称式展开的原则；空间序列上都有一条包含祠堂、公厅、天井及门堂的中轴序列；构架形式上常采用一种穿斗式与抬梁式相结合的插梁式构架。

（2）在建造规模、边界空间、发展方式、防御性能和装饰审美上具有差异性

建造规模上有三间两廊的单元屋，也有占地上万的城堡式围楼；边界空间上主要体现在围合性建筑的外围形态，有半圆形围龙，有方形枕杠，也有各类异形形态；发展方式上会受到地理条件的限制而产生差异；防御性能上，在文化交汇区域更容易出现防御性更强的建筑，特殊的历史时期也会影响到建筑的防御性能变化；装饰审美上则是会根据不同族群文化的认知而产生差异。

不同文化区划的传统村落建筑形态的相似性与差异性受到了来自历史、地理等多方因素的影响，通过对历史节点和地理条件的限定，对其进行比较分析，将对东江流域传统村落建筑形态演变机制的归纳有一定的引导作用。

6.3
相同文化区的村落建筑形态比较

处于不同文化区划的传统村落建筑形态固然存在相当的差异性，而处于同一文化区划的传统村落建筑亦会随着历史演进或者地形地貌的变化而发生变化。世界上各种房屋都有其古老的起源，人类的迁徙和活动，使房屋分布模式在建筑风格融合和渗透中变得复杂。新的观念的引入会使得本地建筑风格开始发生变化，但在很多情况下，即使换了地方，人们仍然会沿用自己原来的建筑方式❶。伴随着迁徙和社会变迁，客家族群始终保留着原居地的文化特质。本节就将从历史进程和地理差异两方面对处于同一文化区划（在这里主要是客家文化区）的传统村落建筑形态的演化进行阐释。

6.3.1 相同文化区的村落建筑形态在历史进程中的演变

6.3.1.1 空间的优化

客家文化区的村落建筑在功能划分和布局形式上具有较强的相似性，以祠堂序列为主中轴的空间序列是其主要特征之一。无论是围龙屋、四角楼还是城堡式围楼，其外围和堂横屋的空间构成关系都是类似的。客家族群从粤东向粤中的东江流域西迁，持续传播和定形了围屋这种客家居住形态，而在这一过程中，其建筑风格也在一定程度上受到了来自广府的建筑文化的影响，具体表现在深港复界客家文化亚区的传统村落建筑内居住空间的变化上。早期的横屋与龙川古邑客家文化区相同，均为通廊式的单间串联组成，而中后期开始逐步发展成为具有独立性的单元式布局，横屋由单元联排并置而成，每个单元呈现为类三间两廊式，中间入口大、两侧小，进门后为过厅，中间向里为卧房，常带阁楼。以龙岗正埔岭的建造过程为例，可以窥见这一变化过程（见图6-11）。

正埔岭先祖李氏自上杭迁至广东兴宁枫书岭，李氏潮源公于清乾隆年间迁入龙岗，经营油坊生意致富，随后于嘉庆年间建造了正埔岭，至今历经九代。最初正埔岭

---

❶ 德伯里. 人文地理 文化社会与空间 [M]. 王民，等译. 北京：北京师范大学出版社，1988.

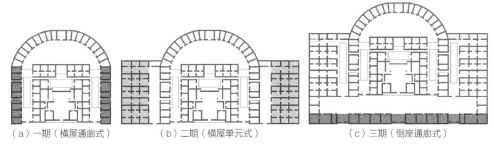

（a）一期（横屋通廊式）　　　（b）二期（横屋单元式）　　　　　（c）三期（倒座通廊式）

图6-11　正埔岭扩建中居住空间的变化

为兴宁地区常见的典型围龙屋，三堂两横，后设一围龙，也有完整的化胎❶，横屋和围龙均为通廊式单间串联。伴随着李氏人口的扩张和宗族实力的强大，正埔岭先后经历了两次扩建，二期向两侧分别扩建了两排横屋，此时横屋已不再是通廊式的单间，而是由五套单元房联排而成，单元房为广府建筑中常见的斗廊式。三期于民国时期加建，在整座围屋前设一高两层的倒座，设三座门，并在前围东侧加建一炮楼，封火墙为西洋样式，最终呈现为三堂六横一围龙五角楼。

这种空间的优化体现在了诸多处于深港复界客家文化亚区的村落建筑当中（见图6-12）。新乔世居由坑梓黄氏于乾隆年间迁居新乔，乾隆十八年（1753年）建成，呈三堂四横一倒座一围龙四角楼，后围龙为通廊式单间串联，四列横屋中，最外两列为两进通廊单元串联，而内侧两列以及前倒座则为几套两堂式的合院并联而成。龙田世居为坑梓黄氏六世祖于道光十七年（1837年）建成，呈三堂两横一枕杠一倒座四角楼，其横屋部分均采用斗廊式单元联排而成，每个单元均带有独立的天井、堂屋和厢房。此时期横屋的斗廊式布局已渐趋成熟，显现出广府建筑文化的部分特色。如鹤湖新居，由罗瑞凤始建于乾隆二十三年（1758年），后由其子建成于嘉庆二十二年（1817年），共历经数十年形成现如今的城堡样式。鹤湖新居内共计大小179个居住单元，既有通廊式单间，也有斗廊式单元，各个单元间以天井、走廊或前后院巧妙相通，在巨大的公共性围楼中保留了小家庭的私密性，体现出公共空间开放性与居住空间私密性之间的平衡（见图6-13）。

---

❶　化胎：围龙屋的堂横屋与后半月形围之间的半月形斜坡地面称为"化胎"（或"龙头"），一般镶以卵石，便于排水，可作晾晒物品和活动的空间。

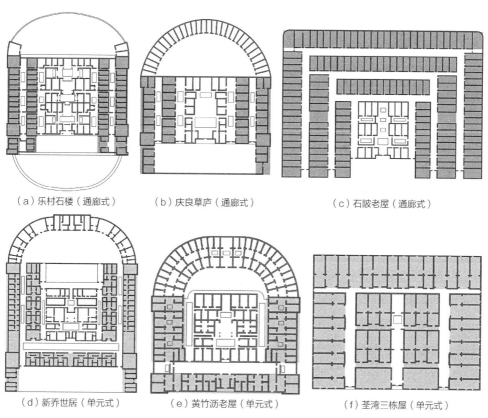

（a）乐村石楼（通廊式）　　　（b）庆良草庐（通廊式）　　　（c）石陂老屋（通廊式）

（d）新乔世居（单元式）　　　（e）黄竹沥老屋（单元式）　　　（f）荃湾三栋屋（单元式）

图6-12　通廊式与单元式的比较

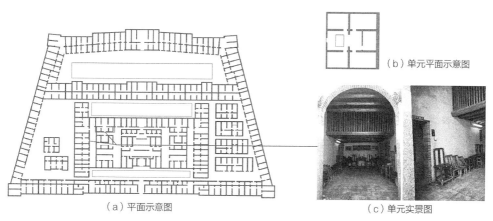

（b）单元平面示意图

（a）平面示意图　　　　　　　　（c）单元实景图

图6-13　鹤湖新居中的斗廊式单元

如上所述，这种居住空间的发展过程体现出了客家族群在"跳跃式"移民过程中仍旧能够沿用自己原来的建筑方式，保留了原有的围龙屋形制，而在不同文化的侵染中，在当地建筑技术的影响下，客家文化部分内容发生了妥协，使得建筑风格产生了局部的变化。

6.3.1.2 建构的变化

堂横屋作为东江流域最为常见的传统村落建筑类型，具有规模小、开放性强、易于拓展为建筑组群等特点。而东江流域动荡的社会背景下催生了更具有显著防御性的方形围楼这一类型，它比堂横屋规模更大、封闭性更强，但也要依托于更强大的人力、物力和财力。以东源县康禾镇仙坑村为例，其村内广泛分布着二十余座小型堂横屋，还有两座规模较大的方形围楼，其建筑营造发展的历程体现出了客家文化区传统村落建筑形态建构的变化过程。

仙坑村叶氏先祖叶仰东在青少年时期生活于今紫金和惠州两地，1620年前后迁居仙坑，开荒垦地、购置田地，直至第四代，已拥有田产两千余亩。自此叶氏一族于仙坑开枝散叶，人丁兴旺❶。村内古建筑大多为堂横屋，其规模和大小体现了建造时期家族的繁衍速度和财力。八角楼和四角楼是村内少见的两座大规模建筑（见图6-14）。

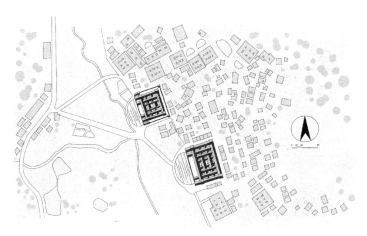

图6-14 仙坑村八角楼与四角楼的总平面示意图

---

❶ 陈建华，《河源市文化遗产普查汇编》编纂委员会. 河源市文化遗产普查汇编 东源县卷［M］. 广州：广东人民出版社，2013：431.

仙坑村八角楼由叶氏二十六世祖叶本崧于清乾隆年间建造，占地面积3575平方米，为四堂四横一外围八角楼，横屋呈通廊式布局。内外横屋均两层，对外封闭的墙体仅在高处开窗洞，四角楼高三层。建筑前设禾坪和月池，四列横屋向前延伸至月池边缘，其山墙面以一稍低于正立面门厅高度的前围墙连接，与月池共同组合成一个足够封闭的禾坪空间。不仅如此，在主体完成后，在外围还加设了一道围墙，高6.4米、厚1.4米左右，下半部为本地常见的石材砌筑，上半部为夯土墙，顶部还留有能让一人通行的走马廊，四角凸出外墙，再加设角楼，略高于内四角楼，故得名八角楼。

仙坑村四角楼由叶景亭父子筹建于清嘉庆年间，占地面积4761平方米，为四堂四横四角楼，横屋也呈通廊式布局，与八角楼相比，除了无外围结构外大抵相似。彼时东江流域的寇乱稍有缓和，从建筑的封闭性来看，四角楼相较于八角楼，其角楼显得更为舒展，立面长宽比约为11∶1（八角楼约为9∶1），角楼和横屋延伸部分的山墙对立面构图的决定性影响被弱化，堂屋的横向尺度被强化，可以感受到其建构从对外防御变化为对内关注礼制（见图6-15）。这在平面布局当中也有体现：在堂屋部分，四角楼呈现出的是一纵三横式的空间结构，八角楼则为简单的一路；在横

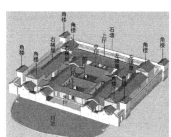

（a）仙坑村八角楼

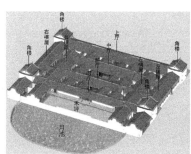

（b）仙坑村四角楼

图6-15　防御性的变化

（来源：模型示意图摘自 彭长歆，李欣媛，顾雪萍. "角楼"与"堂横"：河源仙坑村客家民居的形态建构［J］. 南方建筑，2021（1）：143-149.）

屋部分，四角楼的天井和过厅都多于八角楼，丰富的内部空间层次使得居住体验更好，同时也强化了居住族群的礼制观念（见图6-16）。随着叶氏一族的繁衍：八角楼体现的是面对动荡不安、"寇患"屡禁不绝的社会背景，叶氏以强大的实力对抗恶劣外部环境的营建策略；四角楼体现的是当外部环境渐趋稳定，大宗族对礼制观念的重视与强化。传统村落建筑形态建构是伴随着外部社会环境和内部宗族发展而持续变化的。

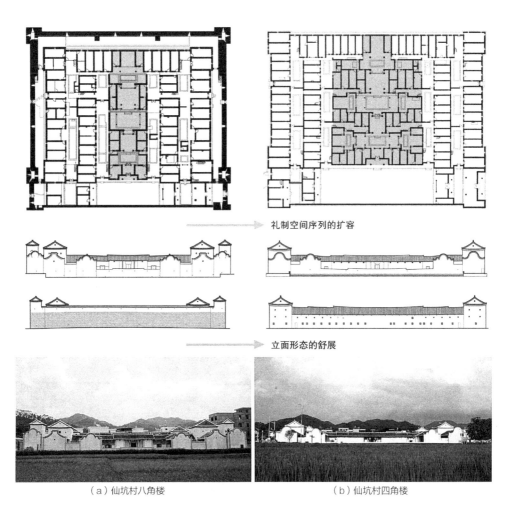

礼制空间序列的扩容

立面形态的舒展

（a）仙坑村八角楼　　　　　　　　　　　　　（b）仙坑村四角楼

图6-16　礼制性的变化
（来源：改绘、整编自 顾雪萍，彭长歆. 从封闭到开放：仙坑村的空间营建与转型——一种聚落研究的历史叙事［J］.
建筑遗产，2019（4）：12-21.）

6.3.2 相同文化区的村落建筑形态在地理改变中的演变

6.3.2.1 边界的转化

客家传统村落建筑中的围是其最典型的风格特征。在客家文化区，后围的边界形态随地理条件的改变发生了相应的转化。围龙在客家文化核心区多以半圆形态呈现，围龙的两个末端连起了堂屋两侧的横屋，将整座围龙屋围合起来。围龙的房间以一个中心点作放射性开间，最中央为龙厅，其他房间大小、形状几乎统一，形成统一、整体的空间序列。围龙的半圆形态有利于随人口扩张进行建筑扩建，以同心圆的方式扩展，越是往后，半径越大，可实现聚族而居、累世同堂。连平的何新屋（康熙年间）留存建筑就可以看到其围龙不断向外扩展的过程。围龙屋中心的堂横屋前后两个半圆形的水塘和化胎，作为阴阳两个属性，在建筑中彼此融合。圆代表天，堂横屋的方象征地，正是天圆地方、阴阳合德的宇宙图式❶。在东江客家文化区可以看到很多这种围龙屋的案例，如连平的高陂村胜和屋、和平的水背村书香围等。当客家族群迁居至东江中下游平原地区，地理条件的变化并没有轻易改变族群建造居所的模式，早期留存有很多围龙屋样式的案例，而在与当地外部环境相适应的过程中，围龙的形态开始发生了转化，逐渐趋近于方形后围。以坑梓黄氏宗族世代建造的围屋为例（见图6-17）。该家族一世祖在明末清初自嘉应迁居至归善，在康熙三十年（1691年），二世祖迁居坑梓，建洪围（1691年），随后黄氏一族于坑梓开枝散叶，先后建了新乔世居（1753年）、龙湾世居（1781年）、龙田世居（1830年）等三十余座围屋。经比较发现，在离开嘉应客家文化核心区后，在新的地理条件和外部环境下，黄氏一族所建的建筑其边界形态开始发生转化（见图6-18）。四座建筑主体均为三堂式堂横屋，洪围的后围是较为典型的嘉应围龙屋的样式，半圆形围龙与带有斜坡的化胎；新乔世居的后围开始发生变化，由原同心半圆改为水平的直线，左右加上各四分之一圆弧；龙湾世居与新乔世居类似，但是其圆弧倒角更小，后围的水平直线更长，整个后围已从趋近于半圆形过渡到趋近于方形；到了龙田世居，其后围就完全变成了方形排屋，并且围合而成的斜坡化胎也简化为了台地。从秋长街道桂林新居的三个外围也能看出这种演化过程：最内围为半圆弧形，中围是带倒角的方形，最外围近似一方形（见图6-18）。再看鹤湖新居和大万世居，其围屋原来的化胎处均将鼓起的化胎形态进行了平面化处理。

---

❶ 吴庆洲. 建筑哲理、意匠与文化 [M]. 北京: 中国建筑工业出版社, 2005.

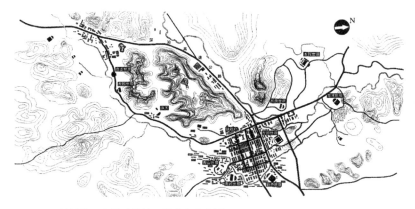

图6-17 坑梓黄氏宗族建造的围屋分布示意图

（来源：王晨. 黄氏宗族客家住屋型制与文化研究［D］. 西安：西安建筑科技大学，2003：33.）

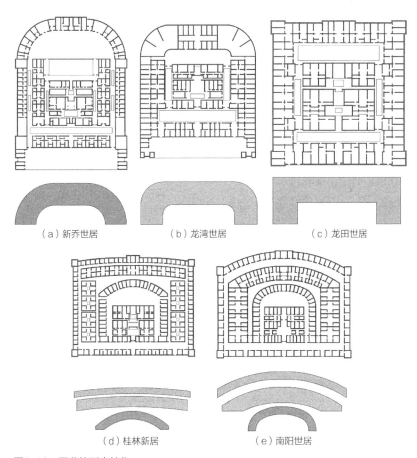

图6-18 围龙的形态转化

究其变化的内在原因，可以从地理条件的转化和社会因素的影响来探求。社会因素方面涉及受广府文化外缘切线接触的影响，使得围龙与化胎由原有的强烈的生殖象征意义开始演化为一种抽象的文化符号，所以出现了转化的可能性。而地理条件的变化则是更显著的驱动：围龙屋是在特定的山地条件下产生的建筑形态，从堂屋到围龙逐级上升，这种趋势一般与山体坡度是相匹配的，所以化胎的弧坡形也是与山体形态相关联的。而当部分客家人从嘉应迁移至东江中下游的平原地区时，化胎难以依托于山体，故逐渐转向平面。此外，平原区域人口密度也大于山地区域，更密集的人口且较少限制的平原用地，使得区域内的建筑密度变大，而相同的面积中，圆形的利用率是远小于方形的，所以原来的半圆形围龙也伴随着建筑的扩张，开始向方形转化。

6.3.2.2　防御的强化

东江地区在历史进程中有多个时间节点是社会动荡、寇匪猖獗的，东江人口的移民属性更是加强了人们对于居所的防御性需求。在清末到民国这段时期，外忧内患，东江流域村落建筑都十分看重防御性结构的营建。在地理条件变化中，建筑建造的防御性策略也略有差异。这里选取了处于龙川古邑客家文化区的群丰村和林寨兴井村作为例子，以此来分析村落建筑形态在地理条件差异中的演化。群丰村处于一条狭长的谷地间，山环水抱，而林寨兴井则处于一片平坦宽阔的丘陵地带，地势平坦，良田肥沃。其留存的诸多案例都为清末至民国时期所建造的。

群丰村位于紫金县东南部，由刘氏先祖于明末自兴宁迁入。群丰村的西面有三星嶂、高彭嶂，北面有虎筑凸、黄蜂塘岗等，共同组成一屏障，形成了一个半封闭的地块。整村森林覆盖率极高，山地17500亩，耕地面积仅1450亩，是典型的"八山一水一分田"（见图6-19）。林寨兴井村位于和平县南，由兴井村和石镇村组成，兴井村在北，三面环山，南临浰江，村子位于中间广袤肥沃的良田之上（见图6-20）。相传最初是在1349年由居住在和平富坑的陈姓元坤公移居于此，经历六百年，在此壮大到五千余人，十分富裕。

群丰村现存保护完好的12座建筑多于民国时期建造，大多依山面水，前设禾坪，以两堂两横式最为常见，规模都不大。这里选取了该村的选安楼、务本楼、务德楼三座建于清末至民国时期的建筑作为案例，以及林寨兴井村中现存的24座建筑中的福谦楼、谦光楼、颍川旧家三座建于清末至民国时期的建筑作为案例，进行具体分析（见表6-10）。

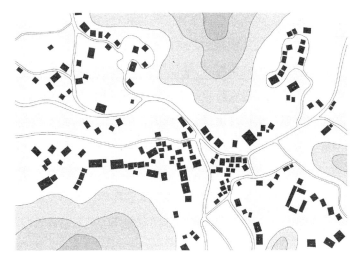

图6-19　群丰村总平面示意图

图6-20　林寨兴井村总平面示意图

群丰村与林寨兴井村案例比较

表6-10

村落	建筑	建造时期	占地面积（平方米）	主体形式
群丰村	选安楼	1912年	702	二堂二横 四角楼
	务本楼	民国时期	489	二堂二横 二角楼
	务德楼	民国时期	489	二堂二横 二角楼
林寨兴井村	福谦楼	1882年	2254	三堂二横 四角楼
	谦光楼	1920年	2702	三堂二横 四角楼
	颍川旧家	1930年	1116	三堂二横 四角楼

在建筑规模上，处于用地富裕平坦的兴井村的建筑，其平均占地面积都明显大于位于山形之间的群丰村建筑，规模的差异也使其主体有区别，林寨兴井村均为三堂式，群丰村多为更简单的两堂式。两地的村落建筑均体现出防御性，主要为角楼的营建。选安楼有四个角楼，其用地相较于其他建筑距离山体稍远，四个角楼均高四层，歇山顶，青砖砌两层叠涩出檐，每层的四周都设有枪孔，后两角楼因地势关系略微高于前两角楼。务本楼和务德楼相邻而建，均只有后面两个角楼，高三层，悬山顶。林寨兴井村的村落建筑整体封闭性更强，在主体三堂的基础上前设一排倒座屋，中间开门，入内是一长条前院（天井），前倒座、两横屋和后排屋共同围合成了一个方形平面布局，高达三层，四角设高四层的角楼，每层外部都设有枪孔。整座建筑呈现出极强的内向性，谦光楼和颍川旧家的形制与之类似。相较于群丰村建筑来说，林寨兴井村四角楼更像一座坚实的堡垒，防御性在建筑营建中得到了强化（见图6-21）。

（a）选安楼　　　　　　（b）务德楼和务本楼　　　　　（c）务德楼入口　　　（d）务德楼内院

（e）福谦楼　　　　　　（f）兴井当铺　　　　　（g）颍川旧家入口　　　（h）颍川旧家内院

图6-21　相同时期、不同地理条件下村落建筑防御性比较

6.3.3　总结

通过对相同文化区传统村落建筑在历史进程中和地理改变中的演化，可以归纳出四个主要的演化路径：空间的优化、建构的变化、边界的转化和防御的强化。

（1）空间的优化

客家族群从粤东北向粤中迁徙，持续传播和定形了客家居住形态，在这一过程中，其建筑风格也在一定程度上受到了广府建筑文化的影响，主要体现为居住空间从通廊式向单元式转变，达到公共空间的开放性与居住空间的私密性之间的平衡。

（2）建构的变化

随着一个族群扎根落地、壮大和外部社会环境的逐步稳定，建筑的防御结构会开始弱化，同时，内部宗族的不断壮大与发展，使得建筑对于祠堂序列的重视程度增强，从而使整个建构发生变化。

（3）边界的转化

从上游山区向下游平原地区推进的过程中，建筑后围的边界形态伴随着地理条件的改变发生了相应的转化，其中最典型的就是半圆形化胎向方形枕杠的过渡。

（4）防御的强化

东江人口的移民属性加强了人们对于居所的防御性需求，社会环境的动荡、民系文化的交融、地理条件的改变都影响了建筑防御性的需求，外围的加高、加大，围合封闭性的增强，炮楼和望楼的加设等都是常见的手段。

6.4
民系文化交汇区的村落建筑形态分析

6.4.1　客家与广府文化交汇区的村落建筑形态分析

6.4.1.1　广府围村和客家围村

围村，顾名思义就是用围楼或者围墙将一个村落围合起来，这与居住者的防御性需求密切关联。东江流域的围村多分布在上游靠近江西、深港客家与广府交界，以及部分客家与潮汕交界的杂处地。关于广府围村的定义，香港学者黎东耀认为，广府围村建村者族群当为广府人（或相对于客籍人士而言的本地人），界定此族群的最基本条件为其所操方言应当属广府语系❶。深圳市文物考古鉴定所学者张一兵将深圳、香港及东莞地区的广府围村分为原生型和派生型两大类，原生型通过一次性规划并建设完成，派生系则经历多次规划建设，较多的是先有无外围开敞式村落，后期再加建外围而成（见图6-22）。典型的原生型广府围村如香港九龙城衙前围村，以陈、吴、李三姓为主，其先祖自宋朝开始自中原南迁至此，而后历经迁海复界，回归的村民于1724年建立围村，名为"庆有余"围，也基本就是衙前围村现如今的布局。整体平面呈方形，面阔63米、进深53米，四角设炮楼，外围一圈围屋间。围内有纵两列、五排，共计十排屋，每一排均为面阔3米、进深6.4米的单间。围墙外为护城河，唯一入口位于正门中间，而后围中部设有一天后宫。再如香港吉庆围、深圳罗湖笋岗老围（元勋旧址），其形制与衙前围村十分相似，是典型的广府围村形制。其最大的特征就是只有一个出入口在前围正中，围外有护城河围绕，而在围内分为左右两纵列，整齐排列着单间排屋，在中巷尾部正对的后围中间做拜祭用的神厅，又称为"中心巷尾神厅式村围"❷。

客家围村保留了客家民居的传统，有的呈方形，有的呈不规则的圆形，围内房屋的排列方式也呈现出多样化。东江上游粤北地区的客家围村除了方形外，就还有圆形等其他形态（见图6-23）。如连平县大湖寨，是一个类半圆形的围村，占地14000多

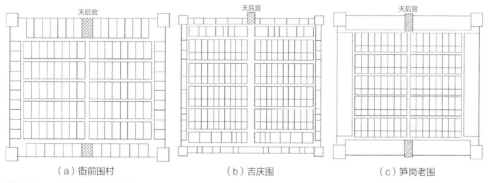

（a）衙前围村　　　　　　　（b）吉庆围　　　　　　　（c）笋岗老围

图6-22　广府围村平面示意

---

❶　重构卫前围：一条新安地区广府围村的形态演变［C］//第十五届中国民居学术会议论文集．2007：49-53．

❷　以深圳为例看地方传统民居建筑的多样性［C］//地域建筑文化论坛论文集．2005：93-104．

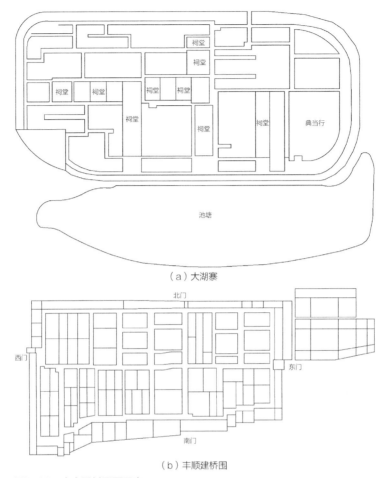

（a）大湖寨

（b）丰顺建桥围

图6-23　客家围村平面示意

平方米，面阔200多米、进深70多米，外围为夯筑围墙。围村有三个门，围内除了居住建筑外，还有9座祠堂、1个典当行，整个围村前设5米宽路坪，前有一占地面积略小于围村的月池，与围村阴阳相对。再如丰顺建桥围，明代隆庆年间建，占地15780平方米，整个围村呈直角梯形，外围夯筑围墙，四面均设有门，围内有9座祠堂，居住建筑各自成体系，围前西门和南门外有宽阔的池塘❶。

　　通过对典型广府围村与客家围村的比较，可以看出二者在整体布局上呈现出了一些差异，具体见表6-11所示。

---

❶　杨耀林，黄崇岳，深圳博物馆. 南粤客家围［M］. 北京：文物出版社，2001：298.

广府围村与客家围村的主要差异　　　　表6-11

广府围村	客家围村
多为方形	方形、圆形，多种形态
多只有一个出入口	除主入口外常在两侧加开次入口
中巷尾处设神厅供奉（如天后宫）	中巷尾处多无神厅
村内不建祠堂	围内多加建或改建祠堂
围村外为护城河围绕	围村外前设月池

　　在深港客家与广府文化存在交汇的地区，分布着多座受广府围村影响的客家围村（见图6-24），它与广府围村形制有着诸多共同点，平面呈方形，四角设炮楼，围内住房多为单元房，常为斗廊式或大齐头式（一房一厅），围内轴线上会设祖堂，大门口则延续着客家村落建筑的传统，设禾坪和月池。如深圳龙岗的田丰世居，前围和两侧是排屋，后围为围墙，除了正门开门外，两侧也开有侧门，围内正对大门设有一刘氏宗祠。据悉，围村内所住居民均为刘姓，而这当中有讲广府话的，也有讲客家话的，其中讲广府话的迁居至此的时间稍早一些。有学者推断，清迁海复界后，大批客家人迁入原禁海区域，当时当地留存了大量原本地人（广府）的弃置村庄，部分迁居者为节约成本，就选择了在弃置村庄繁衍生息，并在此依照其原有的族群传统对村落及建筑进行修缮改造。田丰世居的外围很有可能是在客家人迁入后进行过改建和加建，并根据刘氏宗祠的位置确定了大门的位置，并在宗祠兴建之后开辟村前月池。这种因迁海复界，客家人迁入广府围村进行修缮改造的实例在深圳偶有出现。以贵湖塘老围为例。诸多学者都对整个村围的发展历程进行了探析，一部分学者认为其是客家人在迁海复界后对新安原广府弃置村庄进行"鸠占鹊巢"式的改造再利用的结果[1]；也有一种观点认为其为客家人受到广府文化影响，继而全程自建而成的带有广府聚落特点的客家围村[2]。无论是客家人自建还是改建，都说明了贵湖塘老围的确融合了广府围村和客家围村的形态特征，是这两种族群文化在此发生交融的有力佐证（见图6-25）。

---

[1] 吴翠明. 深圳观澜贵湖塘老围调查研究——兼论客系陈氏宗族对宝安类型民居的改造 [J]. 中国名城，2009（9）：31-39.

[2] 张晶晶，罗德胤，霍晓卫. 贵湖塘村调查研究 [J]. 住区，2013（1）：61-66.

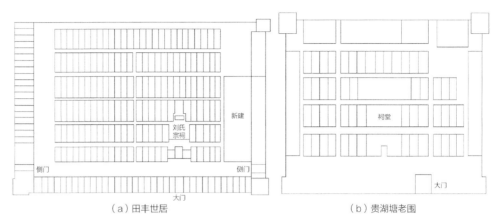

图6-24 文化交汇区的客家围村

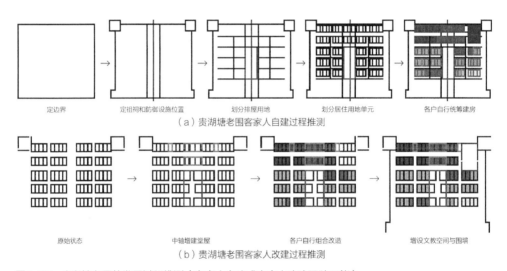

图6-25 贵湖塘老围的发展过程推测（客家人自建或客家人改建两种可能）

（来源：杨希，张力智. 深圳排屋型客村形制探源与意义——以贵湖塘老围为例［J］. 建筑学报，2020（9）: 111-115.）

6.4.1.2 广府风格的植入与变异

明清以前，广府文化因具有较强的优势而不断向外传播，但向东北客家文化推进时，却长期未能深入。相反，当客家文化西南向下时，却得以蛙跳的方式传播和板块的形式嵌入广府文化圈内部，尤其是广府地区的山区，因为山区的自然环境对于客家人并不陌生。这使得客家生活方式快速达成地域转移，并在东江流域振兴起来。在这个过程中，客家文化广泛吸纳了广府文化的精华，这从语言上就能窥探一二：惠州话可以说是广府话与客家话融合的结果，我们可以认为它是客、粤混合，也可以认为是以客、粤为基础，具有客、粤特点，处于融合转变中。这也是客家与广府文化交汇区的一个重要表现。上节所述的深港客家文化亚区的围龙屋向方形围屋的转化，就是客家与广府文化融合的一个体现，此外，这一交汇区更显著体现广府风格的植入和变异的，当是美学主导下建筑细部风格的呈现。其中一个重要体现就是客家村落建筑中出现的广府牌坊式结构和镬耳式山墙。牌坊作为广府祠堂中精神性功能极强的辅助构成元素，具有纪念性、标志性、装饰性和风水功能。在深港地区的不少客家传统村落建筑中都有着牌坊的身影，相似的精神性追求使得客家人借鉴了广府祠堂的牌坊建造模式，吸收为己用，演变成为该文化交汇区的独特风格（见图6-26）。明代广府祠堂的牌坊多设立于祠堂前广场，清代及之后的牌坊多设置于祠堂内前堂和中堂之间的院

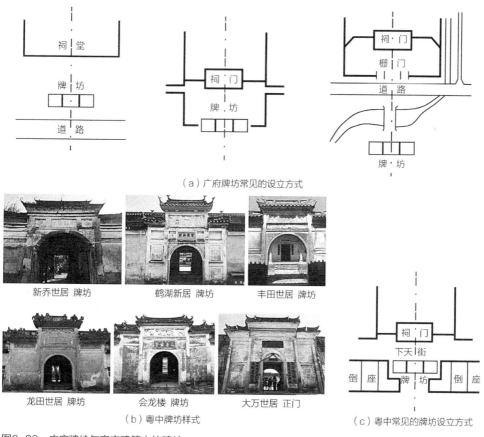

（a）广府牌坊常见的设立方式

新乔世居 牌坊　　　鹤湖新居 牌坊　　　丰田世居 牌坊

龙田世居 牌坊　　　会龙楼 牌坊　　　大万世居 正门

（b）粤中牌坊样式

（c）粤中常见的牌坊设立方式

图6-26　广府牌坊与客家建筑中的牌坊

落。而深港客家传统村落建筑中的祠堂多设置于围内倒座与堂屋之间，多与倒座围墙相连，用作围内中轴线上祠堂的对应，丰富了整个建筑的层次，如鹤湖新居、丰田世居。牌坊上的匾额内容多为四字，如"聚族于斯""亲仁犹在"（鹤湖新居）、"南山毓秀""淑气盈楮"（丰田世居）。寄托了客家族群的美好期望。还有一些客家围将入口做一嵌入墙体式的四柱三间三楼式牌坊（大万世居）。

广府建筑中常见的山墙形式有三种：人字形山墙、镬耳式山墙，还有由江南马头墙演变而成的方耳山墙（见图6-27）。客家建筑的角楼多为硬山顶，在广府与客家文化交汇地区的传统客家村落建筑中也出现了部分角楼带镬耳式山墙的案例（如官山村会龙楼、龙岗新乔世居、丰田世居和龙田世居等），一般也只出现于较大规模的民居角楼或望楼之上。其镬耳式山墙面一般朝向围楼的两侧面，两山墙之间以女儿墙连接，并加龙船脊，整个角楼外显美观的同时也更显稳定。屋顶正脊除了平脊、龙川脊外，还有燕尾脊、卷草脊、博古脊等多种样式。

此外，在客家与广府文化交汇地区，还广泛存在着一种被称为"飞带"的垂脊样式，它主要出现在以今深圳、东莞为中心向外辐射的诸多传统村落建筑当中。传统的客家式最初级形态的垂脊，仅用灰砂或白膏泥在最外侧批荡，做成垂脊。广府地区的垂脊常见的为直带式，脊尖向下直线到达瓦口。飞带式就是一种接近于直带式的做法，区别就在于脊尖向下是呈现弯曲的抛物线形态（见表6-12）。在飞带式和直带式之间还存在着一种过渡形态：这种垂脊的上部和中部仅有微小的下弯曲线，称为微弧带式垂脊，如番禺留耕堂大殿（元代末年）、佛山祖庙灵应坊（明代初年）、江门陈白沙祠贞节坊（明

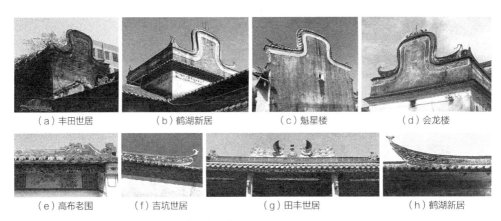

（a）丰田世居　　　（b）鹤湖新居　　　（c）魁星楼　　　（d）会龙楼

（e）高布老围　　（f）吉坑世居　　　（g）田丰世居　　　（h）鹤湖新居

图6-27　客家建筑中的镬耳式山墙和多样式正脊

代末年）❶。飞带式垂脊的判定具有两个基本条件：其一是前后两垂脊上端接合，形成人字山墙，正脊仅作为一条直线顶接在飞带的上部，不穿过垂脊与山墙的平面；其二是垂脊呈现倒置的抛物线形态向下延伸，或到下部后向上翘起（大飞带式），或转为直线直至瓦口（小飞带式）（见表6-13）。一般来说，大式飞带用于公共建筑中，上翘后以小平台座承以蹲兽或人物作收束；小式飞带用于私人住屋，下部直接转为直线至檐口。也存在较有声望的家族住屋采用大式飞带的情形（见图6-28）。从飞带式垂脊分布地区的统计来看，其分布范围恰好处于广府话和客家话交界的中央，主要存在于两种方言交错的区域；从出现时间上来看，飞带式垂脊出现的时间也晚于直带式和梢垄式。故而可推测，创造使用飞带式垂脊的应以广府中心地东部边缘的土著居民为主，并被清代以后南迁的客家族群所接受，最终成为这一文化交汇区独有的装饰做法。

典型垂脊样式一览　　　　　　　　　　　　表6-12

类型	样式	做法
广府式	直带式垂脊	脊尖向下直线到底
客家式	梢垄式垂脊	最外侧梢垄用灰砂或白膏泥批荡
潮汕式	垂带式垂脊	顶部五行式，中下部厚带相叠、渐长渐宽

大小飞带式与其他主要类型垂脊比较　　　　　表6-13

类型	飞带式	广府式	潮汕式	客家式
出处	深圳陈氏宗祠	广州陈家祠	潮汕韩文公祠	兴宁学宫
正视				
侧视				

❶ 张一兵. 飞带式垂脊的特征、分布及渊源 [J]. 古建园林技术，2004（4）：32-37.

（a）奉政第　　　　　　　　（b）承庆堂　　　　　　　　（c）鹤湖新居

（d）鹤湖新居内单元　　　　　（e）梅冈世居　　　　　　　（f）龙岗某民宅

图6-28　客家与广府文化交汇区的飞带式垂脊

6.4.2　客家与潮汕文化交汇区的村落建筑形态分析

6.4.2.1　潮汕与客家传统村落建筑的同构性

　　潮汕民系和客家民系都在粤东地区分布，同处于相似的地理和气候条件中；其方言语法上也有很多相似的特点，比如喜用倒装，保留了很多古汉语成分；崇文重教，信奉神灵，等等。潮汕文化与客家文化也有诸多相似性，粤东很多区域共同居住着潮汕族群和客家族群，这也使得其村落建筑形态有着同构性。二者都以祠堂为中轴核心序列，住屋或以横屋和围龙围合，或以从厝和后包围合，都具有内向性形态。以客家典型堂横屋形制的三堂两横式和潮汕典型从厝形制的三落二从厝来进行比较，可以看出，两者都以堂屋序列和两侧附属建筑相结合，在潮汕地区称为从厝，而在客家地区则称为横屋，都表现出较强的堂横式特征（见图6-29）。而在扩展过程中，二者又有一些细微的差异，客家常采取的措施是增加横屋，后再设枕杠屋或围龙以形成不同变体；潮汕最外围呈现为横屋（从厝），而内部扩展则会采取增加堂屋的方式，最终形成以堂屋为核心的小型单元组合（见图6-30）。

6.4.2.2　客家建筑中的潮汕美学

　　在粤东潮客交汇区的传统村落建筑因客家与潮汕建筑的同构性，以及东江流域客家人口的绝对优势，大体呈现出与客家传统村落建筑相似的形制（见图6-31），具体

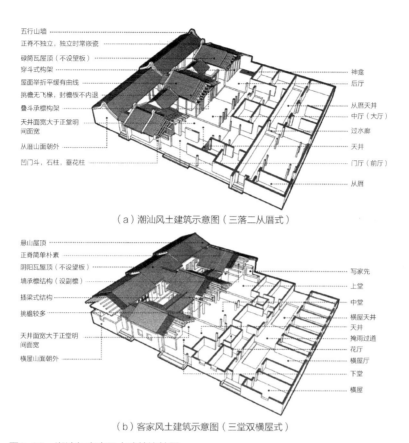

五行山墙
正脊不独立，独立时常嵌瓷
碌筒瓦屋顶（不设望板）
穿斗式构架
屋面举折平缓有曲线
挑檐无飞椽，封檐板不内退
叠斗承檩构架
天井面宽大于正堂明间面宽
从厝山面朝外
凹门斗，石柱，垂花柱

神龛
后厅
从厝天井
中厅（大厅）
过水廊
天井
门厅（前厅）
从厝

（a）潮汕风土建筑示意图（三落二从厝式）

悬山屋顶
正脊简单朴素
阴阳瓦屋顶（不设望板）
墙承檩结构（设副檩）
插梁式结构
挑檐较多
天井面宽大于正堂明间面宽
横屋山面朝外

写家先
上堂
中堂
横屋天井
天井
掩雨过道
花厅
横屋厅
下堂
横屋

（b）客家风土建筑示意图（三堂双横屋式）

图6-29　潮汕与客家风土建筑比较图

（来源：徐粤. 粤—潮—客风土建筑谱系区别与联系初探 [J]. 中国名城，2020（12）：34-40.）

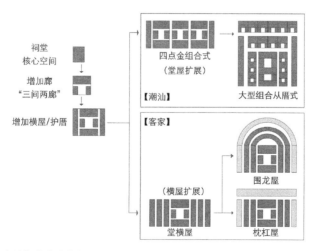

祠堂
核心空间

增加廊
"三间两廊"

增加横屋/护厝

四点金组合式
（堂屋扩展）

大型组合从厝式

【潮汕】

【客家】

（横屋扩展）

围龙屋

堂横屋

枕杠屋

图6-30　潮汕与客家建筑的扩展进程

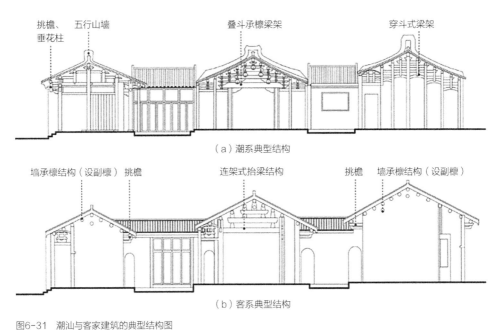

图6-31　潮汕与客家建筑的典型结构图
（来源：徐粤. 粤—潮—客风土建筑谱系区别与联系初探［J］. 中国名城，2020（12）：34-40.）

的差异就体现在建筑结构和细部装饰展现出的潮汕建筑文化美学上。在结构上，粤东
潮客文化交汇区的村落建筑中，部分中堂大木构架同客家文化区一样，呈现出插梁式
梁架结构。而部分建筑中厅大木构架出现了潮州大木构架的一些特点，呈现出多建构
混合的结果。这当中最显著的就是叠斗的隔架做法和木瓜做法的结合。早期潮州大木
构架采用叠斗隔架方式的实例有很多，如潮州开元寺天王殿、海阳学宫大成殿等；而
到了晚期则发展引入了木瓜的隔架做法，以其突出的形象取代了叠斗原本最主要的隔
架地位，形成木瓜+叠斗的组合做法，这当中以潮州地区常用的"五脏内"形式较为
多见，比如惠东县新联村的黄氏祖祠，建于光绪三十年（1904年），采用的就是这样
五个木瓜+叠斗共同构成主体梁架的做法（见图6-32）。

　　在细部装饰上，客家与潮汕传统村落建筑山墙都喜用五行样式，而潮汕地区的山
墙面和厝角头则相较于客家地区的更为繁复，五行厝角头向下至檐口延伸处多为厚带
相叠、渐长渐宽。这在粤东潮客文化交汇区的传统村落建筑中也体现了出来。山墙面
细部装饰更为丰富，一般集中在上半部，分三线、三肚、楚花三个部分，板线间划分
的部分称为板肚，内里装饰精致的嵌瓷，常见有花鸟肚、人物肚、山水肚，线条正下
团花图案称为楚花，纹饰多样（见图6-33）。

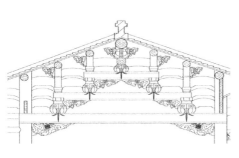

（a）惠东黄氏祖祠大木构架

（b）皇思扬武魁楼大木构架

图6-32　潮客交汇区的叠斗承檩梁架（五脏内）实例

（来源：（a）杨星星，赖瑛. 惠州地区客家建筑大木构架形制衍变分析 [J]. 惠州学院学报，2019，39（6）：67-72.
（b）惠州市不可移动文物名录 [M]. 广州：广东人民出版社，2015.）

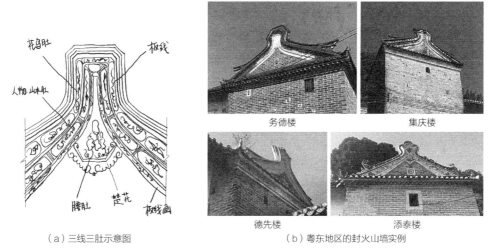

（a）三线三肚示意图

（b）粤东地区的封火山墙实例

图6-33　粤东潮客文化交汇区传统村落建筑的封火墙

6.4.3　总结

通过对客家与广府、潮汕文化交汇区的传统村落建筑形态的探析，基本可以总结
出民系文化交汇地区传统村落建筑的几点适应性规律。

（1）总体平面布局相对稳定

文化交汇地区客家村落建筑的平面布局较客家核心文化区并没有发生太大的变

化，从清初到民国，粤中地区村落建筑的围龙发生了从圆到方的变异，直到清后期逐步被后枕杠所取代，这是从山地到平原的一种适应性演化。但即使在近珠江三角洲地区，广府梳式布局更能适应该地域的气候环境，交汇地区的传统村落建筑的整体布局依旧保持了以堂屋为中轴，横屋在侧，前月池、后枕杠或围龙的对称布局。这是与客家族群的观念习俗和生活方式直接相关的：传统社会的观念习俗与民系文化密不可分，尤其对于客家这一移民群体来说，族群认同感更强，就算原来的民居形制并不能完全适应新的地理条件，但其"宅祠合一"的核心特征已转换成为族群内部文化观念的一部分，故其传统村落建筑的平面布局在建筑形制中相对稳定，不易变化。

（2）可能会因外部环境的不确定性产生更高的防御性需求

民系文化交汇地区的传统村落建筑大多增设倒座，使整体建筑呈封闭围合状，这是与其所处的历史时期和政治环境下可能面对的族群冲突和土地资源纷争密不可分的。清初顺治时期颁布的禁海令让广东沿海居民内迁三十至五十里，这在东南沿海地区造成了巨大的纷争和混乱，而此前沿东江流域迁至粤中地区的客家族群受"广客冲突"的影响，不惜犯禁进入广府人撤离的深圳龙岗和惠阳等区域，这便更是加强了其居所对防御的需求。现存的龙岗地区传统村落建筑多有角楼、望楼、走马廊和转斗门的设置，这都是在几度"禁海"的严酷环境下客家民居产生的适应性发展，城堡式围楼便是客家族群在这片土地上抗争和坚持的佐证。由此可以看出，在民系文化交汇地区，传统村落建筑会因外部环境的不确定性而产生对于防御性的更高需求。

（3）局部结构形式和装饰做法较易发生演变

对于一些同源的文化观念所产生的建筑形式，不同民系建筑之间是会相互借鉴和吸收的。客家民系、广府民系和潮汕民系本同源于汉系，三者都是带有移民属性的宗族社会形态，必定有相通的部分。粤中传统村落建筑对广府文化中牌坊的引用便是一个样例，同源的文化观念和相似的精神性需求使得牌坊这一形制被交汇地区传统村落建筑吸纳和发展。此外，由于不同民系的建筑装饰技法的传播和相互影响，民系文化交汇地区的装饰做法往往会较易发生演变，从粤中地区客家传统村落建筑中与珠江三角洲广府建筑中相似的木雕和灰塑，粤东地区客家传统村落建筑中的叠斗和木瓜做法都可以看出，当地直接可获得的建筑材料、工匠们口口相传的建造技艺，都能较快地产生交流和融合，这也直接体现在传统村落建筑局部结构形式和装饰做法之上。

（4）在空间组织上会受自然、社会和经济等外部环境的影响

由于自然环境的变化，民系文化交汇地区的传统村落建筑在空间组织上会产生相应的适应性变化。粤中地区渐趋平原，原适应于枕靠后山的半月形围龙不得不演变为更适应于高建筑密度平地的方形枕杠。同时受广府商品贸易的影响，来到此地的客家族群内部社会组织也发生了微变，海洋文化所带来的经济观念使得内部小家族对于自身的利益及私密需求得到了提升，这便使得交汇地区的传统村落居住空间在组织上产生了从通廊式向广府民居三间两廊的单元式的转变。自然、社会和经济这些外部条件是相互制约和不断变化的，对居住需求会产生不同程度的影响，故传统村落建筑的空间组织也会产生适应性的变化。

6.5
东江流域传统村落建筑形态演变路径

总的来看，基于区系划分的东江流域传统村落建筑形态演变，在多元文化交汇的背景下，呈现出转变、延续和适应三种演变方式。客家文化区—东莞水乡广府文化区这一路径呈现的是跨文化区的转变；龙川古邑客家文化区—惠府腹地客家文化区—深港复界客家文化亚区这一路径呈现的是依托于客家文化的延续；而粤东潮客文化交汇区所呈现的则是在文化交融过程中的适应（见图6-34）。

6.5.1 转变

通过上述多维度的比较分析，可以看到，在村落及其建筑的发展路径中，变化是持续的。当传统村落外部环境发生变化时，原有文化体系所习惯的参照系将面临不同

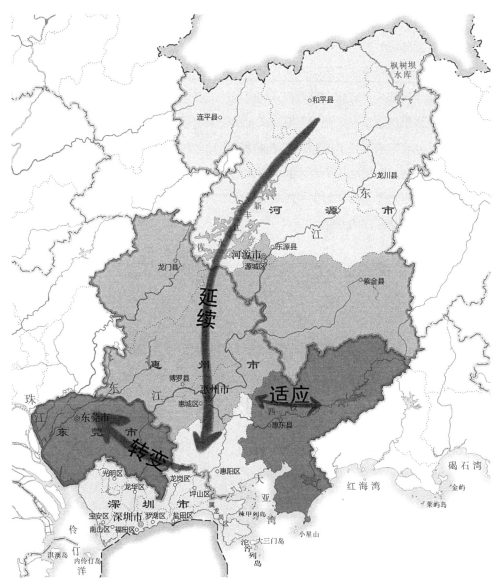

图6-34 东江流域传统村落建筑形态演变图示

类别的冲击，在这种外力下，村落建筑形态也随之发生一定的转变。东江流域从深港
客家文化亚区向东莞水乡广府文化区的过渡就使得其村落建筑形态在这种过渡中发生
了一系列转变，主要转变动力因素包括资源博弈、社会变迁和人口迁徙三个方面（见
表6-14）。

东江流域传统村落建筑形态的转变　　　　　　　表6-14

转变动因		对传统村落建筑形态的影响
资源博弈	倭寇匪患	①从利用地形地貌的屏障作天然掩护，向平原区域建立高大外围的转变 ②高大的城墙、跑马廊、炮楼等组合，建筑外围少开窗，设炮眼、枪眼
	族群之争	①强化村落边界，避免族群间的冲突 ②祠堂、宗庙等公共空间可能产生分化，如一个围村中出现多个姓氏的宗祠 ③炮楼或独立，或以建筑组合形式出现
社会变迁	迁海复界	①沿海村落居民被迫迁移，流离无定所，原有耕地逐渐被荒废 ②时局动荡致使居所防御性需求不断提升，村落建筑布局多层级围合封闭 ③常见城堡式围楼或围村，体量大，防御性高
	工商业发展	①经济发展促使大家族向小家庭分化，从而影响了居住平面布局 ②商业经济赋予街巷空间更加多元的功能与丰富的装饰
人口迁徙	珠三角扩张	①团式布局向梳式布局的转变 ②"宅祠合一"的逐步分化 ③建造技艺的转变影响了建筑装饰艺术
	海外移民	①侨民回乡复建，引入新的建筑构造，影响建筑形态 ②南洋风格引入，建筑细部装饰呈现多样化发展

　　在资源博弈方面，既有族群外部的倭寇匪患掠夺，也有不同族群之间因区域内部资源的竞争与博弈而引发的斗争。这两种资源博弈都影响了东江流域传统村落的社会组织结构，从而使得村落建筑形态随之发生转变。北部山区可以利用山形地貌作天然的掩护屏障，到了深港地区，天然屏障的缺失使得建筑需要更封闭、围合的结构来防御外敌，产生了高大的城墙、角楼、望楼和跑马廊等的组合，城堡式围楼就是其中一个典型。而由客家文化向广府文化的转变，也使得村落建筑随之发生变化，如部分东莞村落依循广府村落布局，还会在整村外设立一村围，并在重要节点设置谯楼；因族群的分化也导致原本统一的祠堂或宗庙开始产生分化，一个围村中也可能出现多个不同姓氏的宗祠；在深圳部分区域还常见独立炮楼或与居住单元组合的带炮楼院落。这都是在资源博弈影响下产生的村落建筑形态的转变。

　　在社会变迁方面，清朝"迁海复界"的政策变化对东江中下游的村落建筑形态产生了深远影响，其中最主要的就是时局动荡所带来的防御需求的增加，使村落建筑布局朝着多层级、高规格、封闭性转变，常见体量较大、防御性较高的城堡式围楼或围村。此外，靠近珠三角地区，工商业经济的发展也改变了村落的社会组织，商贾文化的影响使原有大家族朝着小家庭分化，原有的村落建筑从强烈的公共性朝着需求私密性转变，从而影响了平面布局，原有的居住空间的通廊式布局开始朝着三间两廊式的单元式布局转变。经济技术的发展，让建筑构造及装饰技艺也随之发展，村落建筑装饰愈加繁复华丽。随着外部社会变迁，村落在村落组织、功能需求和营造技艺等方面都发生了改变，随之产生了形态的转变。

在人口迁徙方面，人与自然的相互关系并非独立自成体系的，人对自然的开发和所谓管理，反映的是社会经济领域中人对人的统治关系在自然领域中的体现❶。由北方迁入的中原人与岭南越人文化交融逐渐形成了广府、潮汕和客家三大民系，其中广府族群分别沿着西江和北江向珠三角地区逐步推进，最终珠江三角洲成为经济发展的重心所在。珠三角地区人口数量的迅速扩张，在深港、东莞地区两种族群文化的共同辐射，影响了其村落建筑的形态。从客家到广府，其村落布局有了由团块式向梳式的演化；"宅祠合一"的大型住宅也开始逐步分化，形成以祠堂为统领的单元式建筑组合；基于不同文化的审美转变体现在建筑细部装饰上。人口构成的转变极大影响了依托于族群文化的村落建筑形态的转变。

6.5.2 延续

一个地区的文化在其社会发展中发挥着重要的作用，不同类型的文明成果均以文化作为传递与延续的方式❷。东江流域传统村落建筑以客家民系文化为主要依托，基于区系划分，形成了从龙川古邑客家文化区到惠府腹地客家文化区，再到深港复界客家文化亚区的传递与延续。主要延续动力因素存在于宗族意识、农耕经济和风水信仰三个方面（见表6-15）。

在宗族意识方面，客家族群聚族而居的基本特征影响了村落建筑的选址、规模和布局。为保证族群的基本生活，亲水、宜农是村落建筑选址的首要考量。聚族而居导致了客家村落建筑"宅祠合一"的特征，一族一屋，以堂横屋最为多见。随着人口的扩张，建筑会以增设横屋、围龙的方式进行扩建。因祖先崇拜而构成的以祠堂序列为

---

❶ 任启平. 人地关系地域系统要素及结构研究 [M]. 北京: 中国财政经济出版社. 2007: 99-100.

❷ 周正刚. 文化哲学论 [M]. 北京: 研究出版社. 2008: 90.

东江流域传统村落建筑形态的延续 表6-15

延续动因		对传统村落建筑形态的影响
宗族意识	聚族而居	①选址需满足村落长期的生存发展需求，如土地、水源 ②"宅祠合一"的建筑形式最为多见，一族一屋 ③建筑边界随着村落整体人口的拓展而变化，如增加横屋、围龙
	祖先崇拜	①形成以祠堂或祖屋为中轴序列的建筑平面布局 ②祠堂或祖屋成为宗族的象征，往往具有最高规格的建筑形制与装饰
农耕经济	农耕生产	①农耕生产方式对山体和水系的依赖，影响了村落整体布局和边界 ②农耕生产在特殊节令需要特定的场所，比如禾坪作晒谷用，月池作蓄水灌溉用
	商业经济	①村落周边的河流、港口等资源是村落发展商业的依据，影响村落总体布局 ②商业经济的发展水平影响着建筑结构和细部装饰的呈现
风水信仰	风水理念	①规划布局满足风水理念的理想空间模式，如围龙屋的空间形态 ②风水理念影响着建筑细部装饰主题，如五行山墙
	礼制精神	①居中为尊，以厅堂序列为中轴的对称的空间模式是礼制精神的重要表现 ②作为礼制精神的象征，前广场和祠堂序列大多营造出一种仪式感

中轴的平面布局也贯穿始终，祠堂或祖屋作为宗族势力和荣耀至高无上的象征，往往具有最高规格的建筑形制和最繁复的细部装饰。以此为基本形制的堂横屋、围屋或围楼，在龙川古邑客家文化区、惠府腹地客家文化区和深港复界客家文化亚区都广泛存在，在经历自然环境、社会变迁和历史进程的转变中仍能保持延续。

在农耕经济方面，土地资源是传统村落赖以生存和繁衍的必要生产资料，决定了传统村落农耕生产模式。对于传统村落而言，耕地的重要性往往大于居住用地，尤其是缺乏耕地资源的山区。所以在东江流域用地紧张的区域，村落建筑多结合山地布置，以留出较大的平地用作农耕生产，同时，牲畜喂养、田地灌溉、晒谷等的需求使得禾坪、月池等场所应运而生，成为客家村落建筑的重要组成部分。此外，商业经济的发展需求影响着村落建筑的整体布局，河流、港口等资源作为村落发展的重要依据，影响着村落巷道设立和建筑分布。随着社会经济的发展，建筑材料和技艺的更新，也使得村落建筑的结构和细部装饰随之不断延续。

在风水信仰方面，村落建筑营造之初就需要堪舆师结合屋主和地理区位进行朝向、布局的确立，在营建过程中，工匠也会使用鲁班尺、丁兰尺等工具，在择日、破土、上梁、封顶、入住各个阶段都有相应的民俗活动以趋吉避凶。五行理论也常应用于客家村落建筑之中，中国古代朴素唯物主义哲学思想认为，金、木、水、火、土五种基本元素构成了大千世界的万物，五行说认为万物相生与相克。围龙屋的堂屋和化胎之间的石坎，在朝向祖堂的中间位置就嵌有"五行石"；横屋伸出部分的山墙也会采用五行样式。五行在客家村落建筑中以图像符号的形式被表达出来，无论是观念的传播还是大众的认知，都成为建筑文化得以延续的积极有效的媒介❶。村落建筑形态的营造与其内在的基于风水、礼制与宗教影响的意识形态息息相关，彼此共存，且逐步发展成为客家村落建筑的特色被延续下来。

6.5.3 适应

东江文化具有多文化融合的内涵，在不同族群杂居融合过程中，不同群体之间再次被激发了驱动力与整合力，最初纯粹基于血缘亲属关系的单一封闭族群概念最终被基于更广阔的地域性超亲属族群概念所取代❷。在这个进程中，不同族群之间相互激励、共同前进，文化不断地交流和适应。粤东潮客文化交汇区就体现出了这一种适应，主要适应动因包括文化根源和文化融合两个方面（见表6-16）。

东江流域传统村落建筑形态的适应　　　　　　　　　　表6-16

适应动因		对传统村落建筑形态的影响结果
文化根源	行政建制	①国家权利影响了文化的传播和推进，村落营建都依托于汉文化根源 ②统一行政建制促进了不同族群的互动融合，稳定了建筑形制
	儒学传承	①儒学的推进缓解了族群间的矛盾，弱化了文化差异性，促进融合 ②儒学思想引领村落规划布局和建筑形态
文化融合	宗教信仰	①闽越多神崇拜，宫庙数量繁多且和谐相处 ②天后宫融入客家的整体布局，成为村落的重要组成之一
	山海文化	①耕山文化与耕海文化交汇，保留固有文化又交相融合，求同存异 ②文化的交融促进了审美的融合发展，形成多样化的建筑装饰

---

❶ 吴卫光. 围龙屋建筑形态的图像学研究［M］. 北京：中国建筑工业出版社. 2010：132.

❷ 袁年兴. 族群的共生属性及其逻辑结构——一项超越二元对立的族群人类学研究［M］. 北京：社会科学文献出版社，2015：232.

虽然不同族群的接触与交融是长期、自然推进的，但行政建制的统一与儒学教育的双重介入是促成其加速融合的不可或缺的力量，从而使得传统村落建筑形态在这种碰撞中逐渐适应。在行政建制方面，一个区域的建制区划将直接影响其文化的传播方式、路径与边界，同时也是文化发展的重要助推力。历史上惠东地区建制长期属惠州府管辖，故在此居住的潮汕族群就颇受客家文化影响。客家文化与潮汕文化本都依托于汉文化根源，其文化内涵也有诸多相似之处，加上儒学的推进和传承，更是缓解了不同族群之间的矛盾，弱化了文化差异性，进一步促进了融合，所以在村落建筑形态表现上逐步趋同。在平面布局上都强调祠堂的中心性，即祠堂位于中央，两侧建筑客家称"横屋"，潮汕称"从厝"。在立面上都自然表现出"山面—檐面—山面"的严谨对称组合形式。王权儒学共同推动了族群间的交融，使得村落建筑形态相互适应，维持稳定。

在文化融合方面，宗教信仰的融入使得村落布局产生了适应性发展，如妈祖信仰是我国东南沿海与台湾地区闽海系民间传统信仰的典型代表，对闽海的文化产生了深远的影响。而妈祖信仰在客家山区也逐渐适应，妈祖不仅是传统的海神、水神，也是客家山乡的守护神❶。所以，在粤东潮客义化交汇地区也有客家村落供奉大后宫、妈祖庙。此外，潮汕村落建筑中华丽的装饰风格也传入了客家村落建筑之中，这都是两种不同民系文化之间交流所产生的村落建筑形态的适应性演化。

---

❶ 谢重光. 闽台客家社会与文化 [M]. 福州：福建人民出版社. 2003：269.

第 7 章

东江流域传统村落建筑的
多动力演化机制

7.1
多动力主体

传统村落空间本身拥有复合的形态。研究传统村落形态，可以将各个因素的非物质构成模式与空间的关系联合，形成外部因素的空间投影，将这些外部因素的投影整合以研究传统村落建筑形成的内涵。

在对东江流域传统村落建筑的多区系形态特征描述和多维度形态演变分析进行详尽阐述后，结合前文分析，可以整理出主导东江流域传统村落建筑形态演变的具体动力主体：生态环境、经济技术、社会组织、个人体验和族群文化。它们与村落建筑形态发展的关联是密切、非线性、呈螺旋式交织发展的。其中生态环境、经济技术和社会组织为外部动力，族群文化和个人体验为内部动力。

7.1.1　外部动力

7.1.1.1　生态环境

东江流域整体地势东北高、西南低，地貌从山丘逐渐趋向平原，从内陆逐步走向大海，跨越了南亚热带和中亚热带的界限，总体具有过渡性和边缘性的特征。上游段多为山丘地带，山多田少，复杂的地貌使得传统村落建筑建造不得不去顺应场地，一定程度上制约了传统村落建筑规模的发展。中下游段靠近三角洲平原，土地富庶，用地限制被打破，传统村落建筑规模的发展更自由，密集的河网环境也使得传统村落建筑平面布局产生了相应的变化。下游段靠近沿海平原地区用地相较于三角洲平原用地更为紧张，也使得传统村落建筑的布局为之发生适应性改变。东江流域复杂多样的生态环境一定程度上影响了传统村落建筑的建造，更影响了流域内经济技术和社会组织发展的不平衡。

7.1.1.2　经济技术

自唐宋时期，东江流域就开始通过金属货币进行贸易活动，除了盐、布、米等一般商品外，还有很高水准的陶瓷工艺制品。两宋时期，惠州府不断加大桥梁、堤坝，以及城市公共建设活动，东江流域的砖瓦制造水平也随之不断提高。东江流域水陆交通建设的不断完善促进了商品经济的发展。明清时期，墟市不断壮大，惠州还出现了管理集市贸易的商会等组织。在当时，作为广东省铁矿分布最多的东江中上游地区，矿产业高度繁荣，下游临海地区的制盐业也蓬勃发展，此外制革业也成为东江流域工商业最为悠久的行业之一。在抗战时期，东江流域作为香港货物运至内地的重要通道（运往粤北、粤东、江西和湖南），平行码这种商业模式应运而生且得到了快速发展，惠州帮、淡水帮、兴宁帮等各类商号帮派不断壮大，直至新中国成立之后走向衰落。而到了近现代，侨民回乡建设以及其他外来力量的刺激促使东江流域开始从自给自足向市场需求过渡，本地纺织业、制造业、盐业等持续发展。东江流域的工商业发展始终是与历史进程中的重大事件转折相匹配的，伴随着人口的迁入和增长，政局的逐步稳定，东江流域因其特殊的地理区位及水陆交通的优势，经济技术有着持续发展的动力和生命力。

7.1.1.3 社会组织

中原人民从隋唐前就开始陆续南迁至东江流域，并逐步扎稳脚跟。两宋时期，循州和惠州这两个独立州府的设置使得东江流域的社会组织结构开始趋于统一和稳定。明清时期东江流域逐步完成了以惠州为中心的完备行政建制，也形成了专门化的军事驻防，在经济不断发展的同时也促使阶级矛盾不断激化，在此期间东江流域发生了多次矿工起义。顺治十七年（1660年）的迁海令无疑是对东江流域的一次重击，对中下游及沿海区域的百姓生活和自然环境都带来了巨大破坏。而后到康熙二十三年的复界招垦才使得沿海复界区得到了缓慢发展，这段迁海复界对东江流域尤其是中下游地区的社会组织、人口结构还有文化组成都产生了十分深远的影响。民国时期，东江地区也是多次起义、工农运动的舞台，更建立了全国第一个苏维埃政权（惠阳、紫金、龙川等地）。抗日战争时期，更有东江纵队为抗日战争做出了巨大贡献。总的来说东江流域的社会组织和阶级关系在历史进程中经历了多次的变革，也影响了其人口、经济、文化等多层面的演变。

7.1.2　内部动力

7.1.2.1　族群文化

　　东江流域的族群文化受到移民文化、民系文化、和华侨文化多元的影响，总的来说具有开放性、多元性、兼容性和创新性的特征。中原文化是东江流域上的汉民系族群的本源文化，东江作为历史上中原移民南迁的重要路径，本源文化与土著文化的相互作用共同塑造了其移民文化的基础。即使南迁至异乡，汉人被迫适应完全不同的地理环境和气候，但其根源于中原的儒家思想、营宅观念仍然根深蒂固。最初的迁徙主体多为中原的上级豪族，常借门阀以自高，再加上两宋时期南下谪居的中原官僚士大夫的熏染，导致南迁汉人在与土著族群相互交流的过程中并没有被土著文化所同化，反而在中原文化的基础上吸纳了土著文化的部分特征，逐步发展成为与北系汉文化同源的南系移民文化。其居所的建造具有中原传统村落建筑的基本特点，而在建造过程中的精神追求也带有中原文化的印记。中原移民在迁徙过程中以中原文化为主体文化，不断的与土著或外来文化融合作用，这种移民文化也彰显出其开放性的特征。

　　南系汉人在岭南区域的后续发展中划分为若干不同的民系，其中在东江流域占人口比例最高的是客家民系，故客家文化的影响是最广泛最深入的。客家民系是汉人在对于东南、华南地区的经略过程中基本形成的；广府、潮汕等诸民系是在已形成的情况下继续向闽粤赣山区和丘陵地带经略，与当地少数民族互动融合后逐步形成的，并以"八山一水一分田"为最典型的居住自然环境。东江流域的客家文化特质与梅州客家文化核心基本是一致的，比如聚族而居、崇尚宗法尊卑、重文重教等。东江流域上的客家传统村落建筑也遵从了典型客家传统村落建筑的"聚族而居""宅祠合一"的内涵。下游近珠三角平原地区有广府民系族群的聚居，惠州方言中有客家话与粤语词汇混合的情况便是受广府文化影响的佐证。此外惠东部分沿海地区因其在历史上长期属惠州府管辖，又是粤中通往粤东的必经之地，是客家、广府和潮汕文化多重辐射的过渡地带，也常见客家和潮汕两个族群共同聚居于同一围村的情况。总的来看，东江流域的族群文化不仅包含客家文化的内涵，还同时受广府文化、潮汕文化的多重影响，具有多元性的特征。

此外，华侨文化影响下产生的新的生活方式也促成了传统村落建筑新形态的出现，比如碉楼、庐居、骑楼等；建筑造型也因外来的材料、技术和审美产生了特有的中西合璧风格。东江流域复杂多变的自然环境、先民筚路蓝缕的开拓历程使得东江流域的族群文化具有敢为人先的开拓创新意识，西方文化通过华侨群体在东江流域得以交流和碰撞，这也正是其族群文化创新性的重要体现。

7.1.2.2　个人体验

个人体验主要包括对住宅的归属感和安全感，以及建造住宅过程中所呈现出来的个体审美。东江流域上通过迁徙而不断壮大的客家族群具有聚居性的社会特征，大部分客家围也都处一姓一围一村的状态，建立以血缘关系为主线的宗族网络，"建祠堂，修族谱，置族田"均表达了东江流域居民对于归属感的强烈需求，"聚族而居"的形式便是这种归属感的重要体现之一。迁徙过程中可能遭遇的与土著或外寇的冲突、复杂多变的外部环境等都加强了居民对安全感的重视，尤其经历了迁海复界、土客械斗等重大事件，中下游的平原地区更缺失了山地的保护，更加恶劣的社会治安也更加大了该区域居民的安全感需求，这对传统村落建筑的防御性提出了更高的要求。

汉民系遵从传统堪舆法和风水观，追求自然与人工的统一和谐，讲究室内与室外的渗透和交融。在住宅建造时居民往往会专门请风水师按照阴阳、五行、八卦、气场等风水理论为依据，借助罗盘，勘查地形地貌，依据山形水势选定造址和朝向以招致居住者一家的祸福；传统村落建筑的形态，高、宽、进深甚至房屋的数量也有一套符合风水理论的规格和要求；在空间组织中也会设置特定位置作为神圣空间以满足日常的祭拜、祷告、求福等礼仪活动；在建筑细部建造过程中居住者与建造者也都喜好采用美好寓意的文字或图腾以寻求福泽庇荫。居住者的风水观以及对美好生活的期许共同构成了个体审美。个人体验不仅体现在了传统村落建筑形态的各个方面，更是族群文化定型的重要基础之一。

7.2
多动力类型

在演进发展过程中，传统村落在一定的秩序和规则下，通过与外部自然、社会、经济和文化环境之间持续的交互，得以完善其自我调节机制。随着村落规模的扩张和数量的增加，村落内部要素之间，以及与外部环境之间会更加频繁地进行交流，这当中包括了物质、能量和信息多方面。随之而来的，就是生产生活愈加丰富，需求也逐渐增多。为满足居民多元化的居住需求，村落内部出现了自组织聚集，使得不同要素互补优化，激发出更为复杂的自组织秩序，逐步出现了更多的功能建筑、景观以及相应的村围构筑物，大大丰富了传统村落的建筑形态。东江流域传统村落建筑的地域文化、建筑文化的地域性特征是在各自相对独立的环境基础上，通过地域的社会系统内某种自发机制形成的。传统村落建筑形态的演进动力，来源于其依据自身发展需求对外部条件的动态适应与自主选择。

为明晰阐释多动力主导因素影响下的东江流域传统村落建筑形态变迁，本节将分别从宏观、中观和微观三个层级分别论述东江流域传统村落建筑形态演化的驱动因素。以传统村落建筑形态为自变量，上述多动力主体因素为因变量。因其发展过程中始终是相互缠绕的，所以多动力主体对传统村落建筑形态的作用也是复杂的，故本节将分别选取受驱动或制约影响较大的三个因素进行详细分析（见表7-1，图7-1）。

传统村落建筑形态与不同因素的关联　　　　　　表7-1

	宏观维度		中观维度		微观维度	
自变量	规模	场地	平面	立面	构造	装饰
因变量	生态环境	生态环境	生态环境	生态环境	生态环境	生态环境
	经济技术	经济技术	经济技术	经济技术	经济技术	经济技术
	社会组织	社会组织	社会组织	社会组织	社会组织	社会组织
	个人体验	个人体验	个人体验	个人体验	个人体验	个人体验
	族群文化	族群文化	族群文化	族群文化	族群文化	族群文化

注：颜色越深，表示其影响力越显著。

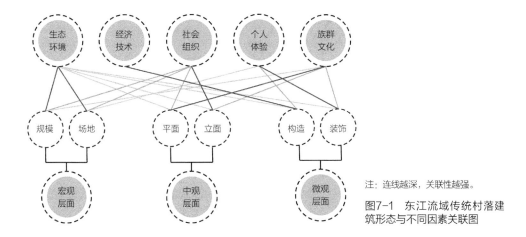

注：连线越深，关联性越强。

图7-1　东江流域传统村落建筑形态与不同因素关联图

7.2.1　宏观层面

见表7-2。

东江流域传统村落建筑形态在宏观维度的动力类型　　　　　表7-2

形态范畴		演变路径	动力主体
宏观	规模	山地：多沿等高线横向发展，用地限制，较少会发展成大型建筑 平原：横纵向自由向外扩张，用地富裕，有占地超万平方米的大型建筑	生态环境
		社会稳定：建筑防御需求一般，一般中小型规模建筑即可满足 社会动荡：迁海复界、土客械斗等致使对建筑有更高层次的防御需求，催生出了超大型多层级防御的城堡式围楼、围村等	社会组织
		客家族群：聚族而居，因族群扩张建筑规模不断加大，常见大规模建筑 广府族群：商贾文化影响下的中小家族，多为两开间或三开间的中小型建筑	族群文化
	场地	山地：因地制宜，沿等高线布置，必要时平整台地 平原：受限少，有时会借助风水堪舆来进行场地设计 滨水：对水系产生极强的亲和性，同时也会顾虑其可能带来的洪涝灾害	生态环境
		社会稳定：防御需求一般，场地不需求过高的防御性和围合性 社会动荡：防御需求增强，结合自然环境，需要营造出围合性和封闭性强的场地以抵御外敌	社会组织
		风水观念：在其他影响因素不明显时凸显，当场地较难依赖山形水势营造时，风水堪舆得到更多发挥空间 宗族意识：在平整的场地还会人为塑造前低后高之势，以化胎寄托延绵子嗣、宗族繁荣的愿望	个人体验

7.2.1.1　规模

东江流域上客家传统村落建筑占比较大，客家传统村落建筑多以"宅祠合一"的整体结构呈现，这种独立的整体形态也使得传统村落建筑更倾向于自体扩张，比如两侧加建横屋、后侧加建围龙、整体加设外围等，这就致使传统村落建筑规模可以随着加建而不断增大。在此背景下，东江流域传统村落建筑的规模受到了来自生态环境最多的驱动。

上游段多为山丘地带，一定程度上限制了传统村落建筑的扩张，故而多为沿等高线横向发展，且较少会发展成大型传统村落建筑，比如上游段现存传统村落建筑最大占地面积为约7860平方米的乐村石楼，其他占地面积一般都在2000平方米以内。而到了中下游段山地逐渐沦为平地，用地变得富余，所以传统村落建筑可以自由向外扩张，不仅可以加设左右横屋，也还有增设前倒座、后围龙或枕杠的情况，所以就会出现一些大规模的传统村落建筑，比如惠深地区就分布有多座占地面积达10000平方米以上的城堡式围楼。

东江中下游分布的大规模的城堡式围楼、围村等也与其所处历史时期的社会组织有所关联。清时期的迁海令致使沿海大部分地区生灵涂炭，随后的复界招垦艰难缓慢，此外还有多次土客械斗等恶性事件发生。在这种混乱的社会环境下，复界地区人民对于住宅的建造就需要考虑更高级别的防御性能，而同族人聚族而居的信念也更加凸显，具有超大规模，又有超强防御性的城堡式围楼便是在这种情况中应运而生的。同区域的广府居民也为了防御自保，选择在房屋四周加建村围和角楼，例如香港锦田的吉庆围，围内房屋建于明成化年间，外围围墙和四角楼建于清康熙年间，可以推测其与当时的社会环境变化有关。

东江流域分布着客家族群、广府族群、潮汕族群等多民系族群，其族群文化对于房屋建造的指导也体现在宏观的规模之上。客家文化崇尚聚族而居，故客家传统村落建筑的规模可以很大，如围楼、围龙屋等。广府族群所在的三角洲平原地区河网密布、气候湿热，再加上商品经济发达等外部环境共同促成了广府传统村落建筑多有竹筒屋、明字间和三间两廊这样的较小规模，以梳式布局为特色。在东江流域中下游段例如东莞广府文化区的许多广府传统村落建筑多为小型传统村落建筑，有时会以整村为单位做一个围墙构成的村围；而在深港复界客家文化区则又有堂横屋、四角楼甚至更大规模的城堡式围楼，这便是传统村落建筑规模受其所属族群文化的影响。

7.2.1.2 场地

多变的生态环境也必将影响传统村落建筑建造时场地的选择和处理，"因地制宜"是东江流域各个区段传统村落建筑场地设计的最基本原则之一。上游段地处山地的传统村落建筑沿等高线排布，前开敞后靠山，在地势过于陡峭时还会将坡地整平为台地，所以有的传统村落建筑须爬坡或经过数级台阶才能到达入口，也有许多传统村落建筑会在斗门前设数级麻石台阶。处于平原区域的传统村落建筑场地受限较小，若无山系水系的引导，有时建造者就会借助风水理论来进行基本的场地设计。处于滨水地带聚落中的传统村落建筑既会对水系产生极强的亲和性，同时也会顾虑其可能带来的洪涝灾害，所以水系的性质也会影响其场地设计：靠近大江大河时须选取"腰带水"以保障基地安全；一般场地地势须超出丰水期水平面，否则就会将基地整体抬高或者修建堤坝；处于多条水系汇合部的传统村落建筑也需要沿着不同水系轴线生长。

防御性是东江流域上很多传统村落建筑对外展现出的一大特征，这与其社会组织及其变化息息相关。东江作为历史上移民南迁的重要路径之一，移民在迁徙至各个区段扎根落脚之时最首要的就是建造能够抵御外敌的坚实居所。在中上游段，山地会对居所产生天然的防御，而处于平原地带的传统村落建筑摆脱了地形的限制，失去了"靠山"，在场地设计时则会引入水系来作为居所的设防，深圳龙岗的龙田世居就以"U形"池塘和风水林将整座建筑包围了起来（见图7-2）。

个人体验也对场地设计产生了一定驱动，这种影响在处于平原非滨水区域的传统村落建筑中得以凸显：场地既没有山形倚靠，也缺少水系的引导，较难依赖山形水势营造，所以往往给了风水堪舆更多的发挥空间，依据堪舆师针对居民家族命相的测算，为其居所的基本朝向、场地设计作出能使得家族兴旺发达、福泽千秋的方式。一些传统村落建筑整体为正南北朝向，而门扇与正南北向的门洞有一定角度倾斜，这种做法相传就是为了避免家族镇不住正南北向的龙脉（一般只有天子皇族才能镇住）而遭遇厄运（见图7-3）。在下游段平原地区部分客家传统村落建筑在平整的地势基础上还会人为地作出逐级上升的几阶台地，以塑造前低后高之势，最后一阶最高的设为"化胎"（源于兴梅围龙屋），这应与客家文化中的母性崇拜相关联。对于聚居于此的居民来说，处于最高地势的化胎寄托着其延绵子嗣、宗族繁荣的愿望。

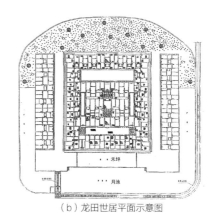

（a）龙田世居鸟瞰图　　　　　　　　　　　　　（b）龙田世居平面示意图

图7-2　龙田世居

（来源：朱继毅. 深圳龙岗客家民居的一个历史断面［J］. 深圳大学学报，2002（6）.）

（a）白云楼 歪门　　　（b）溪南大夫第 歪门　　　（c）世德围 歪门　　　（d）某新建民居 歪门

图7-3　东江流域传统村落建筑中的"歪门"（来源：作者拍摄）

7.2.2　中观层面

见表7-3。

东江流域传统村落建筑形态在中观维度的动力类型　　　　　　　　　表7-3

形态范畴		演变路径	动力主体
中观	平面	客家族群：通常为包含以祠堂为主体的礼制厅堂系统和以住屋为主体的生活居住系统"宅祠合一"的建筑组群 广府族群：多以"三间两廊"为基本单元，聚落常为单元式住屋组成的"梳式布局"系统 文化融合：以"三间两廊"为基本单元，有封闭外围的围村；以四点金为基本单元的密集式布局围寨	族群文化

续表

形态范畴		演变路径	动力主体
中观	平面	社会稳定：建筑的封闭性和防御性相对不高，有的堂屋与横屋、横屋与横屋之间的天街不会设防，稍有防御需求的会在四角设炮楼；居住空间多为通廊式布局 社会动荡：封闭性和防御性增强，围龙屋和四角楼也逐渐演化成城堡式围楼；居住空间向单元式布局转变	社会组织
		山地：半圆形围龙枕靠于山形，犹如太师椅，化胎呈坡地 平原：后围逐渐演化为空间利用率更高的方形，后院呈平地	生态环境
	立面	社会稳定：少设前围，立面呈规整的三段式对称布局 社会动荡：从前围墙向前倒座演化，封闭性和防御性增强，少开窗，设炮孔，顶层时有跑马廊	社会组织
		客家族群：多采用硬山顶，角楼山墙有采用五行之式，也有多种样式融合的情况 广府族群：广府村落建筑山墙以镬耳为特色，最初为有功名者方可建造，后广泛用于较有财富和地位的家族 文化交融：有客家村落建筑山墙出现镬耳式，还有部分角楼的山墙出现飞带式垂脊，这是广府和客家文化交汇地区独有的	族群文化
		山地：立面呈规整的三段式对称布局，外立面入口多为门廊式或门斗式 平原：立面的宽高比更大，围合封闭性的提升也使得建筑的立面连续性强，外立面入口常见平开式	生态环境

7.2.2.1 平面

族群文化是产生族群自我认同意识的基础。相同的形态和特征使同一族群的人能感到彼此是"自己人"，意识到或被意识到与周围群体的不同。所以当一个族群文化逐步定型之后就会影响到其居所形态上，族群文化很大程度影响了其传统村落建筑的平面形制。广东三大民系文化均源于中原汉文化，东江流域绝大多数传统村落建筑也都遵从了以一明两暗、三合式或中庭式为原型展开的中轴对称的平面布局，不同民系在各自发展过程中也逐渐定型了具有民系文化特色的传统村落建筑平面形制，而在东江流域分布着的一些不同民系文化交汇的地区（广客交汇、潮客交汇等）的传统村落建筑平面形制更是产生了民系文化交汇的适应性演化。广府民系传统村落建筑多以"三间两廊"为基本单元，聚落常呈现为单元式住屋组成的"梳式布局"系统；客家民系传统村落建筑通常表现为包含以祠堂为主体的礼制厅堂系统和以住屋为主体的生活居住系统"宅祠合一"的建筑组群；潮汕民系传统村落建筑除了下山虎（三合院式）和四点金（四合院式）外，还有以其为基础发展而成的图库等更大型传统村落建筑，平面整体布局有严谨的纵横对位，严格追求中轴对称和向心聚合，左右从厝及后包房屋均朝向中轴，体现"以中为尊"的方位观❶。而在东江下游段广客民系交汇区，部分聚落及传统村落建筑平面布局就显现出了来自两种民系文化的影响，广府围村就是其中一个范例（见图7-4）：整体而言，往往建有围墙或房屋构成的外围，将住屋全部围合其中，也会在关键节点加设角楼以作防御，整村为一围，具有客家传统村落建筑的特色；而围内住屋又以纵横严谨的巷道排列，呈现"梳式布局"，这又具有广府传统村落建筑特色（香港的吉庆围、深圳宝安的贵湖塘老围等）。粤东潮客交汇区的传统村落建筑较少有驷马拖车、图库等潮汕民系典型的大型传统村落建筑，而是也

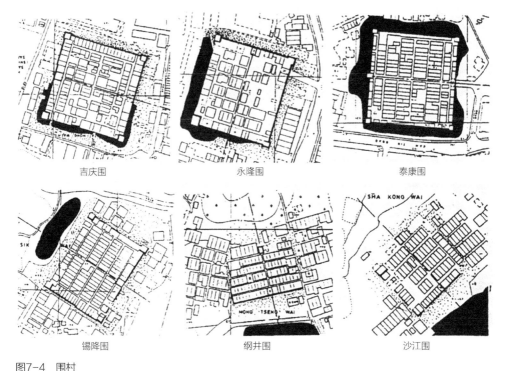

图7-4 围村
（来源：吴庆洲. 中国客家建筑文化：下 [M]. 武汉：湖北教育出版社，2008：516.）

---

❶ 潘莹，卓晓岚. 广府传统聚落与潮汕传统聚落形态比较研究 [J]. 南方建筑，2014（3）：79-85.

采用由房屋构成的外围围合一村，围内则是下山虎、四点金等小型潮汕传统村落建筑单元作密集式布局（惠东县范和村的罗冈围）。整体而言，居民所属的民系文化对其建造居所的平面形制作出了基本指引，而当处于不同族群文化交汇区域时，其平面形制也会依据文化融合的情况作出适应性演化。

社会组织的变化对传统村落建筑平面布局也会产生一定的影响，这也与上文提到的族群文化融合现象密不可分。总体来看，东江上游段以河源为最常见的传统村落建筑形式有堂横屋、围龙屋以及四角楼，其建筑的封闭性和防御性相对不高，有的堂屋与横屋、横屋与横屋之间的天街不会设防。稍有防御需求的会在四角设炮楼，最外两侧横屋向外各延伸出一间作侧斗门，其山墙面与一前围墙相连共同围合一前院，院前紧邻月池。而到了中下游段，尤其是受迁海复界等事件影响的、社会环境更为复杂的地区，居所的封闭性和防御性更高，围龙屋和四角楼也逐渐演化成城堡式围楼，前设倒座屋，后设各式变形的围龙或枕杠屋，共同组成四周夯墙、炮楼高筑的城堡。而在内部的空间组织上东江中下游段也受到来自广府居住文化的影响，最显著的就是横屋部分由早期的通廊单间式逐步发展成为独立单元式套间（类似三间两廊的布局）。这应该与邻近珠三角地区，受市场贸易影响而产生社会组织的变化相关联，来自上游段客家族群"八山一水一分田"的自给自足生活状态不再适用，从前毫无分界、需要团结协作的大家庭朝着小家庭组合模式演化，对于居住私密性的需求也逐渐加强，单元式逐步取代了通廊式（见图7-5），私密性超越了公共性。社会组织受族群文化、经济技术等多方面影响，使得族群内部结构也产生了新的需求，从而重组了传统村落建筑内部的空间组织。

东江流域地形从上游段的山地逐渐转换为下游段的平原，用地逐步得到解放，这也致使客家传统村落建筑中一大特色的"围龙"发生了风格的移植和转变。半圆形的围龙原本是在特定的山区环境中产生的一种建筑形态，围龙屋逐级上升的空间序列与

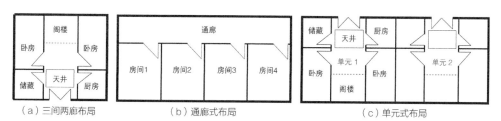

（a）三间两廊布局　　　　（b）通廊式布局　　　　（c）单元式布局

图7-5　通廊式向单元式的演变

山体的坡度相一致,化胎的圆鼓形与这种地理环境也有着密切的关系❶。而到了东江中下游地区,土地富余,而且较为平坦,失去了自然山体的后枕,导致建筑形态逐步平面化,四角围楼以"方围"逐步替代了围龙与堂横屋之间的空间构成关系。以深圳坑梓洪围、新乔世居、龙湾世居、龙田世居为例,它们均是在堂横屋基础上加设后围的四角围龙屋:洪围较完整保留了半圆形的围龙和化胎;新乔世居的后围则改造为水平直线两端各加四分之一圆;龙湾世居也为水平直线两端各加四分之一圆,但直线比圆半径的比例更大;龙田世居则完全改造为矩形枕杠后围。再以惠阳秋长街道桂林新居为例,整座建成建筑有内外三围:最内层后围是半圆形围龙;中间层为水平直线与四分之一圆组合形后围;最外层则是近似直线的弧形,这也佐证了这种风格变异的过程(见图7-6)。据资料统计,自乾隆中期后,惠州等地区围龙屋已不再建,人们都

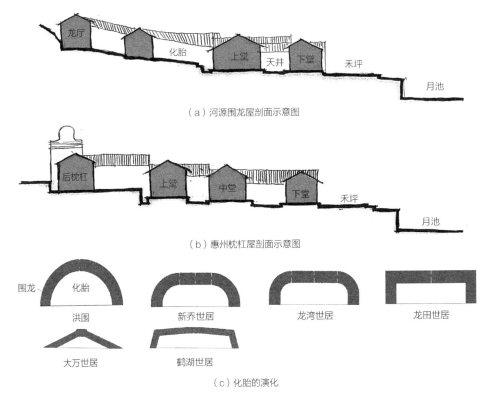

图7-6　围龙和化胎的演化

❶ 吴卫光. 围龙屋建筑形态的图像学研究 [M]. 北京: 中国建筑工业出版社, 2010.

采用了更加科学合理、顺应本地自然环境的四角楼形式。生态环境的转换和社会组织的重构（也受到了族群文化融合的影响）共同促成了传统村落建筑平面形态的演变。

7.2.2.2 立面

东江流域传统村落建筑立面形态的演化中最显著的特性就是封闭性和防御性，这是其族群文化中的移民属性所决定的，也是受历史进程中的重要节点影响的。中原移民在沿着东江不断南下的迁徙过程中持续遭遇着与自然、土著、外敌的冲击，形成了聚族而居的特点，居所也因其所处的外部环境呈现出不同程度的封闭性和防御性。东江在整个历史进程中经历了无数的起义和斗争，尤其是清时期迁海复界、土客械斗等事件的发生，对下游地区的社会组织产生了极大影响，外部的动荡不安致使居所防御性需求不断提高，这在传统村落建筑立面形态的演变中表现得十分显著。东江上游段临近赣南地区，山岭纵横，贼匪劫掠、宗族械斗时常发生，中上游段传统村落建筑住宅大门常作门廊式，这样既能防雨防晒，又能形成一个视觉盲区作抵御外敌的观察点位，有的还会在内凹侧墙上设立枪眼。很多传统村落建筑会在堂横屋的基础上多设置一个前院，有的在围墙中设门楼作院落大门，有的在围墙和侧斗门相围合的基础上，墙外再以月池相隔以增强房屋的封闭性。稍大型传统村落建筑建造时常以高大厚实的砖石或夯土围墙围合，围的外墙既是围屋内每间房子的承重外墙，也是防卫外墙。外墙基本不开窗，所以非常封闭。外墙上开有各类形态的射击孔，四角设突出的炮楼以增大御敌范围和射击角度（见图7-7）。而在中下游段曾受迁海复界事件影响的区域，传统村落建筑防御性需求更强，倒座屋代替了围墙，以三到四层的房屋围合起整座围楼，有的会在顶层女儿墙内设跑马廊，在后围中部设望楼以加大抵御外敌时的瞭望和射击范围。这种围楼规模更大，院落大门常作平开式，其外立面甚少开窗，只开诸多枪眼，显得整座建筑犹如一个坚不可摧的堡垒（见图7-8）。此外，在下游段一些广府聚落中，也出现了将整村以房屋或围墙围合，并在重要节点设置三到四层谯楼的情况。总的来看，社会组织的不稳定致使原本就具有移民属性的东江居民在居所建造时就有的防御性需求更加强烈，越是在经受过不稳定外部社会环境影响的区域，其立面形态越是呈现出封闭性和防御性。

族群文化的差异也影响了传统村落建筑立面形态的呈现，这当中以屋顶的形态演变最为醒目。大多数东江传统村落建筑采用硬山式屋顶，有时会在横屋或其他附属

（a）会龙楼　　　　　　　　　　　　　（b）会龙楼　门廊式大门

（c）老衙门　　　　　（d）老衙门　前围墙　　　　　（e）老衙门　前院

（f）松秀围　　　　　（g）松秀围　前倒座　　　　　（h）松秀围　天街

图7-7　防御性的增强

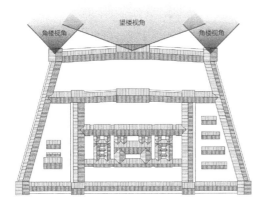

图7-8　鹤湖新居的角楼、望楼防御系统

建筑上使用山墙。山墙顶端高出建筑的瓦面部分，与垂脊相连，具有隔火兼装饰的作用（封火山墙）。客家传统村落建筑受潮汕传统村落建筑的影响，山墙也分为金、木、水、火、土五式。东江流域采用封火山墙的传统村落建筑也多用五行之式，在客家文化区，传统村落建筑封火墙式样的选择也多依据风水术辨别山水龙脉，依据五行生克原理附会吉凶休咎，结合建筑的地理条件以及居住者的自身状况，确认山墙形态。由于住宅有厌火的说法，所以东江传统村落建筑山墙较多采用水式和土式，也有金式和木式的，但较少见火式的情况。东江流域的客家传统村落建筑中有的建筑多个山墙采用同一个属性的五行元素（左拔大夫第），也有整个建筑采用二至三个不同属性的五行元素（乐村石楼）。而到了东江下游广客文化交汇的区域，传统村落建筑山墙则发生了吸纳和演化（见图7-9）：一方面，部分传统村落建筑角楼的山墙出现飞带式垂脊，这是广府和客家文化交汇地区独有的，从山墙面看，两条垂脊的上部相交于山墙的顶端，尖锐的顶部以倒置的抛物线向下延伸，大式飞带会在接近檐

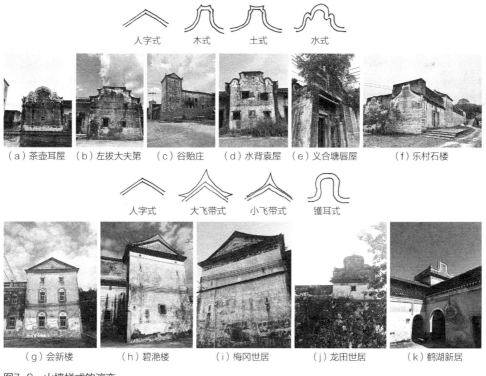

图7-9　山墙样式的演变

口处上翘以蹲兽为收束，小式飞带在中下部由抛物线转变为直线直至檐口；另一方面，部分客家传统村落建筑开始采用广府传统村落建筑中使用的镬耳式山墙，最初为有功名者方可建造，后广泛出现于较有财富和地位家族的大型传统村落建筑，常用于客家传统村落建筑的角楼或望楼之上，其山墙面一般朝向围楼的两侧面，两山墙之间以女儿墙连接（官山村会龙楼等）。此外，还有一些传统村落建筑大门会采用仿牌坊式造型，大门居于牌楼面阔中心（大万世居），也可以看作是受到了广府文化的影响。

同平面形态一样，东江流域传统村落建筑立面形态也受到了生态环境变化的影响。地形地貌的逐步平原化为建筑的扩张提供了更有利的条件，结合社会组织的影响，传统村落建筑规模可以更大。以东江下游段城堡式围楼传统村落建筑为例，其传统村落建筑立面的宽高比更大，围合封闭性相较中上游段传统村落建筑的立面连续性更甚，失去了自然山体的枕靠，除了四角设置角楼外，有时还需要在后围中部设望楼以消除视觉盲区（见图7-10）。

（a）碧滟楼

（b）敬慎堂

（c）选安楼

图7-10 不同高宽比的立面（来源：作者拍摄）

7.2.3 微观层面

见表7-4。

东江流域传统村落建筑形态在微观维度的动力类型

表7-4

形态范畴		演变路径	动力主体
微观	构造	建筑材料：就地取材，追求性价比，外墙多为防潮性能稍好的夯土墙砌筑，内墙则为造价稍低的土坯墙砌筑 建筑构造：大木构架呈抬梁式和穿斗式相结合的混合结构，又称"插梁式"，屋主经济实力越强，功名越高其构造形制则越复杂	经济技术
		宗族意识：广府建筑的牌坊具有的纪念性、标志性、装饰性和风水的功能，与客家人意识相契合，故融入了客家建筑中	个人体验
		气候变化：雨水丰润、气候潮湿的地区产生金包银砌筑方法，可以更好地防潮防水	生态环境
	装饰	装饰主题：富有伦理色彩和吉祥瑞庆的内容，耳熟能详的历史故事和民间传说，或者宣扬孝悌忠信、礼义廉耻的词句，展现屋主的审美爱好和感情追求 装饰技术：建造者的审美与技艺也影响了细部装饰的风格	个人体验
		客家族群：鲜有繁复的装饰，风格朴实，祖堂是装饰的重点 广府族群：渐趋繁复，有灰塑、彩描等精湛技艺 文化融合：靠近广府文化区的客家建筑细部装饰出现了灰塑、彩描等做法，如博古脊、龙船脊，搏风带彩描等	族群文化
		内陆：普通土砖作墙面和砖雕装饰 沿海：采用蚝壳或其他贝壳烧制成的贝灰来代替石灰以防海风侵蚀，蚝壳墙作装饰	生态环境

7.2.3.1 构造

东江流域的传统村落建筑基本构造模式大体相同，外墙多采用土墙，在用材的选择更倾向于就地取材，追求性价比。外墙多由防潮性能稍好的夯土墙砌筑，内墙则由造价稍低的土坯墙砌筑。中小型传统村落建筑承重多以实墙搁檩为主，大木构架则主要见于大型的厅堂之中，而且往往呈抬梁式和穿斗式相结合的混合结构，在本地又被称为"插梁式"。东江传统村落建筑的构造一般与当地的技术水平和屋主的经济实力相关，一般人家的中小型堂横屋多为单层，较有实力的大宗族才有能力建造规模更大、更高的建筑。比如东源县仙坑村叶氏一族，崇文重教，历史上英才辈出，可谓人丁兴旺、财力雄厚，这也能从四角楼和八角楼等月池前竖立的标示功名的桅杆夹窥见一二。其中八角楼

237

四堂四横布局，内外两围，外部围墙由花岗石条砌筑，内部中堂由十三架梁构筑，厢房均设有二层木阁楼，经济与技术能力充分体现于传统村落建筑的构造之中。

在惠府复界客家文化区，部分城堡式围楼中采用了牌坊这一特殊结构。牌坊作为广府祠堂中精神性功能极强的辅助构成元素，恰好也契合了客家族群的个人体验，吸纳为己用，演变成为该地区传统村落建筑的独特风格。广府祠堂的牌坊多设于祠堂前广场，或者祠堂内前堂和中堂之间的院落。而该地区客家传统村落建筑中的牌坊多设置于围内倒座之后前院之前，与倒座内围墙处于同一水平线上。

房屋的构造也与其所处的生态环境有关，东江部分流域雨水丰润、气候潮湿，在自然环境的影响下外墙结构就产生了一种"金包银"的砌法，拥有更良好的防潮和防水性能，多用于角楼的砌筑，这便是受生态环境变化产而产生的。

7.2.3.2 装饰

传统村落建筑中细部处理与装饰装修是艺术表现的重要形式。传统村落建筑的装饰艺术与建造者的个人体验关联性最强，也与其所处的族群文化密不可分，在此将个人体验与族群文化结合起来讨论。东江传统村落建筑的装饰装修有木雕、石雕、砖雕等各种做法，一般来说建筑的外部用砖、石、陶、瓷等材料，以防风吹雨淋，檐下或室内则多用木、灰、泥等材料，避免潮湿和日晒，也能保证构件的耐久性和色泽性。在装饰的工艺手法和题材内容上，都具有很强的地方性和自主性，形象多样，比如富有伦理色彩和吉祥瑞庆的内容，又如耳熟能详的历史故事和民间传说，还有宣扬孝悌忠信、礼义廉耻的词句等。装饰装修结合当地的材料和工艺、习俗爱好等，展现出居住于此的人们生活中的审美爱好和感情追求。

不同民系传统村落建筑的装饰装修也略有差异，在东江流域也能看出民系文化的融合对传统村落建筑装饰所产生的影响。东江中上游段客家传统村落建筑中鲜有繁杂的装饰，风格朴实。在中下游段靠近广府文化辐射区的传统村落建筑则开始出现雕饰，风格渐趋繁复，引入了更为复杂的高浮雕技法用于撑拱、子孙梁底、隔扇门、封檐板等各类木构件装饰中。灰塑作为广府传统村落建筑盛行的一种建筑装饰手法，也被运用于部分客家传统村落建筑中。如鹤湖新居的山墙搏风面和檐口处刷以600毫米左右的黑带，采取"平面做"手法作海藻水草、草龙纹饰图案；还有会龙楼角楼垂脊处和山墙搏风面的"半边做"手法；部分传统村落建筑的屋檐和围楼墙体之间为装饰过渡效果会也在墙楣部分做一条以灰塑装饰的装饰带。在屋脊部分，上游地区一般多采用平脊做法，由于受多民系文化影响，可见灰塑、陶塑甚至嵌瓷等装饰做法作龙舟脊、燕尾脊、博古脊等样式，造型和色彩都更加繁复多样。总的来看，在装饰风格上东江流域传统村落建筑不仅受到地方性和居住者自主性的影响，更受到来自不同民系的文化审美传统及其相对应的工艺技术的影响（见图7-11）。

气候地理因素也会影响到东江流域传统村落建筑装饰装修各个部位的材料选择。如砖雕在中上游段可以选作墙面或墀雕饰，而到了下游临海地区，海风带有的盐分和水汽对石灰合成的砖有侵蚀作用，故在沿海地区的墙体和装饰材料中，都用海边的蚝壳或其他贝壳烧制成的贝灰来代替石灰以防海风侵蚀❶。

| （a）振威将军第封檐板 | （b）振威将军第隔扇 |

（c）南社村民居博古脊　　　（d）南社村民居搏风带　　　（e）南社村民居屋脊

图7-11　民系文化交汇地区的传统村落建筑装饰

（来源：（c）（d）（e）楼庆西. 南社村［M］. 石家庄：河北教育出版社，2004.）

___

❶　陆琦编. 广东民居［M］. 北京：中国建筑工业出版社，2008.

7.3
多动力结构

依据耗散结构理论，系统自组织的产生具有四个条件：开放性、远离平衡态、非线性和发生内部涨落。下面将从这四个基本条件为出发点，分析和判定东江流域传统村落建筑的多动力结构特性。

（1）开放性

系统持续与外界进行物质、能量和信息交流，体现了系统的开放性。传统村落建筑与外部环境（自然环境、社会环境和人文环境）存在着持续的人员、物质、资金、信息等方面的交流，具有典型的开放性特征。客家族群的移民属性为东江流域传统村落建筑在发展过程中与外部世界的信息交流提供了保障。因历史特殊原因走向海外，而后又归乡而来的华侨群体更是成为东江传统村落建筑演化过程中传递外部信息的使者，东江中下游地区的一些侨乡传统村落建筑即是东江传统村落建筑自组织演化中的开放性表达。此外，虽然传统村落多以自给自足的小农经济为主，诸多东江传统村落建筑也以一围即一村的相对封闭式呈现，但受珠三角地区商品文化的影响，东江地区商埠集市的产生与兴旺也加强了传统村落建筑之间的物质、资金的稳定交换，这也是东江传统村落建筑开放性特征的一个佐证。

（2）远离平衡态

系统通过与外界的交流，不断维持着其内部各要素间的差异。传统村落建筑的非平衡性表现在自然环境的不同、人口构成的差异、社会资源的不均、文化思想的融合等方面。这种非平衡性所形成的在不同层级上的"势差"正是推动传统村落建筑自组织发展演变的关键因素。东江流域从上游至下游地理环境差异带来的自然资源的不均衡致使人口的流动；不同区域经济条件的差异致使劳动力的流动；不同产业发展和规模效益的差异致使社会资本的流动；不同族群文化的碰撞与融合、不同族群势力的分化引起的竞争也在客观上持续推动着传统村落建筑自组织演化远离平衡态。

（3）非线性

非线性需要系统存在三个或三个以上的要素，要素之间还应当有非线性相互关联，这当中也是具有连锁效应的。依据孙大章先生对影响传统村落建筑形制的因素概括，东江传统村落建筑系统中可分为地理子系统、经济子系统、社会子系统和文化子系统，它们层层嵌套，既有横向的相互关联，也有纵向的联系，各个子系统要素之间存在着普遍的非线性相互作用。

在东江传统村落建筑自组织演化中，各个子系统的要素变化往往都会受到其他多种因素的综合影响，有的因素起到促进作用，也有的因素会产生抑制效果，甚至同一因素在不同阶段亦会对某要素产生或刺激或抑制的相反作用。有时还可能出现牵一发而动全身的情况，例如地形地貌的变化影响了风水测算的结果，共同促成了传统村落建筑平面形制的演化，此外居民防御性的需求也限制了其形态的发展。东江传统村落建筑自组织演变中持续存在着非线性机制，在促成其不断更新成为新的有序结构的同时，也使得传统村落建筑形态的演变路径更加不可预知、更加多元化。

（4）内部涨落

涨落是系统对平衡状态的一种偏离，是系统内部不同要素作用力量的此消彼长。在东江传统村落建筑自组织演化中，涨落就表现在空间、功能和需求之间的相互作用。在一定限度内，对于传统村落建筑自组织来说，适度的涨落都可以通过自适应和调整来承受和消解，而当涨落到达一定限度时，传统村落建筑自组织就可能面临失衡，从而可能进化成为新的有序结构。所以说，在一定限度内的内部涨落，能够促成传统村落建筑自组织系统的良性发展，客观上推动了东江传统村落建筑空间形态的演化。

协同学认为竞争与协调机制能共同推动自组织系统的发展和演化，自组织系统的发展通过涨落达到有序。东江流域传统村落建筑形态演变的动力与结构便包含了协同、竞争、涨落、巨涨落这几个主要环节，而不同环节的有序构成就会触发系统的不同发展路径，一般包含循环、重组或者突变这三个路径（见图7-12）。

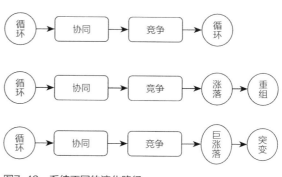

图7-12　系统不同的演化路径

7.3.1 协同—竞争—循环

东江流域传统村落建筑大系统内部在自然、社会、经济和文化不同层次之间持续存在着协同与竞争，协同和竞争无时无刻不在系统层级内部和层级之间发生，推动着东江流域传统村落建筑的循环演化。东江传统村落建筑系统的协同—竞争—循环可以从传统村落建筑文化的形成和传统村落建筑的建造两个方面来讨论：

东江传统村落建筑文化的形成过程本身就是一个协同—竞争—循环的过程。东江流域上的人口以客家族群为主体，客家文化其本身具有的移民属性使得东江文化持续处于开放性的非平衡态。具有相近文化背景、社会构成和生产方式的中原移民初来东江流域，在此扎根定居，其间的交往和融合即是协同的产生，工匠的往来、技术的交流以及材料的互通都使得东江村落建筑文化逐步走向有序。而随着族群的扩张，土地资源的紧缺，致使了各个族群文化之间的竞争，客家族群以其强大的文化向心力在这种协同和竞争之中不断吸纳土著少数民族文化的特质，逐步占据东江文化的主导地位，而在东江中下游段与广府文化、潮汕文化的交锋与交融，以及特殊历史时期所形成的红色文化和华侨文化等，都在协同与竞争中共同使得系统得以循环向上发展和演化。

东江传统村落建筑的建造过程也具有协同与竞争。源自中原的宅居格局很大程度上受到了族群宗法制度的指引，小农经济模式影响着住屋具体功能的分布，加上外部环境的种种制约，东江传统村落建筑逐步形成了"宅祠合一"的基本形制，无论是堂横屋、围龙屋，或是城堡式围楼，都显现出了堂屋的核心地位，这也是各个子系统协同发展的结果。然而这当中也存在着子系统间的竞争、建造者经济实力的差异、建造用材的地域性，以及建造技艺的不同促使竞争，加强了村落建筑细部和装饰的多样性。外来文化的浸染和居民对于生活方式新的追求也引发了竞争，广府三间两廊式、潮汕中庭式的布局也在建筑建造中得以应用；外部环境的变化、新的建造技术的引入也致使了传统村落建筑建造者在竞争中不断学习和提升建筑建造水平。这一协同—竞争路径，始终受到了来自其本族群文化的限制，使其长期处于一个循环向上发展的状态当中。

7.3.2 竞争—涨落—重组

系统从无序向有序的转化有赖于涨落的出现，东江流域传统村落建筑的演变随着社会进程的推进，外部环境的差异性催生了许多更新、更复杂的功能需求，从而影响了村落建筑形态的重组型发展。这种竞争—涨落—重组演化路径可以在东江流域的民系文化交汇区时常出现。在广府与客家民系文化交汇区域，就出现了集合了广府建筑文化中梳式布局特征和客家建筑文化中围合聚居的特征的围村；在原属于典型客家建筑形制的大型客家围楼中也出现了类广府三间两廊的居住单元；在潮汕与客家民系文化交汇区域，客家祖堂的大木构架也出现了潮汕地区常见的叠斗和"五脏内"式做法；而在建筑细部装饰方面，民系文化交汇地区更是呈现出了多元样式杂糅的特点，客家建筑中可以出现镬耳式山墙、博古正脊、飞带式垂脊、驼峰斗栱等多元文化特色。这都是村落系统在面临不同文化交融时产生不同程度的涨落，从而引发的一系列重组结果。

7.3.3　竞争—巨涨落—突变

传统村落建筑形态的突变是由空间结构与功能的相互关系所决定的。早期的传统村落建筑系统各个要素通过自我调节逐步达成一个相互适应的状态，在演进过程中多数具有连续性和一贯性，变化过程相对缓慢和平稳。然而随着历史进程的演进，社会和经济的发展，原有结构的承载能力逐渐不能支撑新产生的功能需求，传统村落建筑系统开始从有序走向无序。这时候如若维持原有结构，便会逐渐走向衰退和解体；如若想要适应发展，则需要其空间结构发生突变。人口数量持续增加，村落规模不断扩大，以至于超出了原有的涨落限度，原有的村落建筑扩张模式也开始无法满足居民日益提升的生活需求。各个层面的子系统，比如文化的、社会的、经济的，还有政治的，都开始被改变和分化。新的要素的产生和替代使得系统变得更加多元和复杂，原有系统即将失去平衡，新的有序结构开始发育。改革开放后，传统文化、宗族观念部分受到压制，传统工匠也逐渐淡出了村落建筑营造范围。传统技艺的逐渐丧失、城镇化进程、经济利益至上的观点都对传统村落建筑营造产生了一定冲击。当传统村落的空间结构的发展面临着或维持、或突变的临界状态时，作为村落发展主导力量的居民行为就变得十分关键了，居住于此的人的社会行为会极大程度影响这个结构，甚至会引起一系列连锁效应，带动传统村落建筑的跨越式突变发展。

7.4
多动力演化机制

复杂系统在演化过程中具有决定性作用的参量被称为序参量，序参量源于系统内部。系统从无序转变为有序过程中，系统内部各个子系统会出现关联与协同，系统内部的序参量会不断提升，直至达到最大阈值，就会促使系统跃迁，新的有序结构就此产生。通过上节对东江村落建筑多动力主体和结构的梳理，笔者在东江村落建筑自组织演变驱动机制研究中，引入动力学中序参量的概念，归纳出了一些在东江流域村落建筑形态变迁过程中具有影响力的序参量，并结合东江流域传统村落建筑发展的不同路径，总结出了如下的东江流域村落建筑形态变迁的驱动机制。

7.4.1 基于客家文化向心性的对内协同机制

客家族群作为东江人口的主力军，其民系文化在其村落建筑自组织系统演化中起到了较强的支配作用，而客家文化中强大的向心性内涵作为序参量之一始终在系统内部维持着各个子系统之间的协同发展。

（1）客家文化的向心性

客家民系在东江流域的形成和壮大过程有四个影响因素贯穿始终：社会分化、集体迁徙、民族融合、地理阻隔。历代更迭的资源紧缺或势力扩张致迫使部分中原人口集体向南迁徙，逐渐成就了客家这一汉民系分支；迁徙过程中面临与土著民族的争夺和相互镇压，逐步文化融合成为一个相对稳定的状态；粤闽赣交界多山少平原，高山密林所形成的地理阻隔在一定程度上保护了客家文化的积累和演化。这四个因素共同驱动着客家文化的向心力内涵，使客家文化能在东江流域得以成熟和发展，并且作为序参量维持着东江村落建筑自组织系统的对内协同（见表7-5）。

客家文化的向心性	表7-5
向心力	表现
理学集体意识的向心力	"三纲五常""八卦风水"
命运共同体的向心力	"宁卖祖宗田，不忘祖宗言"
民族同化的向心力	"半山哈""汉畲相融"
自然围合的向心力	"八山一水一分田"

（2）客家传统村落建筑的向心性

东江村落建筑规模形态各有差异，但其村落建筑时刻受到了客家文化的统领，使其在千变万化之中仍具有一定的向心性内涵。

"井"之于建筑位置的中心性和分布的平均性都体现了客家人内向性、互助性的居住模式，也间接反映了客家文化中的命运共同体意识（见图7-13）。

"祠堂"，无论是围龙屋还是四角楼，其必有一条包含祠堂、公厅、天井及门堂的中轴序列，它象征着客家族群的龙脉，代表了极强的客家族群认同感。这种严谨秩序和强大向心力将分散的客民聚集起来，成为团结整个宗族，维系人伦秩序、延续家族血脉、强化家族意识、提高族群自尊的核心载体，这也成为客家传统村落建筑区别于其他民系建筑的最重要特征（见图7-14）。

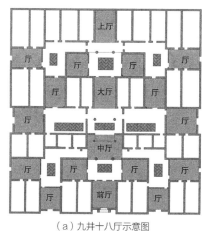

（a）九井十八厅示意图　　　　　（b）井的向心性

图7-13　井（厅）的向心性

　　"井"和"祠堂"处于向心圈的内层,反映了客家文化的向心力,也受其命运共同体对向心力所引发的族群归属感影响。

　　"围"是客家建筑中最常出现的字眼,这与客家族群对于居所的防御性需求密切相关。这种聚合模式团结了全家族的力量,在抵御外侵的同时也保护了客家民系民族的向心力,助力客家族群的壮大和发展(见图7-15)。

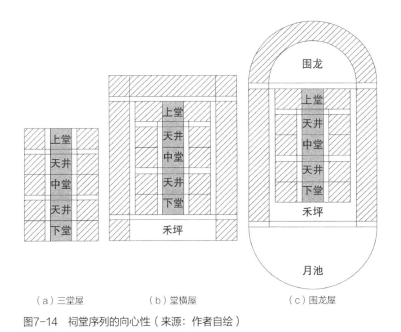

（a）三堂屋　　　　　　（b）堂横屋　　　　　　　　（c）围龙屋

图7-14　祠堂序列的向心性（来源：作者自绘）

（a）围楼的围　　　　　　　　　（b）仙坑村八角楼的走马廊

图7-15　围的向心性

"池"是客家建筑在特殊场地和气候条件下应对客家族群生活的凝聚,同时也加强了客家族群共同生存、福患共享的集体意识。"楼"这一设防性建筑形式则极大地集聚了客家族群在迁徙的过程中患难与共,团结齐进的精神内核(见图7-16)。

围、池和楼处于这个圈的外层,保证了东江流域村落建筑整体的围合性,是在抵御外敌入侵(民族同化的向心力)和外部环境围合(自然围合的向心力)的共同作用下产生的。

总的来说,客家文化的向心性成就了东江流域客家村落建筑在多样中仍具有强烈的内向共性,是一种对外封闭防御,对内开放互助的基本形态。这也解释了为什么会有圆楼、围龙屋、方围等诸多类型的村落建筑分散在不同的地理区域,却都能被冠以客家建筑的称谓,这不仅仅是因为是客家人居住在内,根植于客家民系的向心性使得无论客家人身处何种自然环境和社会条件中,其居所都能表现出一脉相承的客家文化内涵。以客家文化向心性为序参量的对内协同机制是东江流域村落建筑形态变迁的第

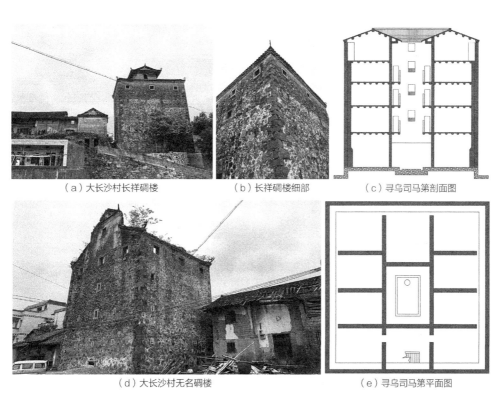

(a)大长沙村长祥碉楼　　(b)长祥碉楼细部　　(c)寻乌司马第剖面图

(d)大长沙村无名碉楼　　　　(e)寻乌司马第平面图

图7-16　碉楼的聚集功能

一驱动机制（见图7-17），使得东江传统村落建筑在千变万化之中始终具有其独到的地域性文化特征。

7.4.2 基于民系文化融合的动态交互机制

东江流域上的不同族群文化之间的融合和碰撞也在其村落建筑自组织系统演化中起到了关键影响作用，这种文化融合也作为一个序参量在系统内部不断引发涨落，使得东

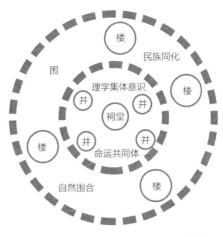

图7-17 东江流域传统村落建筑中的向心性

江村落建筑自组织系统持续开放、远离平衡态。东江流域上因自然生态、经济技术、社会组织和文化观念的影响，传统村落建筑在平面形制、空间组织、结构形式和装饰做法上均产生了差异性发展（见图7-18），尤其是文化融合的影响贯穿在宏观、中观和微观各个层面。

在平面形制上，粤中围村这种村落建筑形式既有客家村落建筑的围，又有广府村落建筑的三间两廊式组合而成的梳式布局，潮客交汇地区的围内还有潮汕村落建筑典型的

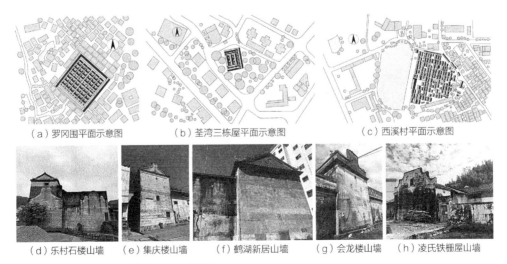

（a）罗冈围平面示意图　　（b）荃湾三栋屋平面示意图　　（c）西溪村平面示意图

（d）乐村石楼山墙　（e）集庆楼山墙　（f）鹤湖新居山墙　（g）会龙楼山墙　（h）凌氏铁栅屋山墙

图7-18 东江流域传统村落建筑中的多样性

下山虎、四点金作密集式布局；在空间组织上，中下游受广府商品文化影响，住屋发生了由通廊式向单元式的转变，以满足小家庭私密性的需求；在结构形式上，多元文化的碰撞使得居所有了更强的防御性需求，角楼和望楼的演化凸显了防御性的增强；部分客家围楼中也出现了广府村落建筑中常见的牌坊结构；在细部装饰上，越是民系文化交汇地带，村落建筑装饰越是呈现出多元杂糅的做法，镬耳式山墙、飞带式垂脊、灰塑和彩描等广府村落建筑装饰技艺也更多运用于东江客家村落建筑细部装饰中。

总的来说，正是有多民系文化融合这一序参量，能在东江村落建筑系统内部引发持续的涨落，为东江流域村落建筑形态变迁提供更为开放的动态交互机制，为东江村落建筑创造更为多样化、更具生命力的内涵。

7.4.3　基于社会组织变迁的临界突变机制

近现代社会组织的变迁无疑使得东江村落建筑自组织演化遭遇了巨涨落，随着改革开放和城镇化建设不断的发展，传统村落建筑开始处于某种临界状态，社会组织变迁中的微小变量往往可能引发连锁效应，推动传统村落建筑空间结构的突变，并开始带动东江村落建筑形态发生跨越式突变发展。清代的迁海复界、土客械斗等事件使得外部环境动荡不安，防御性与封闭性需求的直线上升，促成了东江中下游城堡式围楼这一村落建筑形式的形成。

社会组织的变迁始终伴随着经济技术的革新发展。在改革开放的二三十年间，随着经济发展，居民生活条件的提高、资金投入的加大，致使建筑材料也从泥砖向砖混甚至框架结构转变，营造方式的转变也使得村落建筑形态产生了更大的突变，部分传统村落建筑被现代村落建筑所取代，很多传统村落建筑的部分信息甚至开始"丢失"。现代科技的发展也有了更效率的主动方式去解决以往村落建筑构造需要解决的问题，比如排水、通风、保暖和防暑降温等。这场从传统向现代转型的突变现在仍旧持续发生着，我们也开始清晰地认识到传统村落建筑中传统符号的变化、变异乃至消亡（见图7-19）。

基于社会组织变迁的临界突变机制能使我们认识到东江流域传统村落建筑形态在近现代发展突变的深层次内因，也提醒了我们要在认识这场突变本质的基础上，摸索出一套能促使系统形成渐进式的新秩序和发展模式，在顺应当下社会发展的同时，亦能够保留住东江传统村落建筑的精华。

（a）旧民居逐步被废弃

（b）仅祠堂序列住屋得以保留

图7-19 东江流域传统村落建筑在现代化进程中的突变

7.5
东江流域传统村落建筑适应性发展的长效机制

7.5.1 发展需求

伴随着城乡关系的持续相互适应和发展，乡村在社会结构、人口构成、产业构架等多方面都会发生进一步转变，农业农村发展中的重大结构性、趋势性、转折性变化将进一步凸显❶。2019年广东提出的"一核一带一区"区域发展格局根据各区域自身的比较优势、其所具有的资源配置、相关的基础条件，将全省划分为珠三角核心区、沿海经济带、北部生态发展区3个功能区，明确各自的发展方向和发展重点，让每个功能区各尽其能、各展所长，成为各自功能的引领者，形成功能布局合理、区域分工清晰、各具特色、协同共进的区域协调发展格局。

在如此复杂变化背景下，要使得东江流域传统村落建筑的发展既能顺应现代化建设新征程，又能传承传统村落建筑文化内涵，就需要结合东江流域传统村落建筑形态变迁在生态环境、经济技术、社会组织、个人体验和族群文化变迁中的驱动机制，明确居民在新时代背景下产生在乡村生产和生活中的新需求，释放东江传统村落建筑在新时代新发展征程中的多元价值，带动和促进东江流域的乡村全面振兴。

7.5.2 适应性发展的原则

根据自组织方法论，传统村落建筑系统的演变主要可以分为三类：渐变型演变（自然态）、间断型演变（突变态）、间跃型演变（理想态）。东江流域传统村落建筑系统在历史进程中长期处于渐变，即自然态的演变；在近现代时期由于特殊的社会环境变迁开始发生间断，即突变态演变；而在新时代背景下，传统村落建筑的间跃型演变，扬长弃短，在现实性与可能性之间尝试寻求契合点，这种发展模式是符合新时代发展可持续性的。这就要求我们在东江流域传统村落建筑适应性发展进程中要时刻遵从如下几点原则：

（1）遵从传统村落建筑的连续性与自适应性

依据自组织理论，东江流域传统村落建筑的发展过程受到了多重因素的相互作用，是一个螺旋上升发展的过程，具有连续性。所以对于东江流域传统村落建筑的发展探索需要强调村落建筑发展的连续性，不能唯结果论，切断所有联系，直接给予一个发展结果。应当梳理各个因素和系统的联系，找出关键障碍点，不断地调试与修复，以形成一个更为良性、可持续的发展模式。同时也应当遵从村落建筑的自适应

---

❶ 叶兴庆，程郁，赵俊超，等. "十四五"时期的乡村振兴：趋势判断、总体思路与保障机制 [J]. 农村经济，2020（9）：1-9.

性，不以过度的外力去"干扰"和"破坏"系统内部的活力，使其自适应地更新和演化。在决策过程中不能持"头痛医头、脚痛医脚"的机械论观点，应当分析问题之间的联动关系，疏通联系的各个环节，特别是各个子系统中间各种信息的、能量的和物质的交流，从而提升系统活力，使得系统处于良性动态循环中❶。遵从村落建筑的连续性与自适应性，尊重本土经验与文化，不以城市化与现代化思路牺牲和破坏传统村落建筑的自组织体系，是传统村落建筑可持续发展、乡土文化传承的基本保障。

（2）遵从传统村落建筑的地域性和多样性

东江流域传统村落建筑所处的生态、社会、经济和文化环境与其形态之间存在着复杂的非线性关系，所以构成了传统村落建筑空间形态特征的地域性与多样性，对此我们应当尊重传统村落建筑的复杂性发展，更应该明确在这发展当中形成的不同层级和阶段，保持传统村落建筑的地域性与多样性。传统村落建筑所处的村落在生态、社会、经济和文化等方面都有着其不同的特点，展现出不同的表现形式。因此东江流域传统村落建筑的发展思路就应当强调建立在普遍性基础之上事物发展的特殊性，强调传统村落建筑的地域性。在生态层面应当整体地尊重地方及区域的生态环境、景观环境以及规划布局；在社会层面应当助力本土人口结构的稳定，以及可能的外来人口融入，避免过度老龄化和空心村问题加剧；在经济层面应当尊重和保护地方规模经济，发掘其经济潜力，创建适应于当地的生产和销售模式；在文化层面应当充分尊重、保护地域文化及地方风俗习惯，使其尽量少地受到城镇化建设的过度冲击；而对于传统村落建筑及其环境自身，除了建筑主体外，其所处的场地、其他重要村落节点，以及村落整体形态，都应当得到充分的尊重和保护。只有保持了传统村落建筑的地域性，东江流域传统村落建筑形态的多样性才能得以维持，这是东江传统村落建筑系统在生态因素、社会因素、经济因素、文化因素与建筑形态自身在历史发展进程中相互竞争与协同的一个结果，对东江流域传统村落建筑多样性的维持是对东江传统村落建筑系统的各个子系统组成要素的复杂性的尊重，也是对系统能持续以理想态可持续演变的重要保障。

（3）遵从居住群体的参与性与认同感

政府主导型的乡村建设，当政府失灵，则会影响公平和效率，这可能致使农民

---

❶ 吕红医. 中国村落形态的可持续性模式及实验性规划研究 [D]. 西安：西安建筑科技大学，2005：196.

建设主体性被削减。居民是传统村落的主人，居住群体创造及传承了地方性知识，东江流域传统村落建筑的保护和持续性发展离不开居住群体的参与。相关文件也明确规定"鼓励村民和公众参与"❶。这就需要在传统村落建筑自上而下的保护模式下，各级地方政府明确且保障居民参与的权益，实施鼓励措施调动居民参与传统村落建筑保护的积极性；在传统村落保护与发展的政策及规划在不断完善过程中，更要借助专业人员的力量，辅助居民能够参与其中，共同探讨和实施政策落地的全过程；在满足居民的诉求和需求同时亦能够让居民意识到传统村落的价值，使居民能理解和预见传统村落保护与发展的长远利益，提升其整体价值认知和文化自信，从而让居民具有更好的参与传统村落建筑保护和发展的行动能力。居住群体在传统村落保护与发展过程中的参与感与对其民系文化自信的认同感是相辅相成的，以政府为主体的"自上而下"和以居民为主体的"自下而上"两条途径在产生交集过程中不断契合，就能更科学合理地推动东江流域传统村落建筑自组织的更新和可持续发展。

7.5.3　适应性发展的长效机制

依据前文所述，东江流域传统村落建筑适应性发展过程中在自然环境、社会组织、文化背景、经济技术四个方面都面临着不同程度的困境和需求，想要在新时代背景下实现东江流域传统村落建筑的可持续健康发展，除了上述几点原则外，笔者从自然、社会、文化和经济四个方面归纳总结出了"四个点"，即"以生态建设为立足点""以社会变迁为切入点""以文化融合为发力点""以经济需求为落实点"。

（1）以生态建设为立足点

目前全球都面临着资源约束趋紧、环境污染严重、生态系统退化的严峻形势，这就要求我们必须树立生态文明理念，走可持续发展道路。农业、农村是全国的生态屏障，作为大国，没有农业农村，城市也就无法生存和可持续发展，这生存不仅是供给

---

❶　高吉奎，张沛，李稷，等. 地方性知识视角下陕南传统村落保护的现实困境与规划应对 [J]. 城市建筑，2020，17（31）：90.

意义上的，更是一种生态型的保障❶。所以，生态文明必然首先基于农业、农村的生态环境的保护与改善（见图7-20），东江流域村落建筑在新时代背景下的发展，也必须要以生态文明建设为立足点。在乡村系统中，资源、人口和环境生态相互协调，是符合新时代背景的可持续发展新模式。

（2）以社会变迁为切入点

东江流域的社会组织和阶级关系自隋唐东江地区的社会结构开始统一和稳定起经历了多次的变革，封建末期的"迁海复界"、民国时期的红色政权建立、抗日战争到新中国成立，这些变革都影响了东江流域人口、经济、文化多层面的演变，也持续体现在东江流域传统村落建筑形态演变中。而随着改革开放，现代化的进程极大影响了东江流域社会组织的适应性演化，对东江流域传统村落建筑的自适应演化更是带来了极大的冲击。自党的十九大以来，我国社会的主要矛盾发生改变，工业技术的不断革新带来了居民多样化的生活需求，传统村落建筑形态已很难满足居民的现代生活，传统村落建筑也开始面临着转型的挑战。东江流域传统村落建筑想要更新发展，就需要以社会变迁为切入点，认识到城市化进程对传统村落带来用地的改变、人口的流动、产业的转型、基础设施的需求以及居民观念的变化等，站在社会变迁的视角，对现阶段东江流域传统村落建筑更新改造中可能抑制其可持续发展的现象进行深层剖析，为东江流域传统村落建筑当代更新改造方式作出积极贡献（见图7-21）。

（3）以文化融合为发力点

乡土建筑与所处的社会环境，不仅在构成形态上，在组织方式上也有着密切关

（a）连平县风光　　　　　　（b）林寨古村风光　　　　　　（c）东江风光

图7-20　北部生态发展区——全省重要的生态屏障

---

❶ 仇保兴. 生态文明时代乡村建设的基本对策 [J]. 城市规划，2008（4）：9-21.

（a）改造后新安县衙　　　　　　　　（b）改造后街景

图7-21　传统村落建筑的当代适应性更新改造——南头古城

联。对于移居者而言，传承下来的住屋形态具有重要的象征意义，传达着熟稔而亲切的语汇。东江流域是历史上中原移民及文化传播的重要路径，百越文化、畲瑶文化在此与中原文化碰撞和融合，逐步形成了岭南纷繁多彩的民系文化。东江流域以客家文化为主体，在不同地区也发生了不同民系文化的交汇，比如惠州地区的客家文化就受到了广府文化和潮汕文化的影响。此外，东江文化还具有红色文化与华侨文化等多重内涵。东江流域传统村落建筑的发展应当以东江多元文化融合为发力点，寻求传统村落建筑文化的地方性、多元性和开放性的特征，通过重新衡量和认识传统村落建筑所处的地域文化景观价值，拓展传统村落建筑的可持续性发展前景（见图7-22）。发展和保持东江流域传统村落建筑的乡土特色与地方性，以可持续性发展模式达到东江流

（a）鹤湖新居客家民俗博物馆　　　　　　　　（b）博物馆内展廊

图7-22　传统村落建筑与文化的传承与创新——鹤湖新居（客家民俗博物馆）

域生态、人文、经济与传统村落建筑形态的和谐统一。

（4）以经济需求为落实点

传统村落保护建设一定要契合农村的经济发展需求，这样才能充分调动广大居民
对传统村落建筑及文化景观传承保护的积极性。现阶段城乡分割的二元经济社会体制
极大限制了农村生产要素市场的发育和资源优化配置，存在大量剩余劳动力沉淀。农
村金融体系不完善，农村社会保障制度不健全，这都是乡村振兴进程中面临的巨大挑
战，故东江流域传统村落建筑的发展必须将经济需求作为落实点，推动农村经济的可
持续发展。以乡村旅游发展为例（见图7-23），这不仅能促进农业技术的推广，还能
通过转移剩余劳动力的方式增加农民收入、提高农村旅游资源配置率、改善农业生态
环境。东江传统村落建筑的适应性发展应以提高农村经济建设为目标，这对加快推进
乡村治理体系和治理能力现代化，加快推进农业农村现代化，实现乡村全面振兴具有
重大的现实意义。

（a）邓村石屋鸟瞰图 　　　（b）邓村石屋正立面图 　　　（c）邓村石屋角楼

（d）酒店内景1 　　　（e）酒店内景2 　　　（f）酒店内景3

图7-23 传统村落建筑的商业性转型——邓村石屋（田园度假酒店）

（来源：微信公众号"吾乡石屋"）

结语

　　回想研究历程，尚有诸多浅显、不足之处，在对于东江流域村落建筑样本的选取中，就涉及部分信息缺失的问题：研究对象多为各级单位统计的不可移动文物保护单位，但在实地调研中，仍有诸多并没有列入保护单位，但也具有采纳价值的未知名对象；还有伴随着城镇化高速发展，临近城区的传统村落建筑多被拆迁，仅有大型建筑得以保存，而那些因城镇发展而消失的中小型建筑并未被纳入研究统计中，也可能导致部分研究结果缺乏更为可靠的依据，等等。如若能在后续研究中不局限于文保单位的样本，那么对东江流域传统村落建筑的演变动力及内在机制进行更为充分和全面的阐述。

　　建筑学领域的研究，不单单是对建筑的研究，更应当时刻关注设计者、建造者和使用者这些关键角色在其演变过程中的作用。本研究在物质形态层面对东江流域传统村落建筑进行了深入研究分析，但对于建筑之中的人、人对建筑形态演化的作用，未能作出一个系统地、深入地探讨。经历了这一研究过程的洗礼，笔者更加明晰了传统村落建筑的研究决不能靠仅仅三年五载的研习就能自恃了解，传统村落建筑研究涵盖了整个人类生活的全过程，是一个需要统筹多学科、多方参与的系统研究，对于传统村落建筑的传承与发展，也是一个复杂的、系统的进化。而作为参与其中的一个个体来说，我们应当时刻以历史的、动态的眼光去不断学习和认识传统村落建筑，适度地推动其生命力的可持续发展。

　　中共中央办公厅、国务院办公厅印发《关于在城乡建设中加强历史文化保护传承的意见》，旨在多层次多要素地构建城乡历史文化保护传承体系，形成一批可复制可推广的活化利用经验，将历史文化保护传承工作融入城乡建设和经济发展大局。这就要求着我们需要从历史的、文化的、可持续的角度着眼于传统村落建筑和传统村落的过去、现状和发展，共同推动城乡建设高质量发展，建设社会主义文化强国。而笔者也将延续本书的研究，在日后的工作中不断完善与深化东江流域传统村落建筑的研究，尝试构建一个以自然、社会、经济和文化综合视角的地域性传统村落建筑研究范式，为岭南地区乃至我国传统村落建筑的研究添砖加瓦。

附录　东江流域传统村落建筑基本信息表

序号	名称	地址	建筑年代	占地面积	基本型	场地	堂数	横数	主朝向	院落大门	住宅大门	月池	前围	后围	角楼	望楼	山墙
1	老衙门	东源县仙塘镇红光村	1751年	2000	三合天井型	平原（滨水）	3	2	西北	侧门斗式	门斗式	月池缺失	围墙	方形枕杠	0	0	人字式
2	红光村大夫第	东源县仙塘镇红光村	1862年	3321	三合天井型	平原（滨水）	3	2	西南	门楼式	门斗式	月池缺失	围墙	无	0	0	人字式
3	新衙门	东源县仙塘镇红光村	1875年	4300	三合天井型	平原（滨水）	3	6	西	侧门斗式	门斗式	月池缺失	围墙	无	0	0	人字式
4	益盛堂	东源县新港镇双田村	1820年	1380	三合天井型	谷地	2	2	西南	无	门廊式	有月池	无	方形枕杠	5	0	人字式
5	敬慎堂	东源县新港镇双田村	1908年	1650	三合天井型	谷地	3	2	西南	无	门廊式	月池缺失	无	无	1	0	人字式
6	万和屋	东源县义合镇下屯村	清	1913	三合天井型	平原（滨水）	3	2	西北	门楼式	门斗式	月池缺失	围墙	方形枕杠	0	0	混合式
7	九重门屋	东源县义合镇下屯村	清康熙	7210	组合型	平原（滨水）	3	9	东北	无	门斗式	有月池	无	半圆形围龙	0	0	人字式
8	阮啸仙故居	东源县义合镇下屯村	清中叶	3558	三合天井型	平原（滨水）	3	4	北	无	门斗式	有月池	无	方形枕杠	0	0	人字式
9	玉湖村茶壶耳屋	东源县曾田镇玉湖村	清咸丰	4800	三合天井型	谷地	4	4	南	无	门廊式	有月池	无	无	0	0	水式
10	承庆堂	东源县蓝口镇榄子围村	清嘉庆	1721	三合天井型	谷地	3	2	东南	无	门廊式	无月池	无	无	4	0	人字式
11	下楼角新屋	东源县蓝口镇榄子围村	1875年	604	三合天井型	平原（非滨水）	3	2	东南	无	门廊式	无月池	无	无	1	0	人字式
12	乐村石楼	东源县蓝口镇乐村	清乾隆	7860	三合天井型	谷地	4	4	西南	侧门斗式	门廊式	有月池	围墙	无	6	0	混合式
13	仙坑村四角楼	东源县康禾镇仙坑村	清嘉庆	4761	三合天井型	谷地	4	4	西南	侧门斗式	门廊式	有月池	围墙	无	4	0	混合式
14	仙坑村八角楼	东源县康禾镇仙坑村	1770年	3575	组合型	谷地	4	4	西南	侧门斗式	门廊式	有月池	围墙	围墙	8	0	混合式
15	左拔大夫第	龙川县丰稔镇左拔村	清	2646	三合天井型	谷地	3	5	西南	无	门廊式	有月池	无	无	5	0	木式

序号	名称	地址	建筑年代	占地面积	基本型	场地	堂数	横数	主朝向	院落大门	住宅大门	月池	前围	后围	角楼	望楼	山墙
16	元兴黄屋	龙川县四都镇新龙村	清	638	三合天井型	平原（滨水）	3	2	东北	无	门斗式	月池缺失	无	无	2	0	人字式
17	下新田叶屋	龙川县丰稔镇黄岭村	清	858	三合天井型	谷地	3	2	西北	门楼式	门斗式	有月池	围墙	无	0	0	人字式
18	珠树分荣叶屋	龙川县丰稔镇黄岭村	清末	1302	三合天井型	谷地	3	2	西南	无	门廊式	有月池	无	无	4	0	人字式
19	古亭前儒林第	龙川县丰稔镇黄岭村	1807年	1435	三合天井型	谷地	3	2	西南	无	门斗式	有月池	无	半圆形围龙	0	0	人字式
20	锡嘏厦	龙川县麻布岗镇大长沙村	清	1477	三合天井型	谷地	3	3	西南	无	门廊式	有月池	无	无	0	0	人字式
21	瑚陂司马第	龙川县麻布岗镇瑚径村	清	1380	三合天井型	谷地	3	3	东南	无	门廊式	有月池	无	无	0	0	人字式
22	青莲第	龙川县贝岭镇上盘村	清	734	三合天井型	谷地	2	2	南	无	门廊式	月池缺失	无	无	4	0	人字式
23	丰豫围	龙川县赤光镇潭芬村	清	1562	三合天井型	谷地	3	4	东南	侧门斗式	门廊式	有月池	围墙	无	0	0	水式
24	四角楼骆屋	龙川县黄石镇黄石村	民国	1015	三合天井型	平原（滨水）	3	2	西南	侧门斗式	门斗式	有月池	围墙	无	4	0	土式
25	坪塘解放第	龙川县车田镇车田村	民国	1271	三合天井型	山地	3	2	西南	门楼式	门廊式	月池缺失	围墙	无	4	0	人字式
26	南山中宪第	龙川县车田镇车田村	民国	1015	三合天井型	谷地	3	3	东北	无	门斗式	有月池	无	无	2	0	人字式
27	大坝村文林第	和平县东水镇大坝村	清	1250	三合天井型	平原（滨水）	3	4	东北	无	门廊式	有月池	无	无	0	0	人字式
28	大坝村大夫第	和平县东水镇大坝村	民国	1350	三合天井型	平原（滨水）	3	2	西南	无	门廊式	无月池	无	无	1	0	人字式
29	东塘凝辉屋	和平县东水镇大坝村	清	1200	三合天井型	平原（滨水）	3	4	东北	无	门廊式	有月池	无	无	2	0	人字式
30	颍川旧家	和平县林寨镇兴井村	1929年	1116	三合天井型	谷地	3	2	东南	无	门廊式	无月池	无	无	4	0	人字式
31	中宪第	和平县林寨镇兴井村	1897年	1770	三合天井型	谷地	3	2	南	侧门斗式	门廊式	月池缺失	倒座	无	4	0	人字式
32	福谦楼	和平县林寨镇兴井村	清	2254	三合天井型	谷地	3	2	西南	门廊式	门廊式	月池缺失	倒座	无	4	0	人字式

续表

序号	名称	地址	建筑年代	占地面积	基本型	场地	堂数	横数	主朝向	院落大门	住宅大门	月池	前围	后围	角楼	望楼	山墙
33	谦光楼	和平县林寨镇兴井村	1920年	2702	三合天井型	谷地	3	4	东南	门廊式	门廊式	有月池	倒座	无	4	0	人字式
34	永安楼	和平县林寨镇石镇村	清光绪	500	组合型	谷地	2	2	南	正门斗式	门斗式	无月池	倒座	无	2	0	水式
35	林寨司马第	和平县林寨镇石镇村	清	750	三合天井型	谷地	3	2	东南	无	门廊式	有月池	无	无	0	0	人字式
36	司背朱屋	和平县大坝镇水背村	清	4500	三合天井型	谷地	3	6	东南	侧门斗式	门廊式	有月池	无	方形枕杠	3	0	人字式
37	水背袁屋	和平县大坝镇水背村	清	2111	三合天井型	谷地	4	5	东南	无	门廊式	月池缺失	无	无	0	0	混合式
38	书香围	和平县大坝镇水背村	清	3500	三合天井型	谷地	3	4	东南	正门斗式	门斗式	有月池	倒座	半圆形围龙	0	0	人字式
39	谷贻庄	和平县优胜镇新联村	清光绪	1806	三合天井型	平原（滨水）	3	2	西南	侧门斗式	门廊式	有月池	围墙	无	4	0	混合式
40	留余庄	和平县优胜镇新联村	1942年	648	三合天井型	平原（滨水）	3	2	西南	侧门斗式	门斗式	月池缺失	围墙	无	4	0	水式
41	留耕庄	和平县优胜镇新联村	清	1820	三合天井型	平原（滨水）	3	4	西南	侧门斗式	门廊式	有月池	围墙	无	0	0	人字式
42	仁山草庐	和平县优胜镇新联村	清	1500	三合天井型	平原（滨水）	3	4	西	侧门斗式	门廊式	月池缺失	围墙	无	4	0	混合式
43	保田屋	和平县优胜镇新联村	清	1369	三合天井型	平原（滨水）	3	2	东南	侧门斗式	门廊式	月池缺失	围墙	无	4	0	混合式
44	庆良草庐	和平县优胜镇新联村	清	2244	三合天井型	平原（滨水）	3	4	东南	侧门斗式	门廊式	有月池	围墙	半圆形围龙	4	0	混合式
45	南周堂	紫金县柏埔镇福田村	清	4063	组合型	谷地	3	6	西南	无	门斗式	有月池	无	无	2	0	人字式
46	叶氏老屋	紫金县黄塘镇腊石村	民国	512	三合天井型	谷地	2	2	西北	无	门斗式	月池缺失	无	无	2	0	人字式
47	荣封第	紫金县黄塘镇锦口村	清	1059	三合天井型	平原（滨水）	2	4	西北	侧门斗式	门廊式	有月池	围墙	无	0	0	人字式
48	梅中周氏老屋	紫金县柏埔镇梅中村	清	476	组合型	平原（滨水）	3	4	西南	侧门斗式	门斗式	有月池	围墙	无	2	0	人字式

续表

序号	名称	地址	建筑年代	占地面积	基本型	场地	堂数	横数	主朝向	院落大门	住宅大门	月池	前围	后围	角楼	望楼	山墙
49	凌氏铁栅屋	紫金县临江镇光凹村	清	924	组合型	平原（滨水）	2	3	西北	侧门斗式	门廊式	有月池	围墙	无	4	0	土式
50	宾公家塾	紫金县临江镇桂林村	清	1739	三合天井型	谷地	3	2	西北	无	门廊式	有月池	无	无	4	0	人字式
51	邓氏大夫第	紫金县临江镇桂林村	清	1188	三合天井型	谷地	3	2	西北	无	门廊式	有月池	无	无	0	0	人字式
52	严氏老屋	紫金县义容镇塘面村	清	927	三合天井型	谷地	3	2	东南	无	门廊式	有月池	无	无	0	0	人字式
53	德先楼	紫金县南岭镇高新村	1894年	2080	三合天井型	山地	2	2	东北	侧门斗式	门斗式	无月池	倒座	无	4	0	水式
54	集庆楼	紫金县苏区镇小北村	清	605	三合天井型	谷地	2	2	东南	无	门斗式	无月池	无	无	4	0	木式
55	桂山石楼	紫金县龙窝镇桂山村	1749年	4000	组合型	平原（滨水）	3	4	西南	侧门斗式	门斗式	有月池	围墙	方形枕杠	4	1	木式
56	选安楼	紫金县水墩镇群丰村	1912年	702	三合天井型	谷地	2	2	东南	无	门斗式	月池缺失	无	无	4	0	人字式
57	务本楼	紫金县水墩镇群丰村	民国	489	三合天井型	谷地	2	2	西南	无	门斗式	月池缺失	无	无	2	0	木式
58	务德楼	紫金县水墩镇群丰村	民国	489	三合天井型	谷地	2	2	西南	无	门斗式	月池缺失	无	无	2	0	木式
59	保定楼	紫金县水墩镇群丰村	民国	380	三合天井型	谷地	2	2	东南	无	门斗式	月池缺失	无	无	0	0	木式
60	福庆楼	紫金县紫城镇榕林村	民国	476	三合天井型	谷地	2	2	西	无	门斗式	月池缺失	围墙	无	4	0	木式
61	作善楼	紫金县紫城镇仕贵村	清	413	三合天井型	谷地	2	2	东南	无	门斗式	月池缺失	无	无	4	0	人字式
62	明经第	紫金县蓝塘镇元吉村	1902年	425	三合天井型	山地	2	3	东南	侧门斗式	门斗式	月池缺失	围墙	无	1	0	人字式
63	百罗大夫第	紫金县蓝塘镇百罗村	民国	731	三合天井型	谷地	2	2	西	无	门斗式	有月池	无	无	1	0	混合式
64	通奉第	紫金县蓝塘镇建联村	1896年	1229	三合天井型	平原（滨水）	2	4	西北	门楼式	门廊式	有月池	围墙	无	4	0	人字式
65	上义村孙氏老屋	紫金县上义镇上义村	清	594	三合天井型	平原（滨水）	2	2	西南	正门斗式	门斗式	有月池	倒座	无	4	0	人字式

续表

序号	名称	地址	建筑年代	占地面积	基本型	场地	堂数	横数	主朝向	院落大门	住宅大门	月池	前围	后围	角楼	望楼	山墙
66	光辉村承庆堂	紫金县上义镇光辉村	清	3485	组合型	平原（滨水）	3	6	北	门楼式	门廊式	有月池	围墙	无	4	0	人字式
67	奉政第	连平县忠信镇新下村	清	4303	中庭型	平原（滨水）	3	4	西南	正门斗式	门廊式	有月池	倒座	方形枕杠	4	0	人字式
68	上坌村上楼角	连平县忠信镇上坌村	清	1853	中庭型	平原（滨水）	2	2	东北	平开式	门廊式	有月池	倒座	方形枕杠	4	0	人字式
69	上坌村下楼角	连平县忠信镇上坌村	清	2900	中庭型	平原（滨水）	3	2	东北	平开式	门廊式	有月池	倒座	方形枕杠	4	0	人字式
70	白云楼	连平县大湖镇盘石村	清末	2375	三合天井型	平原（滨水）	3	2	东南	平开式	门廊式	有月池	倒座	方形枕杠	4	2	人字式
71	何新屋	连平县大湖镇油村	清康熙	5175	三合天井型	平原（滨水）	3	6	东南	侧门斗式	门斗式	有月池	围墙	半圆形围龙	0	0	人字式
72	溪南大夫第	连平县油溪镇溪南村	清光绪	1560	中庭型	平原（滨水）	2	2	西南	平开式	门廊式	有月池	倒座	方形枕杠	4	0	人字式
73	茶新村茶壶耳屋	连平县油溪镇茶新村	1827年	5493	三合天井型	平原（滨水）	3	6	东北	门廊式	门廊式	有月池	倒座	方形枕杠	0	0	木式
74	胜和屋	连平县高莞镇高陂村	清	2184	三合天井型	平原（滨水）	3	2	西南	侧门斗式	门斗式	有月池	围墙	半圆形围龙	2	0	人字式
75	古坑四角楼	连平县上坪镇古坑村	清	306	中庭型	平原（滨水）	2	2	东南	无	平开式	无月池	无	无	4	0	人字式
76	旗石四角楼	连平县上坪镇旗石村	清	1260	三合天井型	平原（滨水）	3	2	南	侧门斗式	门斗式	月池缺失	围墙	无	4	0	人字式
77	石陂老屋	连平县上坪镇石陂村	清乾隆	5500	三合天井型	平原（滨水）	3	6	东南	侧门斗式	门廊式	有月池	围墙	方形枕杠	0	0	镬耳式
78	百高叶屋	连平县溪山镇百高村	清	2068	三合天井型	平原（滨水）	3	4	西南	无	门廊式	有月池	无	方形枕杠	2	0	人字式
79	张义兴围屋	连平县隆街镇镇南村	清嘉庆	3386	三合天井型	平原（滨水）	3	4	东南	无	门廊式	有月池	无	方形枕杠	4	0	人字式
80	立新村镬耳屋	连平县隆街镇立新村	清	2750	三合天井型	平原（滨水）	3	4	东北	无	门廊式	有月池	无	半圆形围龙	0	0	镬耳式
81	长沙大夫第	连平县隆街镇长沙村	清	3195	三合天井型	谷地	3	6	西北	无	门廊式	有月池	无	方形枕杠	4	0	镬耳式

续表

序号	名称	地址	建筑年代	占地面积	基本型	场地	堂数	横数	主朝向	院落大门	住宅大门	月池	前围	后围	角楼	望楼	山墙
82	世德围	连平县陂头镇夏田村	清	3224	中庭型	平原（滨水）	3	2	西南	平开式	门斗式	有月池	倒座	方形枕杠	4	0	人字式
83	松秀围	连平县陂头镇夏田村	清	3135	中庭型	平原（滨水）	3	2	西南	平开式	门廊式	有月池	倒座	方形枕杠	4	0	人字式
84	德馨围	连平县陂头镇夏田村	清	2808	中庭型	平原（滨水）	3	2	西南	平开式	门廊式	有月池	倒座	方形枕杠	4	0	人字式
85	芦村围	连平县陂头镇夏田村	清初	4455	三合天井型	平原（滨水）	3	6	西南	平开式	门廊式	有月池	倒座	方形枕杠	4	0	人字式
86	谦吉楼	连平县陂头镇夏田村	清末	1584	三合天井型	平原（滨水）	3	2	东南	无	平开式	有月池	无	半圆形围龙	8	1	人字式
87	腊溪村四角楼	连平县陂头镇腊溪村	清	1919	三合天井型	谷地	3	2	西南	无	门廊式	无月池	无	方形枕杠	4	0	人字式
88	垂裕堂	惠城区陈江街道石圳村	清末	3332	三合天井型	平原（非滨水）	3	2	西南	侧门斗式	门廊式	有月池	围墙	无	1	0	人字式
89	下山里围屋	惠城区横沥镇蔗埔村	清	4552	三合天井型	平原（滨水）	3	3	西南	侧门斗式	门斗式	有月池	围墙	无	0	0	镬耳式
90	墨园大夫第	惠城区横沥镇墨园村	清乾隆	4000	三合天井型	平原（滨水）	3	2	西南	门楼式	门廊式	有月池	围墙	无	0	0	镬耳式
91	民新围屋	惠城区横沥镇霞塱村	清	3341	三合天井型	平原（非滨水）	3	3	东南	无	门廊式	有月池	无	方形枕杠	4	0	人字式
92	二房大屋	惠城区芦洲镇岚派村	清	3436	三合天井型	平原（滨水）	3	2	东南	门廊式	门斗式	无月池	倒座	方形枕杠	2	0	人字式
93	岚派村文林第	惠城区芦洲镇岚派村	清	3027	三合天井型	平原（滨水）	3	3	东南	侧门斗式	门廊式	无月池	倒座	方形枕杠	0	0	人字式
94	南阳新居	惠阳区淡水街道洋纳村	1762-1930年	11000	组合型	平原（滨水）	3	6	西南	平开式	门廊式	有月池	倒座	方形枕杠	8	0	人字式
95	牛郎楼	惠阳区秋长街道象岭村	1776年	6468	三合天井型	平原（非滨水）	3	2	西南	平开式	平开式	有月池	倒座	方形枕杠	4	0	人字式
96	岗厚楼	惠阳区秋长街道象岭村	1903年	1410	三合天井型	平原（非滨水）	3	2	西南	无	门斗式	月池缺失	无	无	4	0	人字式
97	鄂华楼	惠阳区秋长街道莲塘面村	清乾隆	7584	组合型	平原（非滨水）	3	6	东南	平开式	门廊式	有月池	倒座	半圆形围龙	4	0	人字式

续表

序号	名称	地址	建筑年代	占地面积	基本型	场地	堂数	横数	主朝向	院落大门	住宅大门	月池	前围	后围	角楼	望楼	山墙
98	桂林新居	惠阳区秋长街道铁门扇村	1736-1752年	9266	组合型	平原（非滨水）	3	8	东北	平开式	门斗式	有月池	倒座	异形	4	0	人字式
99	南阳世居	惠阳区秋长街道铁门扇村	1908年	8528	组合型	平原（非滨水）	3	6	东南	平开式	门斗式	有月池	倒座	异形	4	0	人字式
100	铁门扇石狗屋	惠阳区秋长街道铁门扇村	1762年	5083	三合天井型	平原（非滨水）	3	2	西北	门廊式	门斗式	有月池	倒座	半圆形围龙	0	0	人字式
101	黄竹沥围屋	惠阳区秋长街道铁门扇村	1889年	4478	三合天井型	平原（非滨水）	3	4	西北	平开式	门斗式	有月池	倒座	半圆形围龙	0	0	人字式
102	会龙楼	惠阳区秋长街道官山村	1888-1891年	4390	三合天井型	平原（非滨水）	3	2	西南	侧门斗式	门斗式	有月池	倒座	方形枕杠	4	1	镬耳式
103	会水楼	惠阳区秋长街道周田村	1825年	2100	三合天井型	谷地	3	2	西南	无	门廊式	有月池	无	方形枕杠	0	0	人字式
104	瑞狮围	惠阳区秋长街道周田村	1893年	3380	三合天井型	谷地	3	2	东南	平开式	门斗式	月池缺失	倒座	无	4	0	镬耳式
105	周田老屋	惠阳区秋长街道周田村	1662年	2414	三合天井型	谷地	3	2	东	平开式	门斗式	有月池	倒座	半圆形围龙	4	0	人字式
106	碧滟楼	惠阳区秋长街道周田村	1884-1888年	3798	三合天井型	谷地	3	2	南	无	平开式	有月池	无	无	4	0	人字式
107	会新楼	惠阳区秋长街道周田村	1936年	1100	三合天井型	谷地	2	2	东南	无	平开式	有月池	无	无	2	0	人字式
108	鸿泰楼	惠阳区秋长街道新塘村	清光绪	2215	三合天井型	平原（滨水）	3	2	东南	无	门斗式	有月池	无	无	2	0	人字式
109	崇林世居	惠阳区镇隆镇大光村	1798年	16640	组合型	平原（滨水）	3	6	东北	平开式	门斗式	有月池	围墙	方形枕杠	4	1	镬耳式
110	乌洋福围屋	惠阳区良井镇霞角村	清嘉庆	1969	三合天井型	平原（滨水）	3	2	东北	无	门斗式	有月池	无	无	0	0	人字式
111	大福地围屋	惠阳区良井镇霞角村	1785-1795年	5003	三合天井型	平原（滨水）	3	4	北	平开式	门斗式	有月池	倒座	无	1	0	人字式

序号	名称	地址	建筑年代	占地面积	基本型	场地	堂数	横数	主朝向	院落大门	住宅大门	月池	前围	后围	角楼	望楼	山墙
112	忠心屋	惠阳区良井镇霞角村	1790-1795年	2829	三合天井型	平原（滨水）	3	2	东南	无	门斗式	有月池	无	无	0	0	人字式
113	城内十三家祠堂	惠阳区良井镇霞角村	1755-1756年	4464	三合天井型	平原（滨水）	3	2	西南	侧门斗式	门斗式	有月池	围墙	半圆形围龙	3	0	人字式
114	陈氏刘胜堂	博罗县龙华镇柳村	清	2690	三合天井型	平原（滨水）	3	2	西北	侧门斗式	门斗式	有月池	无	无	4	0	人字式
115	陈百万故居	博罗县龙华镇旭日村	1746年	1472	三合天井型	平原（滨水）	3	2	北	无	门斗式	无月池	无	无	0	0	人字式
116	井水龙村通奉第	博罗县杨村镇井水龙村	1829年	3000	三合天井型	平原（非滨水）	3	2	西南	门楼式	门廊式	有月池	围墙	无	2	0	镬耳式
117	塔东陈氏围屋	博罗县杨侨镇塔东村	清	2200	三合天井型	平原（非滨水）	3	2	西南	无	门斗式	有月池	无	无	0	0	人字式
118	棠下叶氏四角楼	博罗县观音阁镇棠下村	清	2100	三合天井型	平原（滨水）	3	2	东北	门廊式	门斗式	月池缺失	倒座	无	4	0	人字式
119	官山东四角楼	博罗县公庄镇官山村	1872年	2758	中庭型	山地	3	2	东北	平开式	门廊式	无月池	围墙	围墙	4	0	人字式
120	官山西四角楼	博罗县公庄镇官山村	1858年	2273	中庭型	山地	3	2	东北	平开式	门廊式	无月池	围墙	围墙	4	0	人字式
121	塘角叶氏围屋	博罗县观音阁镇塘角村	民国	784	三合天井型	平原（滨水）	2	2	东北	无	门斗式	无月池	无	无	2	0	混合式
122	东新屋	惠东县多祝镇河南村	清	1148	三合天井型	平原（滨水）	3	2	东北	平开式	门斗式	月池缺失	围墙	无	4	0	镬耳式
123	魁星楼	惠东县多祝镇河北村	1753年	1270	三合天井型	平原（滨水）	3	2	东南	侧门斗式	平开式	有月池	围墙	无	2	0	镬耳式
124	平政四角楼	惠东县吉隆镇平政村	清	1073	三合天井型	平原（滨水）	3	2	西南	门楼式	平开式	月池缺失	围墙	无	4	0	人字式
125	下角五云楼	惠东县宝口镇佐坑村	1895年	497	三合天井型	山地	2	2	东北	无	门斗式	无月池	无	无	4	0	人字式
126	尧民旧居上楼	惠东县大岭镇茗教村	1694年	583	中庭型	平原（滨水）	2	2	东北	无	平开式	无月池	无	无	4	0	混合式
127	尧民旧居下楼	惠东县大岭镇茗教村	1683年	397	中庭型	平原（滨水）	2	2	东北	无	平开式	无月池	无	无	4	0	镬耳式

续表

序号	名称	地址	建筑年代	占地面积	基本型	场地	堂数	横数	主朝向	院落大门	住宅大门	月池	前围	后围	角楼	望楼	山墙
128	山下四角楼	龙门县平陵镇山下村	清	1188	三合天井型	谷地	3	2	西南	无	门斗式	有月池	无	无	4	0	人字式
129	罗洞四角楼	龙门县龙江镇罗洞村	清	1452	三合天井型	谷地	3	2	西北	门楼式	门斗式	月池缺失	围墙	无	4	0	人字式
130	田心围龙屋	龙门县蓝田瑶族乡上东村	清初	5500	组合型	谷地	3	8	南	侧门斗式	门廊式	有月池	围墙	半圆形围龙	0	0	人字式
131	见龙围屋	龙门县地派镇渡头村	1824年	365	三合天井型	谷地	2	5	西北	侧门斗式	门廊式	有月池	围墙	无	1	0	人字式
132	塘角埔围	龙门县龙华镇西族村	清嘉庆	1874	三合天井型	平原（滨水）	3	4	西南	侧门斗式	门斗式	有月池	围墙	无	0	0	人字式
133	悦昌围	龙门县龙华镇蓝滘村	清	1874	三合天井型	谷地	2	4	西北	无	门斗式	月池缺失	无	半圆形围龙	2	1	人字式
134	蓝滘四角楼	龙门县龙华镇蓝滘村	清	1028	三合天井型	谷地	2	4	西北	无	门斗式	月池缺失	无	无	4	0	人字式
135	鹤湖围	龙门县永汉镇鹤湖村	清	6616	组合型	平原（滨水）	3	6	东南	侧门斗式	门斗式	有月池	围墙	方形枕杠	4	1	镬耳式
136	白灰屋围龙屋	龙门县麻榨镇约坑村	1921年	720	三合天井型	平原（滨水）	2	4	东南	无	门斗式	月池缺失	无	半圆形围龙	4	1	人字式
137	十字路村围屋	龙门县永汉镇红星村	民国	1437	三合天井型	平原（非滨水）	3	1	东南	无	门廊式	有月池	无	无	1	0	混合式
138	龙田世居	龙岗区坑梓镇龙田村	1837年	4745	三合天井型	平原（非滨水）	3	2	西北	平开式	平开式	有月池	倒座	方形枕杠	4	1	镬耳式
139	新乔世居	龙岗区坑梓镇新乔村	1753年	8200	三合天井型	平原（非滨水）	3	4	西南	侧门斗式	门廊式	有月池	倒座	半圆形围龙	4	1	混合式
140	大万世居	龙岗区坪山镇大万村	1791年	15376	组合型	平原（非滨水）	3	6	西南	平开式	门斗式	有月池	倒座	异形	8	1	人字式
141	梅冈世居	龙岗区龙网镇杨梅冈村	清晚期	4093	三合天井型	平原（滨水）	3	2	东北	平开式	门廊式	有月池	倒座	方形枕杠	4	1	人字式
142	鹤湖新居	龙岗区龙岗镇罗瑞合村	1780-1817年	14538	组合型	平原（滨水）	3	6	东北	平开式	门廊式	有月池	倒座	异形	4	1	镬耳式

序号	名称	地址	建筑年代	占地面积	基本型	场地	堂数	横数	主朝向	院落大门	住宅大门	月池	前围	后围	角楼	望楼	山墙
143	丰田世居	龙岗区坪山镇丰田村	1799年	8265	三合天井型	平原（非滨水）	3	2	东南	侧门斗式	门廊式	有月池	倒座	方形枕杠	4	1	镬耳式
144	正埔岭	龙岗区南联向前村	1803年	4275	三合天井型	平原（非滨水）	3	6	东北	平开式	门廊式	有月池	倒座	半圆形围龙	5	1	混合式
145	吉坑世居	龙岗区坪地镇吉坑村	1777-1824年	4620	三合天井型	平原（非滨水）	3	4	西南	平开式	门廊式	有月池	倒座	方形枕杠	4	1	混合式

参考文献

专著

[1] 惠州市地方志编纂委员会. 惠州市志 [M]. 北京：中华书局，2008.

[2] 李心传. 建炎以来系年要录 [M]. 上海：上海古籍出版社，1992.

[3] 《中国共产党东江地方史》编纂委员会. 中国共产党东江地方史 [M]. 广州：广东人民出版社，2001.

[4] 谭力浠，等. 惠州史稿 [M]. 惠州：广东省惠州市文化局，1982.

[5] 张习孔，等. 中国历史大事年编：第一册 [M]. 北京：北京出版社，1986.

[6] 澄海县地方志编纂委员会. 澄海县志 [M]. 广州：广东人民出版社，1992.

[7] 潮阳市地方志编纂委员会. 潮阳县志 [M]. 广州：广东人民出版社，1997.

[8] 吴宗焯，李庆荣修. 光绪嘉应州志 [M]. 上海：上海书店出版社，2003.

[9] 广东省地方史志编纂委员会. 广东省志：水利志 [M]. 广州：广东人民出版社，1995.

[10] 莫稚. 南粤文物考古集 [M]. 北京：文物出版社，2003.

[11] 吕不韦. 吕氏春秋 [M]. 哈尔滨：北方文艺出版社，2018.

[12] 王利器. 吕氏春秋注疏 [M]. 成都：巴蜀书社，2002.

[13] 魏征. 隋书 [M]. 北京：中华书局，2000.

[14] 陈明星. 资治通鉴 [M]. 梅凤华，编注. 北京：北京时代华文书局，2019.

[15] 刘毅. 新唐书：僖宗纪 [M]. 北京：北京燕山出版社，2010.

[16] 温仲和. 光绪嘉应州志 [M]. 桃园：台湾客家书坊，2009.

[17] 龙川县地方志编纂委员会. 龙川县志 [M]. 广州：广东人民出版社，1994.

[18] 黄淳，等. 崖山志 [M]. 广州：广东人民出版社，1996.

[19] 陶宗仪. 南村辍耕录 [M]. 李梦生，校点. 上海：上海古籍出版社，2012.

[20] 周良霄. 元史：哈喇普华传 [M]. 上海：上海人民出版社，2019.

[21] 黄佐. 广东通志 [M]. 广州：广东省地方史志办公室，1997.

[22] 陈训廷. 惠州历史概述 [M]. 广州：广东人民出版社. 2016.

[23] 刘毅. 明史 [M]. 北京：北京燕山出版社，2010.

[24] 刘湘年，张联桂，邓抡斌，等. 光绪惠州府志 [M]. 上海：上海书店出版社，2003.

[25] 麦应荣. 广州五县迁海事略 [Z]. 1937.

[26] 深圳市史志办公室. 嘉庆新安县志 [M]. 广州：华南理工大学出版社，2020.

[27] 清实录：第七册—第八册：世宗宪皇帝实录 [M]. 2版. 北京：中华书局，2008.

[28] 中共广东省委党史研究室. 论东江苏维埃 [M]. 广州：广东人民出版社，2001.

［29］ 《中国共产党东江地方史》编纂委员会. 中国共产党东江地方史［M］. 广州：广东人民
出版社，2001.

［30］ 广东省地方史志编纂委员会. 广东省志：人口志［M］. 广州：广东人民出版社，1995.

［31］ 庄适，王文晖. 后汉书：南蛮传［M］. 武汉：崇文书局，2014.

［32］ 政协广东省惠东县委员会文史资料研究委员会. 惠东文史：第7辑［Z］. 1999.

［33］ 广东省地方史志编纂委员会. 广东省志：少数民族志［M］. 广州：广东人民出版社，
2000.

［34］ 罗香林. 乙堂文存［M］. 1946.

［35］ 赖际熙. 崇正同人系谱［M］. 1912-1949.

［36］ 罗香林. 刘永福历史草［M］. 上海：正中书局，1936.

［37］ 政协广东省惠州市委员会文史资料研究委员会. 惠州文史：第4辑［Z］. 1992.

［38］ 卢国秋，蓝青，惠阳市地方志编纂委员会. 惠阳县志［M］. 广州：广东人民出版社，
2003.

［39］ 惠东县地方志编纂委员会. 惠东县志［M］. 北京：中华书局，2003.

［40］ 罗香林. 罗芳伯所建婆罗洲坤甸兰芳大总制考［M］. 北京：商务印书馆，1941.

［41］ 乐史. 太平寰宇记［M］. 北京：中华书局，1985.

［42］ 吴宗焯，温仲和. 嘉应州志［M］. 台北：成文出版社，1968.

［43］ 王存. 元丰九域志［M］. 魏嵩山，王文楚，点校. 北京：中华书局，1984.

［44］ 邹永祥，惠城区政协文史资料委员会. 惠城文史资料：第19辑［Z］. 2003.

［45］ 阮元监. 广东通志：329安期生传［M］. 扬州：江苏广陵古籍刻印社，1986.

［46］ 黎榕凯，钟兆南，博罗县地方志编纂委员会. 博罗县志［M］. 北京：中华书局，2001.

［47］ 陈独秀. 独秀文存［M］. 合肥：安徽人民出版社. 1987.

［48］ 中国人民政治协商会议广东省广州市委员会文史资料研究委员会. 广州文史资料选辑：
第15辑［M］. 广州：广东人民出版社，1980.

［49］ 屈大均. 广东新语注［M］. 李育中，等注. 广州：广东人民出版社，1991.

［50］ 吴应廉. 光绪定安县志［M］. 郑行顺，陈建国，点校. 海口：海南出版社，2004.

［51］ 广东省地方志编纂委员会. 广东省志：宗教志［M］. 广州：广东人民出版社，
2000.

［52］ 《东江纵队志》编辑委员会. 东江纵队志［M］. 北京：解放军出版社，2003.

［53］ 林牧. 阳宅会心集［M］. 台北：武陵出版社，1970.

［54］ 郭艳华. 乡村振兴的广州实践［M］. 广州：广州出版社，2019.

［55］ 广东省计划委员会. 广东省东江流域环境保护河经济发展规划研究［M］. 广州：广东
人民出版社，1999.

［56］ 东江流域综合治理开发研究协作组. 广东省东江流域资源、环境与经济发展［M］. 北

京：海洋出版社，1993.

［57］ 万齐洲，等. 东江文化概论［M］. 广州：暨南大学出版社，2012.

［58］ 司徒尚纪. 广东文化地理［M］. 广州：广东人民出版社，1993.

［59］ Bernard Rudofsky. Architecture Without Architects：A Short Introduction to Non-Pedigreed Architecture［M］. New York：The Museum of Modern Art. 1964.

［60］ 司徒尚纪. 海南岛历史上土地开发研究［M］. 海口：海南人民出版社，1987.

［61］ 黄强. 五指山问黎记［M］. 香港：香港商务印书馆，1928.

［62］ DULY C.The houses of mankind［M］. London：Thames and Hudson，1979.

［63］ RUDOFSKY B. Are clothes modern? An essay on contemporary apparel［M］. Chicago：P. Theobald，1947.

［64］ 保罗·奥利弗. 世界风土建筑百科全书［M］. BlackWell，1988.

［65］ RAPOPORT A.Vernacular design as a model system［M］//ASQUITH L, VELLINGAM. Vernacular architecture in the twenty-first century-theory，education and practice［M］. London，NewYork：Taylor & Francis Group，2006.

［66］ 阿莫斯·拉普卜特. 宅形与文化［M］. 北京：中国建筑工业出版社，2007.

［67］ OLIVER P. Handed down architecture［M］//BOURDIER J P，ALSAYYAD N. Dwellings，Settlements and Tradition：Cross-Cultural Perspectives. Lanham，Md. ：University Press of America. 1989：49-75.

［68］ MARCHAND T H J. Chapter 2-Endorsing indigenous knowledge：The role of masons and apprenticeship in sustaining vernacular architecture［M］//ASQUITH L，VELLINGA M. Vernacular architecture in the twenty-first century-theory，education and practice. London，New York：Taylor & Francis，2006：46-62.

［69］ 陆元鼎，中国民居建筑：第三卷［M］. 广州：华南理工大学出版社，2003.

［70］ 余英. 中国东南系建筑区系类型研究［M］. 北京：中国建筑工业出版社，2001.

［71］ 李晓峰. 乡土建筑——跨学科研究理论与方法［M］. 北京：中国建筑工业出版社. 2005.

［72］ 潘安. 客家民系与客家聚居建筑［M］. 北京：中国建筑工业出版社. 1998.

［73］ 戴志坚. 闽海民系民居建筑与文化研究［M］. 北京：中国建筑工业出版社. 2003.

［74］ 郭谦. 湘赣民系民居建筑与文化研究［M］. 北京：中国建筑工业出版社. 2005.

［75］ 杨兴忠. 客家论丛精选［M］. 福州：福建教育出版社，2014.

［76］ 成晓军. 东江文化概论［M］. 广州：暨南大学出版社，2012.

［77］ 陈正祥. 中国文化地理［M］. 北京：三联书店. 1983.

［78］ 尤玉柱. 漳州史前文化［M］. 福州：福建人民出版社，1991.

［79］ 罗香林. 客家研究导论（外一种：客家源流考）［M］. 广州：广东人民出版社.

2018.

[80] 谢国桢. 明清之际党社运动考 [M]. 上海：上海书店出版社，2006.

[81] 范玉春. 移民与中国文化 [M]. 桂林：广西师范大学出版社. 2005.

[82] 谢重光. 福建客家 [M]. 桂林：广西师范大学出版社. 2003.

[83] 张斌，杨北帆. 客家民居记录：从边缘到中心 [M]. 天津：天津大学出版社，2010.

[84] 司徒尚纪. 岭南历史人文地理：广府、客家、福佬民系比较研究 [M]. 广州：中山大学出版社. 2001.

[85] 黄淑娉. 广东族群与区域文化研究 [M]. 广州：广东高等教育出版社，1999.

[86] 潘莹. 潮汕民居 [M]. 广州：华南理工大学出版社，2013.

[87] 吴卫光. 围龙屋建筑形态的图像学研究 [M]. 北京：中国建筑工业出版社，2010.

[88] 刘志文. 广东民俗大观上 [M]. 广州：广东旅游出版社，1993.

[89] 广东省民族研究学会，广东省民族研究所，广东技术师范学院民族研究所. 广东民族研究论丛 [M]. 北京：民族出版社，2007.

[90] 赖保荣，张尚仁，刘细雅，等. 罗浮弘道 [M]. 广州：花城出版社，2007.

[91] 谢剑，郑赤琰. 国际客家学术研讨会论文集 [M]. 香港：香港亚太研究所海外华人研究社. 1994.

[92] 廖仲恺，何香凝，尚明轩，等. 双清文集：上 [M]. 北京：人民出版社，1985.

[93] 成晓军. 东江文化纵横谈 首届东江文化全国学术研讨会论文集 [M]. 广州：暨南大学出版社，2010.

[94] 刘致平. 中国建筑类型及结构 [M]. 3版. 北京：中国建筑工业出版社，2000.

[95] 陈建华，《河源市文化遗产普查汇编》编纂委员会. 河源市文化遗产普查汇编：连平县卷 [M]. 广州：广东人民出版社，2013.

[96] 陈建华，《河源市文化遗产普查汇编》编纂委员会. 河源市文化遗产普查汇编：和平县卷 [M]. 广州：广东人民出版社，2013.

[97] 陈建华，《河源市文化遗产普查汇编》编纂委员会. 河源市文化遗产普查汇编：东源县卷 [M]. 广州：广东人民出版社，2013.

[98] 深圳市文物考古鉴定所. 深圳炮楼调查与研究 [M]. 北京：知识出版社，2008.

[99] 孙永生，潘安. 客家民系民居 [M]. 广州：华南理工大学出版社，2019.

[100] 陆琦. 广东民居 [M]. 北京：中国建筑工业出版社，2008.

[101] 朱光文. 岭南水乡 [M]. 广州：广东人民出版社，2005.

[102] 成晓军，等. 近现代东江社会变迁研究：以惠州为中心 [M]. 石家庄：河北人民出版社，2008.

[103] 陈训廷. 惠州历史文化丛书 惠州名迹荟萃 [M]. 广州：广东人民出版社，2016.

[104] 吴庆洲. 中国客家建筑文化：上 [M]. 武汉：湖北教育出版社，2008.

［105］吴庆洲. 中国客家建筑文化：下［M］. 武汉：湖北教育出版社，2008.

［106］杨耀林，黄崇岳，深圳博物馆. 南粤客家围［M］. 北京：文物出版社，2001.

［107］陈建华，《河源市文化遗产普查汇编》编纂委员会. 河源市文化遗产普查汇编：龙川县卷［M］. 广州：广东人民出版社，2013.

［108］陈建华，《河源市文化遗产普查汇编》编纂委员会. 河源市文化遗产普查汇编：紫金县卷［M］. 广州：广东人民出版社，2013.

［109］本书编写组. 走进古村落：珠三角卷［M］. 广州：华南理工大学出版社，2011.

［110］惠州市不可移动文物名录［M］. 广州：广东人民出版社，2015.

［111］中国大百科全书社会学编辑委员会. 中国大百科全书：地理［M］. 北京：中国大百科全书出版社，1990.

［112］杨维忠，张甜. SPSS统计分析与行业应用案例详解［M］. 北京：清华大学出版社，2011.

［113］凌丽. 客家古邑古村落［M］. 广州：华南理工大学出版社，2013.

［114］谭元亨. 梅州世界客都论［M］. 广州：华南理工大学出版社，2005.

［115］谭元亨. 华南两大族群文化人类学建构：重绘广府文化与客家文化地图［M］. 北京：人民出版社，2012.

［116］程建军，孔尚朴. 风水与建筑［M］. 南昌：江西科学技术出版社，2005.

［117］郭焕宇，广东省文学艺术界联合会，广东省民间文艺家协会. 中堂传统村落与建筑文化［M］. 广州：华南理工大学出版社，2016.

［118］楼庆西. 南社村［M］. 石家庄：河北教育出版社，2004.

［119］戴志坚. 闽台民居建筑的渊源与形态［M］. 福州：福建人民出版社，2003.

［120］周正刚. 文化哲学论［M］. 北京：研究出版社. 2008.

［121］任启平. 人地关系地域系统要素及结构研究［M］北京：中国财政经济出版社. 2007.

［122］袁年兴. 族群的共生属性及其逻辑结构：一项超越二元对立的族群人类学研究［M］. 北京：社会科学文献出版社. 2015.

［123］谢重光. 闽台客家社会与文化［M］. 福州：福建人民出版社. 2003.

［124］吴彤. 自组织方法论研究［M］. 北京：清华大学出版社，2001.

［125］孙大章. 中国民居研究［M］. 北京：中国建筑工业出版社，2004.

［126］万幼楠. 赣南围屋研究［M］. 哈尔滨：黑龙江人民出版社，2006.

［127］万幼楠. 赣南传统建筑与文化［M］. 南昌：江西人民出版社，2013.

期刊文献

［1］王丽萍. 文化线路：理论演进、内容体系与研究意义［J］. 人文地理，2011，26（5）：

43-48.

[2] 唐曦文，梅欣，叶青. 探寻南粤文明复兴之路——《广东省南粤古驿道线路保护与利用总体规划》简介 [J]. 南方建筑，2017（6）：5-12.

[3] 吴福文. 唐末至北宋的客家迁徙 [J]. 东南学术，2000（4）：65-70.

[4] 赵中枢. 从文物保护到历史文化名城保护——概念的扩大与保护方法的多样化 [J]. 城市规划，2001（10）：33-36.

[5] 杨希. 清初至民国深圳客家聚居区文化景观及其驱动机制 [J]. 风景园林，2014（4）：81-86.

[6] 高吉奎，张沛，李稷，等. 地方性知识视角下陕南传统村落保护的现实困境与规划应对 [J]. 城市建筑，2020，17（31）：90.

[7] 吕乐婷，张杰，彭秋志，等. 东江流域景观格局演变分析及变化预测 [J]. 生态学报，2019，39（18）：6850-6859.

[8] 成晓军. 东江地区历代行政区划建制对东江文化的影响 [J]. 惠州学院学报（社会科学版），2012，32（1）：5-10.

[9] 叶岱夫. 广东东江流域文化地理研究与区域经济展望 [J]. 人文地理，1998（4）：57-60.

[10] 陆元鼎. 中国民居研究的回顾与展望 [J]. 华南理工大学学报（自然科学版），1997（1）：133-139.

[11] 陈志华. 说说乡土建筑研究 [J]. 建筑师，1997，75（4）：78-84.

[12] 潘玥. 西方风土建筑价值认知的转变——伯纳德·鲁道夫斯基和"没有建筑师的建筑"思想形成过程研究 [J]. 建筑学报，2019（6）：110-117.

[13] 潘玥，保罗·奥利弗《世界风土建筑百科全书》评述 [J]. 时代建筑，2019（2）：172-173.

[14] 刘肇宁，车震宇，雷雯. 国外民居理论研究发展脉络梳理 [J]. 中国水运（下半月），2018，18（4）：252-254.

[15] 户文月. 国内传统村落研究综述与展望 [J]. 重庆文理学院学报（社会科学版）：2022（4）：13-23.

[16] 周蕴馨，李晓峰. 移民聚落社会伦理关系适应性研究——以广东高要地区"八卦"形态聚落为例 [J]. 建筑学报，2011（11）：6-10.

[17] 桂华，余彪. 散射格局：地缘村落的构成与性质——基于一个移民湾子的考察 [J]. 青年研究，2011（1）：44-54，95.

[18] 施瑛，潘莹. 江南水乡和岭南水乡传统聚落形态比较 [J]. 南方建筑，2011（3）：70-78.

[19] 潘莹，卓晓岚. 广府传统聚落与潮汕传统聚落形态比较研究 [J]. 南方建筑，2014（3）：

79-85.

［20］ Zhang Yuxuan. 城村共生——南头古城活化与更新［J］. 建筑实践，2020（12）：12-19.

［21］ 娄欣利. 先秦东江流域三组文化遗存分析与综合［J］. 文物，2010（11）：55-62，98.

［22］ 赵善德，郭菁菁. 东周时期东江流域文化遗存研究［J］. 暨南学报（哲学社会科学版），2010，32（5）：126-133，163-164.

［23］ 仇保兴. 生态文明时代乡村建设的基本对策［J］. 城市规划，2008（4）：9-21.

［24］ 高钟. 东江文化的特色与形成［J］. 惠州学院学报（社会科学版），2010，30（2）：5-8.

［25］ 余彬. 东江文化研究现状和外部关系问题领域［J］. 惠州学院学报（社会科学版），2011，31（5）：23-27.

［26］ 陈晓宏，王兆礼. 东江流域土地利用变化对水资源的影响［J］. 北京师范大学学报（自然科学版），2010，46（3）：311-316.

［27］ 任斐鹏，江源，熊兴，等. 东江流域近20年土地利用变化的时空差异特征分析［J］. 资源科学，2011，33（1）：143-152.

［28］ 蔡仕谦，曾辉鹏. 东江建筑文化的传承与超越——以惠州水东街骑楼为例［J］. 惠州学院学报（自然科学版），2011，31（3）：66-69.

［29］ N. R. 斯特沃特. "先驱者的印记"［J］. 景观，1965，卷15（1）：26.

［30］ 谢浩然. 确保立法质量 突出地方特色——我省设区的市立法工作稳步推进［J］. 人民之声，2016（3）：10-11.

［31］ 徐智敏，李玲. 积极推动创建"新丰江水库（万绿湖）生态特区"［J］. 环境，2016（10）：51-52.

［32］ 郑海燕. 基于养生视角的罗浮山旅游资源开发研究［J］. 沈阳师范大学学报（自然科学版），2014，32（2）：214-217.

［33］ 李若晴. 浮山崛起 嘉道年间罗浮山的重新发现与实景山水画创作［J］. 新美术，2019，40（3）：19-37.

［34］ 叶岱夫. 惠州西湖形成及其对城市环境的影响［J］. 中国园林，1989（3）：33-37.

［35］ 吴庆洲. 惠州西湖与城市水利［J］. 人民珠江，1989（4）：7-9.

［36］ 梁仕然. 古代惠州西湖核心区域建筑群的"相地""立基"研究［J］. 中国园林，2020，36（7）：129-133.

［37］ 李东风. 对潼湖地区水利建设与湿地保护的几点思考［J］. 广东水利水电，2011（08）：78-81，83.

［38］ 陈一萌，于竹筱. 1965年以来6个时期广东潼湖湿地的景观格局和生境质量［J］. 湿地

科学，2018，16（4）：486-492.

［39］ 刘向明. 东江在岭南古史演进中的作用——以史前至秦汉时期为例［J］. 惠州学院学报
（社会科学版），2010，30（1）：15-19.

［40］ 罗香林. 民族与民族的研究［J］. 中山大学文史学研究所月刊，1932（1）.

［41］ 罗香林. 自汉至明中国与南洋之关系［M］//清华大学图书馆. 清华周刊：第43册. 北
京：国家图书馆出版社，2021.

［42］ 李敬忠. 粤语是汉语族群中的独立语言［J］. 学术论坛，1990（1）：54-62.

［43］ 韩强. 岭南区域文化构成及特色［J］. 岭南文史，2007（4）：17-22.

［44］ 毛宗武，蒙朝吉. 博罗畲语概述［J］. 民族语文，1982（1）：64-80.

［45］ 陈泽泓. 广东民间神祇（下）［J］. 羊城今古，1997（5）.

［46］ 许桂灵，司徒尚纪. 广东华侨文化景观及其地域分异［J］. 地理研究，2004（3）：411-
421.

［47］ 王元林，邓敏锐. 近代广东侨乡生活方式与社会风俗的变化——以潮汕和五邑为例
［J］. 华侨华人历史研究，2005（4）：56-62.

［48］ 郭焕宇. 近代广东侨乡民居文化研究的回顾与反思［J］. 南方建筑，2014（1）：
25-29.

［49］ 成晓军. 简论东江文化的源流和特征［J］. 惠州学院学报（社会科学版），2011，31
（2）：5-10.

［50］ 吴翠明. 深圳观澜贵湖塘老围调查研究——兼论客系陈氏宗族对宝安类型民居的改造
［J］. 中国名城，2009（9）：31-39.

［51］ 范红蕾. 文化遗产保护视野下的粤北古村落保护规划研究——以河源苏家围为例［J］.
现代城市研究，2017（1）：53-60.

［52］ 陆琦. 东莞茶山南社村［J］. 广东园林，2013，35（1）：77-80.

［53］ 蔡晴，姚赯，黄继东. 堂祀与横居：一种江西客家建筑的典型空间模式［J］. 建筑遗
产，2019（4）：22-36.

［54］ 李哲扬. 潮州传统大木构架的分类与形制［J］. 古建园林技术，2014（2）：4-9，3，
50-51.

［55］ 徐粤. 广东潮汕及客家风土聚落的同构性研究［J］. 建筑遗产，2019（1）：43-49.

［56］ 郭永玉. 维尔伯的整合心理学［J］. 华东师范大学学报（教育科学版），2005，23（1）：
51-56.

［57］ 李明，潘福勤. AQAL模型及其心理学方法论意义［J］. 医学与哲学（人文社会医学
版），2008（1）：37-39.

［58］ Peter Buchanan. The Big Rethink Part 3：Integral Theory［J］. Architectural Review，
2012（2）.

［59］ 吴彤. 自组织方法论论纲［J］. 系统辩证学学报，2001（2）：4-10.

［60］ 陆元鼎. 梅州客家民居的特征及其传承与发展［J］. 南方建筑，2008（2）：33-39.

［61］ 叶兴庆，程郁，赵俊超，等. "十四五"时期的乡村振兴：趋势判断、总体思路与保障机制［J］. 农村经济，2020（9）：1-9.

［62］ 陈志华. 保护文物建筑及历史地段的国际宪章［J］. 世界建筑，1986（3）：13-14.

［63］ 刘彤，张晓多. "非典型传统村落"保护与振兴策略探究［J］. 建筑与文化，2019（5）：55-56.

［64］ 周乾松. 城镇化进程中加强传统村落保护的对策［J］. 城乡建设，2014（8）：10-15.

［65］ 王仁德. 我国传统村落保护面临的困境及路径选择［J］. 和田师范专科学校学报，2019，38（6）：103-106.

［66］ 高帆. 新型农民：新农村建设的真正主体［J］. 调研世界，2007（4）：3-5.

［67］ 赵群，刘加平. 地域建筑文化的延续和发展——简析传统民居的可持续发展［J］. 新建筑，2003（2）：24-25.

学位论文

［1］ 何峰. 湘南汉族传统村落空间形态演变机制与适应性研究［D］. 长沙：湖南大学，2012.

［2］ 雷振东. 整合与重构［D］. 西安：西安建筑科技大学，2005.

［3］ 浦欣成. 传统乡村聚落二维平面整体形态的量化方法研究［D］. 杭州：浙江大学，2012.

［4］ 方盈. 堤垸格局与河湖环境中的聚落与民居形态研究［D］. 武汉：华中科技大学，2016.

［5］ 熊伟. 广西传统乡土建筑文化研究［D］. 广州：华南理工大学，2012.

［6］ 杨定海. 海南岛传统聚落与建筑空间形态研究［D］. 广州：华南理工大学，2013.

［7］ 孙莹. 梅州客家传统村落空间的形态研究［D］. 广州：华南理工大学，2015.

［8］ 梁林. 基于可持续发展观的雷州半岛乡村传统聚落人居环境研究［D］. 广州：华南理工大学，2015.

［9］ 韦浥春. 广西少数民族传统村落公共空间形态研究［D］. 广州：华南理工大学，2017.

［10］ 陈亚利. 珠江三角洲传统水乡聚落景观特征研究［D］. 广州：华南理工大学，2018.

［11］ 吕晓裕. 汉江流域文化线路上的传统村镇聚落类型研究［D］. 武汉：华中科技大学，

2011.

［12］ 张以红. 潭江流域城乡聚落发展及其形态研究［D］. 广州：华南理工大学，2011.

［13］ 李睿. 西江流域传统村落形态的类型学研究［D］. 广州：华南理工大学，2014.

［14］ 卜晔婷. 桂江流域传统民居区划研究［D］. 广州：华南理工大学，2019.

［15］ 冯江. 明清广州府的开垦、聚族而居与宗族祠堂的衍变研究［D］. 广州：华南理工大学，2010.

［16］ 张智敏. 珠江三角洲水乡聚落桑园围研究［D］. 广州：华南理工大学，2016.

［17］ 叶先知. 岭南水乡与江南水乡传统聚落空间形态特征比较研究［D］. 广州：华南理工大学，2011.

［18］ 王瑜. 外来建筑文化在岭南的传播及其影响研究［D］. 广州：华南理工大学，2012.

［19］ 朱雪梅. 粤北传统村落形态及建筑特色研究［D］. 广州：华南理工大学，2013.

［20］ 刘骏遥. 龙岩地区传统村落与民居文化地理学研究［D］. 广州：华南理工大学，2016.

［21］ 李宗倍. 广府文化背景下珠三角与桂东南传统村落形态比较研究［D］. 广州：华南理工大学，2014.

［22］ 李岳川. 近代闽南与潮汕侨乡建筑文化比较研究［D］. 广州：华南理工大学，2015.

［23］ 解锰. 基于文化地理学的河源客家传统村落及民居研究［D］. 广州：华南理工大学，2014.

［24］ 万君. 基于文化地理学的深圳东北地区围屋建筑研究［D］. 深圳：深圳大学，2018.

［25］ 梁步青. 赣州客家传统村落及其民居文化地理研究［D］. 广州：华南理工大学，2019.

［26］ 吴少宇. 多民系交集背景下惠州地区传统聚落和民居的形态研究［D］. 广州：华南理工大学，2010.

［27］ 杨星星. 清代归善县客家围屋研究［D］. 广州：华南理工大学，2011.

［28］ 林超慧. 惠州道教建筑研究［D］. 广州：华南理工大学，2017.

［29］ 彭金红. 惠州客家民居历史建筑活化利用研究［D］. 广州：华南理工大学，2018.

［30］ 刘富军. 广东丹霞山丹霞地貌成景地层沉积环境与地貌演化［D］. 成都：成都理工大学，2020.

［31］ 潘莹. 江西传统聚落建筑文化研究［D］. 广州：华南理工大学，2004.

［32］ 赖远超. 广东省惠州市惠阳区霞角村传统聚落形态研究［D］. 广州：广东工业大学，2020.

［33］ 石拓. 明清东莞广府系民居建筑研究［D］. 广州：华南理工大学. 2006.

［34］ 罗意云. 岭南传统民居封火墙特色的研究［D］. 广州：华南理工大学，2011.

［35］ 吕红医. 中国村落形态的可持续性模式及实验性规划研究［D］. 西安：西安建筑科技大学，2005.

电子文献

MoMA. Architecture Without Architects［Z/OL］.（1964-11-11）［2023-12-29］. https://www.moma.org/calendar/exhibitions/3459?